福建省“十四五”职业教育省级规划教材

高等职业教育电力类新形态一体化数字教材

安全用电

（第二版）

主　编　许培德　吴光强

副主编　陈　丹　许文健　郑孝干

主　审　林世治　张志军

中国水利水电出版社

www.waterpub.com.cn

·北京·

内 容 提 要

本教材是福建省“十四五”职业教育省级规划教材，符合《国家职业教育实施方案》精神，遵循《职业院校教材管理办法》，是按照“项目导向、任务驱动、理实一体、突出特色”的原则，顺应电力行业产业发展对高技术技能型人才需求而编写的。内容上充分反映了现代电力产业的最新进展，满足了源网荷储变革的新需求，对接融入电力新技术、新工艺、新规范、新标准等。本书主要内容包括：电气安全基础知识、触电急救与外伤救护、用电安全防护技术、电气安全工作技术、电力安全事故处置与调查处理、电力生产典型事故案例分析、输配电线路带电作业、电力安全生产法律法规等8个项目43个模块，内容丰富，形式新颖，职业适应性强。

本教材可作为高等职业院校电力类专业教材或电力企业及相关行业培训用书，也可供电力生产技术人员参考使用。

图书在版编目（CIP）数据

安全用电 / 许培德，吴光强主编. -- 2版. -- 北京 : 中国水利水电出版社，2024. 10. --（福建省“十四五”职业教育省级规划教材）（高等职业教育电力类新形态一体化数字教材）. -- ISBN 978-7-5226-2621-5

Ⅰ. TM92

中国国家版本馆CIP数据核字第2024D52T26号

书　　名	福建省“十四五”职业教育省级规划教材 高等职业教育电力类新形态一体化数字教材 **安全用电**（第二版） ANQUAN YONGDIAN
作　　者	主　编　许培德　吴光强 副主编　陈　丹　许文健　郑孝干 主　审　林世治　张志军
出版发行	中国水利水电出版社 （北京市海淀区玉渊潭南路1号D座　100038） 网址：www. waterpub. com. cn E-mail：sales@mwr. gov. cn 电话：（010）68545888（营销中心）
经　　售	北京科水图书销售有限公司 电话：（010）68545874、63202643 全国各地新华书店和相关出版物销售网点
排　　版	中国水利水电出版社微机排版中心
印　　刷	北京印匠彩色印刷有限公司
规　　格	184mm×260mm　16开本　16.75印张　408千字
版　　次	2021年8月第1版第1次印刷 2024年10月第2版　2024年10月第1次印刷
印　　数	0001—2000册
定　　价	**59.00**元

第二版前言

本教材是福建省“十四五”职业教育省级规划教材，符合《国家职业教育实施方案》精神，遵循职业教育高质量发展的规律，满足电力发展对高素质技能型人才的需求。全书以立德树人为导向，以产教融合为特色，坚持“双元”开发，聚焦源网荷储革命，将新知识、新技术、新工艺引入职教课堂，并依托“线上学习、碎片化学习、自主学习”的学习平台，以数字化变革赋能职业教育教学改革，突出“精讲、多练、够用、适用、能用、会用”的特点，以满足新型电力系统电气运行、变配电检修等电力工匠的技术技能培养。本书内容包括 8 个项目 43 个模块，内容丰富、形式新颖、职业适应性强，内容上重点突出职业技能的训练，以实际工作任务及其工作过程为依据，分层次、模块化组织教学内容，突出应用型、技能型人才培养的特点，具有鲜明的特色与创新。具体有以下四点：

（1）坚持立德树人，体现鲜明的职业教育特色。该教材坚持立德树人导向，融入课程思政元素，将知识传授与技术技能培养、工匠精神塑造、爱国情怀激发并重。教材选题聚焦“高端电力装备”新技术革命领域，契合党的二十大精神和“四个革命，一个合作”的国家能源安全新战略。阐明电力安全生产对社会经济生活的重要意义，倡导“安全第一”“生命至上”理念，培育安全价值观和安全文化，培养读者遵守规章制度的意识和团结协作、密切配合的团队精神，锻炼其危急时刻保持冷静、不惧危险、正确处理的意志品质。

（2）坚持产教融合，突出鲜明的职业教育特点。该教材坚持产教融合，一是拥有一支校企“双元”的教材开发团队；二是教材突出职业教育特点，遵循技能形成和技术创新的一般规律，以知识学习为基础，以技能训练为重点，以技术创新为提高，把知识一技能一创新的内在形成逻辑清晰地展示出来，使学生明确各阶段学习目标，激发学习动机，提高学习积极性，以达到创新型技术技能人才培养的目标要求。

（3）坚持信息革命，适应数字化时代变革。该教材是供用电技术、储能材料技术省级职业教育专业教学资源库的配套教材，是省级精品在线开放课程安全用电的配套教材，也是省级终身继续教育网络课程安全用电的配套教材。教材拥有PPT课件，三维、二维动画以及视频等121个数字教学资源，为升级“数字化”教材奠定了可靠基础。同时，建设了适应信息化、数字化时代的“线上学习、碎片化学习、自主学习”的学习平台，极大满足了广大师生和工程技术人员的学习需求。

(4) 坚持质量为先，得到业内普遍认可。该教材第一版于2021年正式出版发行，经过市场检验，销量稳步增长，并入选福建省“十四五”职业教育省级规划教材。该教材因内容全面、结构严谨，在电力安全教育领域获得广泛认可与应用，成为电力相关及相近专业“职业安全”课程的重要教材，部分电力生产企业也把本书作为培训教材。从使用后的反映来看，效果良好，得到了广大师生和工程技术人员的一致好评。

本教材编写人员及分工如下：福建水利电力职业技术学院许培德编写前言及项目一、项目三、项目四，吴光强编写项目二、项目五、项目六及附录，陈丹编写项目八，国网福州供电公司郑孝干编写项目七，国网福建省电力有限公司晋江市供电公司许文健编写绪论。本教材由许培德、吴光强担任主编并负责全书统稿，由福建水利电力职业技术学院林世治教授与福建国禹建设有限公司总经理张志军担任主审。全书86个视频资源由福建水利电力职业技术学院许培德副教授，林世治、郑志萍等2位教授，蒋素琼、聂英斌、杨雪珍等3位讲师，中国电建集团福建工程有限公司陈雪华、国网福州供电公司郑孝干、国网莆田供电公司曾国忠等3位高级工程师，校企双元组合团队完成制作。微课、视频、动画等部分相关素材由国网福建电力有限公司、武汉科迪奥电力科技有限公司、南方电网、腾讯等企业提供赞助支持。

本教材在编写过程中得到了福建水利电力职业技术学院、中国水利水电出版社有限公司、国网福建电力有限公司、福建省电力行业指导委员会、国网福建省电力有限公司晋江市供电公司、福州亿力工程有限公司、福建国禹建设有限公司等校企合作单位的大力支持，在此表示衷心感谢！在本教材的编写过程中，参考了有关教材和资料，在此也一并致谢！

由于编者水平有限，书中不当之处，恳请广大读者批评指正。

编者

2024年8月

第一版前言

本书根据国务院印发的《国家职业教育改革实施方案》(国发〔2019〕4号)、教育部等四部门印发的《关于在院校实施“学历证书+若干职业技能等级证书”制度试点方案》(教职成〔2019〕6号)、《职业院校教材管理办法》(教材〔2019〕3号)、《职业院校教材规划以及国家教学标准和职业标准(规范)》等文件精神,由中国水利水电出版社及福建省电力行业指导委员会研讨拟定的教材编写规划,在中国水利水电出版社指导下编写的电力类专业数字教材。该数字教材是在近年来我国高职高专院校专业建设和课程建设不断深化改革和探索的基础上组织编写的,内容科学先进、针对性强,对接科技发展趋势和市场需求,介绍了比较成熟的新技术、新工艺、新规范,突出职业教育特色,充分反映了产业发展最新进展。该数字教材是一本适应新时代技术技能人才培养新要求,服务经济社会发展、产业转型升级、技术技能积累和文化传承创新的高职高专教育精品教材。

随着信息技术的不断发展,数字化教学资源的普及,高职学生对专业教学资源的需求越来越强烈;尤其是掌上终端的更新迭代,学生获取信息的渠道也越来越多,这些都对职业教育提出了更高的要求。基于此,本书围绕职业教育改革的需要,在“工学结合、知行合一、校企合作、产教融合”人才培养模式的教学改革经验的基础上,以职业需求为导向、以实践能力培养为重点,以理实一体化、虚拟体感相融合为内容组织编写的。本书内容以马克思列宁主义、毛泽东思想、邓小平理论、“三个代表”重要思想、科学发展观、习近平新时代中国特色社会主义理论为指导思想,有机融入中华优秀传统文化,弘扬劳动光荣、技能宝贵、创造伟大的时代风尚,弘扬精益求精的专业精神、职业精神、工匠精神和劳模精神,努力构建中国特色,引导学生树立正确的世界观、人生观和价值观,努力成为德智体美劳全面发展的社会主义建设者和接班人。集中体现职业教育特色,符合技术技能人才成长规律和学生认知特点,对接国际先进职业教育理念,适应人才培养模式创新和优化课程体系的需要,突出理论和实践相统一,强调实践性,适应项目学习、案例学习、模块化学习等不同学习方式要求，注重以真实生产项目、典型工作任务、案例等为载体组织教学单元。本书在编写过程中注意体现职业教育改革的新思路，以实践能力培养为主线，培养学生分析、判断能力及故障排除能力；结合国网晋江供电有限公司、福州亿力工程有限公司、伟海电力产业学院和《国家教学标准及安全员职业标准（规范）》，采用项目驱动法，有针对性地实施安全用电教育，以提高学生的职业能力、应变能力、技能水平和综合素质；注重特定教学对象的人才成长规律和学生认知特点，以科学合理、梯度明晰，图、文、表并茂，生动活泼，形式新颖的数字化和丰富的典型实例取代传统安全用电教材的理论分析，同安全员职业资格考试接轨，以期达到“适用、必需、够用、效率、效益”的教学效果。

本书特色如下：

一是实现职业教育教材的数字化，适应“互联网+”时代的需要。推动信息技术与教育教学的全面融合，实现“网络学习空间人人通、专业资源校企通、优质资源班班通”，线上线下结合的混合式教学模式，充分利用网络技术手段，将纸质教材与信息化教学资源紧密结合，充分体现职业教育现代化，也是新教材所具有的最大特点。

二是实现职业院校教材与企业培训教材的协调，适应多元化混合所有制教学改革的需要。多元化培养模式是学校教育与企业培训的统一，具有学校和企业两个育人主体、教师和师傅两个教学主体，学习者以学生和学徒两种身份在两个场所工学交替。本书将学校教材与企业教材统一起来，同步规划两种教材。因此，新的教材不仅有企业工程技术人员参与编写，而且还有担任企业技能手参与审稿讨论、贴近企业需求，使得校企合作教材相互衔接、相互配合，形成职业教育新教材，突出职业教育现代化培养的特色。

三是实现构建对接职业技能等级标准的“新”教材。面对学历证书与职业技能等级证书有机融通的新形势，本教材将专业教学标准与安全员职业技能等级标准相衔接，做好专业教学内容与职业技能等级证书培训内容的协同组合，同时适合教学和培训。

本书编写人员及分工如下：福建水利电力职业技术学院许培德编写前言及项目一、项目三、项目四，吴光强编写项目二、项目五及附录，广东水利电力职业技术学院陈忠编写项目六、国网晋江供电有限公司许文健编写绪论。本书由许培德担任主编并负责全书统稿；由福建水利电力职业技术学院林世治副教授与福州亿力工程有限公司张凯铃担任主审。微课、视频、动画等部分相关素材由国网福建电力有限公司、武汉科迪奥电力科技有限公司、南方电网、腾讯等企业提供赞助支持，福建水利电力职业技术学院许培德副教授、张国良教授、雷志勇讲师、吕文虎讲师、林朝明副教授共同完成数字视频制作。

本书在编写过程中得到了福建水利电力职业技术学院、中国水利水电出版社有限公司、国网福建电力有限公司、武汉科迪奥电力科技有限公司、福建省电力行业指导委员会、国网泉州市晋江供电有限公司、福州亿力工程有限公司、福建伟海电力工程有限公司等兄弟企业单位的大力支持，在此表示衷心感谢！同时，对于编者参考的有关文献的企业与作者，也一并致谢！

由于编者水平有限，书中难免存在疏漏及缺点，恳请广大读者批评指正。

编者

2021年1月

“行水云课”数字教材使用说明

“行水云课”水利职业教育服务平台是中国水利水电出版社立足水电、整合行业优质资源全力打造的“内容”+“平台”的一体化数字教学产品。平台包含高等教育、职业教育、职工教育、专题培训、行水讲堂五大版块，旨在提供一套与传统教学紧密衔接、可扩展、智能化的学习教育解决方案。

本套教材是整合传统纸质教材内容和富媒体数字资源的新型教材，将大量图片、音频、视频、3D动画等教学素材与纸质教材内容相结合，用以辅助教学。读者登录“行水云课”平台，进入教材页面后输入激活码激活，即可获得该数字教材的使用权限。可通过扫描纸质教材二维码查看与纸质内容相对应的知识点多媒体资源，完整数字教材及其配套数字资源可通过移动终端App、“行水云课”微信公众号或中国水利水电出版社“行水云课”平台查看。

本书课件

数字资源索引

续表

续表

续表

目录

绪　论

【学习目标】

学习单元	能力目标	知识点
绪论	了解学习安全用电的重要意义；掌握安全用电的概念；掌握电的基础知识	电力生产的特点；安全生产的概念；安全用电的概念

【思政引导】

在电力发展历程中，涌现出了许多杰出的优秀人物，他们以其卓越的智慧、不懈的努力和无私的奉献，推动了电力科技的进步和电力工业的发展。以下是一些具有代表性的优秀人物。

陈世雄：作为武汉华源电力有限公司的一员，陈世雄以其特别能吃苦、特别能战斗的精神，成为了一名电力铁军。在疫情期间，他连续15天每天仅睡三四个小时，全力守护火神山医院的应急灯塔。他带领班组一天内完成方舱医院送电任务，坚守保电现场72天，为抗击疫情点亮了希望之灯。

邝斌：湖北武汉东西湖供电公司的邝斌，同样以生命至上、逐光逆行的精神，在疫情期间确保了武汉金银滩医院的供电可靠。他随叫随到，与团队3天完成了武汉客厅方舱医院用电工程施工，用实际行动彰显了党员本色和国网担当。

王小海：全国劳模王小海自1991年毕业于清华大学电机系后，便回到内蒙古基层变电站工作。他在内蒙古一扎根就是几十个年头，为内蒙古电力尤其是新能源事业的发展作出了巨大贡献。

他们的故事充分体现了电力人的吃苦耐劳和无私奉献。这些优秀人物在电力发展历程中扮演了重要角色，他们的贡献不仅推动了电力科技的进步，也为人类社会的发展和进步作出了重要贡献。

一、电力安全生产的意义

随着中国特色社会主义进入新时代，我国电力安全生产进入了新的发展时期。电力工业是国民经济的基础产业，社会发展，电力先行。电力工业关系到国家能源安全和国民经济命脉，承担着为经济社会发展提供安全、经济、清洁、可持续的电力供应的基本使命。为了满足不断发展的经济社会的需要，电力工业以前所未有的速度发展着，2022年全国总发电量达到8.1122万亿kW·h，我国已成为全球发电量最大的国家。

0-0

0-1

科学发展是电力企业的重要目标，如何正确把握发展与安全的辩证关系，是电力企业一直在思考和践行的主要命题之一。“生产必须安全，安全促进生产”，电力企业也始终将电力安全生产工作放在一切工作的首位，高度重视，狠抓落实。但电力企业的安全形势依然严峻，维护电网安全的任务依然繁重。虽然管理措施比较完善，但人的不安全行为、物的不安全状态、环境的不安全因素三个方面的诱因长期存在，加上管理措施和技术手段方面的不足，电力系统时常发生一些安全生产事故，影响正常的电力生产和供应，给国家、人民和企业带来损失。

随着科学技术的不断进步，电力工业领域中的新技术、新革命也是日新月异。电网的规模日益扩大，超高压、直流输电、电力信息化等一系列新技术逐渐进入电力工业领域中，电力安全问题面临着新一轮的挑战。同时，电力企业从诞生之初，自身就一直在不断地探索着合理的管理模式，以严格的管理手段防控安全生产事故。当前，网络和信息技术高速发展，云计算、物联网、大数据等先进技术不断涌现并逐渐普及应用，深刻地改变了很多行业的运营模式。传统电力行业正向能源互联网转型，大数据及云计算时代的到来为电力行业的发展注入了新的活力，也为电力安全生产水平的提升提供了技术支撑。有机挖掘和整合企业安全生产数据信息，充分发挥大数据和信息化在电力企业安全生产管理工作中的作用，建设本质安全型企业的追求才能实现，从而为企业的发展提供安全保障。

电力生产的特点是：生产、输送、使用同时完成，各个环节紧密地联系在一起。因此，任何一个环节出现故障都可能迅速地波及整个系统的正常运行，发生连锁反应，导致引发一系列的事故和后果。因此，系统、全面、信息化的电力安全生产管理势在必行。

习近平总书记指出，安全生产事关人民福祉，事关经济社会发展大局。一直以来，我国供电企业始终秉持“安全第一、预防为主、综合治理”的方针，在安全生产的创新理念、管理模式、科学技术等方面积极研究，把安全生产作为举过头顶的第一要务，完善安全生产责任体系，对安全责任事故一律实行“一票否决”，对安全记录纳入考核，实现了安全生产水平的大幅提升。

电力企业坚决贯彻党中央、国务院安全生产决策部署，牢固树立以人民为中心的发展思想，大力弘扬“生命至上、安全第一”的理念，深刻认识安全工作的极端重要性，坚持问题导向，强化红线意识，集中整治安全责任不落实、风险管控不到位、隐患排查不深入、现场管控不严格等问题。深刻吸取安全生产事故事件教训，把安全管理由事故处理型转变为事故预防型，切实提升安全管理水平。

所谓“安全生产”，是指在生产经营活动中，为了避免造成人员伤害和财产损失的事故而采取的事故预防和控制措施，使生产过程在符合规定的条件下进行，以保证从业人员的人身安全与健康，设备和设施免受损坏，环境免遭破坏，保证生产经营活动得以顺利进行的相关活动。安全生产是涉及职工生命安全的大事，人命关天，发展决不能以牺牲人的生命为代价，这必须作为一条不可逾越的安全生产红线。我们要以习近平新时代中国特色社会主义思想为指导，认真落实党中央、国务院关于安全生产工作的决策部署，树立安全发展的理念，完善电力安全监管体制机制，全面落实企业安全生产责任，全面落实安全风险分级管控和隐患排查处理，不断推进本质安全建设，营造良好安全文化氛围，推动电力安全生产形势持续稳定向好，为全面建成社会主义现代化强国、实现第二个百年奋斗目标，以中国式现代化全面推进中华民族伟大复兴营造良好的电力安全环境。

二、安全用电重要性

所谓安全用电，系指电气工作人员、生产人员以及其他用电人员，在既定环境条件下采取必要的措施和手段，在保证人身及设备安全的前提下正确使用电力。

电能是一种优质的能量，在工业、农业、科学技术、交通、国防以及社会生活等各个领域，获得越来越广泛的应用，并不断造福人类。但是，由于电本身具有看不见、摸不着的特点，电在造福人类的同时，对人类也有很大的潜在危险性。与此同时，使用电气所带来的不安全事故也在不断发生。如果没有恰当的措施和正确的技术，不能做到安全用电，便会给人民的财产造成不可估量的损失。为了实现电气安全，对电网本身的安全进行保护的同时，更要重视用电的安全问题。因此，学习安全用电基本知识，掌握常规触电防护技术，这是保证用电安全的有效途径。人们只有掌握了用电的基本规律，懂得用电的基本知识，按操作规程办事，同时，做好安全用电的宣传，提高安全用电意识，落实保证安全工作的技术措施和组织措施，切实防止各种用电设备和人身触电事故的发生，电才能很好地为人民服务。

电力既能给人们带来光明，又能为人们提供能量，但同时也能给人们带来灾难，就像水能载舟，亦能覆舟。“安全用电，珍视生命”，我们不仅要在思想上引起重视，更重要的是要学习掌握安全用电的知识技能，做对自己和他人生命安全负责的人。

【单元探索】

了解每年全球电力安全生产事故及事故发生的原因，知道安全的重要性。

【项目练习】

请扫描二维码，完成项目练习。

绪论练习

绪论练习答案

项目一　电气安全基础知识

【学习目标】

学习单元	能力目标	知识点
模块一　安全用电常识	掌握电流对人体的效应；了解电流对人体伤害程度的影响因素	电伤和电击的概念及其区别；电流对人体伤害程度的因素
模块二　人体触电体感系统实训	了解人体触电体感系统实训的目的；掌握人体触电体感系统实训方法	实训目的；实训内容；实训设备的使用
模块三　触电事故的规律与原因	了解电力事故分类及事故情况；掌握几种常见的触电方式；了解触电事故的成因及其规律	触电事故的常见原因；触电事故的一般规律；直接接触触电的分类；间接接触触电的分类
模块四　跨步电压体感设备实训	了解跨步电压体感设备实训的目的；掌握跨步电压体感设备的操作方法	实训目的；实训内容；实训设备的使用
模块五　电气安全用具的正确使用	掌握安全用具的基本概念及其分类；掌握各安全用具的作用及其使用范围	安全用具的概念及分类；电气安全用具的正确使用方法
模块六　安全用电宣传与从业人员管理	了解安全用电宣传与从业人员管理的内容；熟悉防止发生用电事故的主要对策	安全用电的宣传工作与从业人员的管理；防止发生用电事故的主要对策

【思政引导】

王月鹏，中共党员，国家电网北京昌平供电公司带电作业高级技师，作为国网北京昌平供电公司配电不停电作业室班长，王月鹏善学习、肯钻研、能吃苦，对带电作业的每一个细节都精益求精，追求完美和极致，逐步成长为专业技术领头人。

他在奥运和国庆保电期间，带领班组成员分析详细的现场安全措施，制定整套工作方案，及时、快速处理线路缺陷。他带头开展技术革新，拥有国家级专利成果4项，研发成果有效简化了工作程序，降低了作业人员工作强度。王月鹏共安全开展带电作业15634次，累计多供电量9800kW·h，是当之无愧的“北京大工匠”。

他荣获了多项荣誉，包括首届“北京大工匠”称号（2018年4月）、2020年全国劳动模范、国家电网公司首席专家（2023年1月）等。

综上所述，王月鹏是一位在电力行业领域取得显著成就的中共党员和劳动模范。不仅体现了电力行业人吃苦耐劳的精神，也展现了他们对于技术创新的追求和对于社会责任的担当。他们的事迹将激励更多的电力人为我国的电力事业作出更大的贡献。

模块一　安全用电常识

【模块导航】

问题一：电流对人体的伤害有哪些?

问题二：电流对人体伤害程度的影响因素有哪些?

【模块解析】

1-1

能源是人类社会赖以生存和发展的物质基础，在国民经济中具有特别重要的战略地位（图1-1）。当今世界是能源的世界，保护能源是我们每个公民义不容辞的责任，也关乎着我们每个人的命运。作为一种现代化的能源，电能几乎进入人们生产和生活的所有领域，对促进国民经济的发展和改善人民生活水平起着重要的作用。人们的生活处处离不开电能，没有电的世界你能想象吗？电能作为动力，推动着工农业生产的机械化、自动化程度的提高，有效地促进国民经济各部门的技术改造，大幅度地提高劳动生产率。

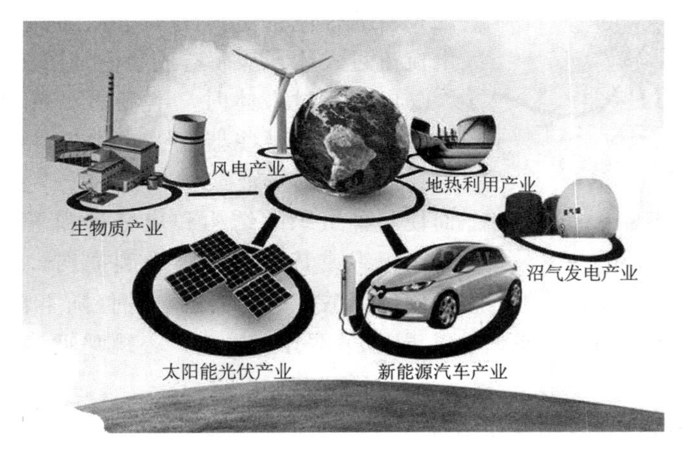

图1-1　能源产业

利用电能，还可以改善劳动者的劳动条件，为劳动者提供清洁和安全的环境。但人们在用电的同时，会遇到各种各样的安全问题。电能是由一次能源转换得来的二次能源，在应用这种能源时，如果处理不当，在其传递控制、驱动等过程中将会遇到障碍，甚至发生事故，严重的事故将导致生命安全伤害或重大经济损失。因此，在用电的同时，必须充分考虑安全问题。此外，在一些非用电场所或电路正常的情况下，由于电能的释放也会造成灾害，例如，雷电、静电、电磁场危害等，所以用电安全也是不容忽视的。总之，灾害是由能量造成的，由电流的能量或静电荷的能量造成的事故均属于电气事故。

用电安全技术是研究防止各种电气事故、研究使用电气的方法解决安全问题的学科，是在人们生产和生活实践中发展起来的。电气安全技术的主要任务是：一方面研究各种电气事故，研究各种电气事故发生的机理、原因、构成、规律、特点和预防措施；另一方面研究用电气的方法来解决安全生产问题，也就是研究运用电气监测、电气检查和电气控制的方法来评价系统的安全性或解决生产中的安全问题。

随着推进美丽中国建设，协调推进降碳、减污、扩绿、增长，推进生态优先、节约集约，绿色低碳发展电能在生产和生活中的应用会有大幅度的上升。用电安全的发展也必须与之相适应。与其他学科相比，用电安全技术具有抽象性、广泛性和综合性的特点。由于电具有看不见、听不见、闻不到的特点，以至电气事故往往带有某种程度的突发性，而电的应用又极为广泛，因此，电气安全工作是一项综合性的工作，有工程技术的一面，也有组织管理的一面。在工程技术方面，主要任务是完善电气安全技术、开发新的安全技术、研究新出现的安全技术问题等；在组织管理方面，其任务是落实安全生产责任制。

一、电流对人体的效应

当接触带电部位或接近高压带电体时，因人体有电流通过而引起受伤或死亡的现象称为触电。人体组织中有60%以上是由含有导电物质的水分组成的，因此，人体是导体，当人体接触设备的带电部分并形成电流通路的时候，就会有电流流过人体，从而造成触电（图1-2）。

图1-2　触电电流

电流流过人体时，电流的热效应会引起肌体烧伤、炭化或在某些器官上产生损坏其正常功能的高温，肌体内的体液或其他组织会发生分解作用，从而使各种组织的结构和成分遭到严重破坏，肌体的神经组织或其他组织因受到损伤，会产生不同程度的刺麻、酸疼、打击感，并伴随不自主的肌肉收缩、心慌、惊恐等症状，伤害严重时会出现心律不齐、昏迷、心跳呼吸停止直至死亡的严重后果。

电流对人体的伤害可以分为两种类型，即电伤和电击。

（一）电伤

电伤是指由于电流的热效应、化学效应和机械效应对人体的外表造成的局部伤害，如电灼伤、电烙印、皮肤金属化等。

1. 电灼伤

电灼伤也称电弧烧伤，一般分为接触灼伤和电弧灼伤两种。电灼伤是最常见也是最严重的一种电伤，多由电流的热效应引起，具体症状是皮肤发红、起泡、甚至皮肉组织被破坏或烧焦，一般需要治疗的时间较长。通常发生在：低压系统带负荷拉开裸露的刀闸开关时电弧烧伤人的手和面部；线路发生短路或误操作引起短路；高压系统因误操作产生强烈电弧导致严重烧伤；人体与带电体之间的距离小于安全距离而放电。

2. 电烙印

当载流导体较长时间接触人体时，因电流的化学效应和机械效应作用，接触部分的皮肤会变硬并形成圆形或椭圆形的肿块痕迹，如同烙印一般。电烙印边缘明显，颜色呈灰黄色，有时在电击后，电烙印并不立即出现，而是在相隔一段时间后才出现。

3. 皮肤金属化

皮肤金属化是由于高温电弧使周围金属熔化、蒸发并飞溅到皮肤表面形成的伤害。皮肤金属化以后，表面粗糙、坚硬，金属化后的皮肤经过一段时间后方能自行脱离，对身体机能不会造成不良的后果。

电伤在不是很严重的情况下，一般无致命危险。

（二）电击

电击是指电流流过人体内部，造成人体内部器官的伤害。它会破坏人的心脏、呼吸及神经系统的正常工作，甚至危及生命。在低压系统通电电流不大且时间不长的情况下，电流引起人的心室颤动，是电击致死的主要原因；在通过电流虽较小，但时间较长情况下，电流会造成人体窒息而导致死亡。被电击过的人体常会留下较明显的特征：电标、电纹、电流斑。电标是在电流出入口处所产生的革状或炭化标记。电纹是电流通过皮肤表面，在其出入口间产生的树枝状不规则发红线条。电流斑则是指电流在皮肤表面出入口处所产生的大小溃疡。

电击是最危险的触电伤害，绝大部分触电死亡事故都是由电击造成的，日常所说的触电事故，基本上多指电击。

二、影响电流对人体伤害程度的因素

1－2

电流对人体伤害的程度与电流强度的大小及持续时间、人体电阻、人体电压、通过路径、电流种类及频率和触电者本身的情况有关。

（一）伤害程度与电流强度大小的关系

通过人体的电流越大，人体的生理反应就越明显，感觉就越强烈，引起心室颤动所需的时间越短，致命的危险性就越大。对于工频交流电，按照通过人体电流的大小，人体所呈现的不同状态，大致可以分为下列3种：

1. 感知电流

引起人感觉的最小电流，称为感知电流，感知电流通过人体时，人体有麻酥、灼热感。实验表明，成年男性的平均感知电流约为1.1mA；成年女性的平均感知电流约为0.7mA。

2. 摆脱电流

人触电后能够自主摆脱电源的最大电流称为摆脱电流，摆脱电流通过人体时，人体除麻酥、灼热感外，主要是疼痛、心律障碍感。实验表明，成年男性的平均摆脱电流约为16mA；成年女性的平均摆脱电流约为10mA。

3. 致命电流

在较短的时间内，危及生命的最小电流，也就是能够引起心室颤动的电流称为致命电流。引起心室颤动的电流与通过的时间有关。实验表明，当通过的时间超过心脏搏动周期时，引起心室颤动的电流，一般是10mA以上。当通过的电流达数百毫安时，心脏会停止跳动，可能导致死亡。

（二）伤害程度与电流持续时间的关系

电流对人体的伤害与流过人体电流的持续时间有着密切的关系。电流持续时间越长，电流对人体的危害越严重。另外，人的心脏每收缩、舒张一次，中间约有 0.1s 的间隙，在这 0.1s 的时间内，心脏对电流最敏感，若电流在这一瞬间通过心脏，即使电流很小（几十毫安），也会引起心室颤动。显然，电流持续时间越长，重合这段危险期的概率越大，危险性也越大。一般认为，工频电流 30mA 以下及直流 50mA 以下，对人体是安全的，但如果持续时间很长，即使电流小到 8～10mA，也可能致命。

（三）伤害程度与人体电阻的关系

人体的不同部分（如皮肤、血液、肌肉及关节等）对电流呈现出一定的阻抗，即人体电阻（图 1－3）。其大小不是固定不变的，它决定于许多因素，如接触电压、电流途径、持续时间、接触面积、温度、压力、皮肤厚薄及完好程度、潮湿、脏污程度等。人体阻抗不是纯电阻，主要由人体电阻决定。人体电阻也不是一个固定的数值。一般认为干燥的皮肤在低电压下具有相当高的电阻，当电压在 500～1000V 时，人体电阻便下降为 1000Ω。表皮具有这样高的电阻是因为它没有毛细血管。手指某部位的皮肤还有角质层，角质层的电阻值更高，而不经常摩擦部位的皮肤的电阻值是最小的。皮肤电阻还同人体与带电体的接触面积及压力有关。当表皮受损暴露出真皮时，人体内因布满了输送盐溶液的血管而具有很低的电阻。人体电阻的大小是影响触电后人体受到伤害程度的重要物理因素。

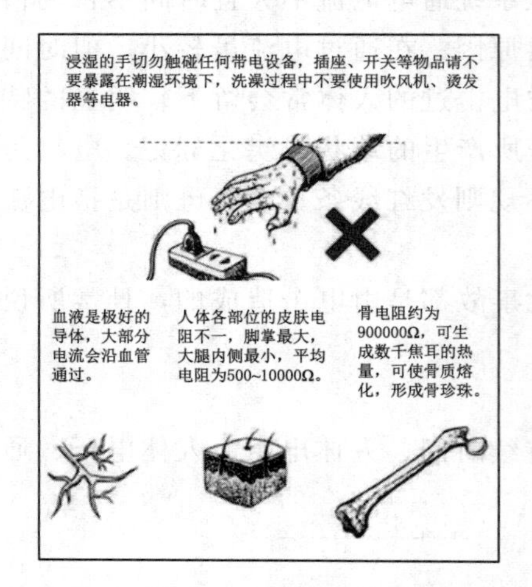

图 1－3　人体电阻

人体电阻由体内电阻和表皮电阻组成。体内电阻是指电流流过人体时，人体内部器官所呈现的电阻。它的数值主要决定于电流的通路，当电流流过人体内不同部位时，体内电阻呈现的数值不同。表皮电阻指电流流过人体时，两个不同电击部位皮肤上和皮下导电细胞之间的电阻之和。体内电阻基本稳定，约为 500Ω。接触电压为 220V 时，人体电阻的平均值为 1900Ω；接触电压为 380V 时，人体电阻降为 1200Ω。经过对大量实验数据的分析研究确定，人体电阻的平均值一般为 2000Ω 左右，而在计算和分析时，为保险起见，通常取为 800～1000Ω。不同条件下的人体电阻见表 1－1。

表 1－1　　不同条件下的人体电阻

加于人体的电压/V	人体电阻/Ω			
	皮肤干燥	皮肤潮湿	皮肤湿润	皮肤浸入水中
10	7000	3500	1200	600
25	5000	2500	1000	500
50	4000	2000	875	440

续表

加于人体的电压/V	人体电阻/Ω			
	皮肤干燥	皮肤潮湿	皮肤湿润	皮肤浸入水中
100	3000	1500	770	375
250	2000	1000	650	325

注　1. 本表数值的前提：电流为基本通路，接触面积较大。
2. 皮肤潮湿相当于有水或汗痕。
3. 皮肤湿润相当于有水蒸气或特别潮湿的场合。
4. 皮肤浸入水中相当于人体处于游泳池内或浴池中，人体电阻基本上是体内电阻。
5. 此表数值为大多数人的平均值。

人体受到电击时，流过人体电流在接触电压一定时由人体的电阻决定，人体电阻越小，流过的电流则越大，人体所遭受的伤害也越大。

（四）伤害程度与作用于人体电压的关系

作用于人体的电压，对流过人体的电流的大小有直接的影响。当人体电阻一定时，作用于人体的电压越高，则流过人体的电流越大，其危险性也越大。随着作用于人体电压的升高，人体电阻下降，导致流过人体的电流迅速增加，对人体的伤害也就更加严重（图1－4）。

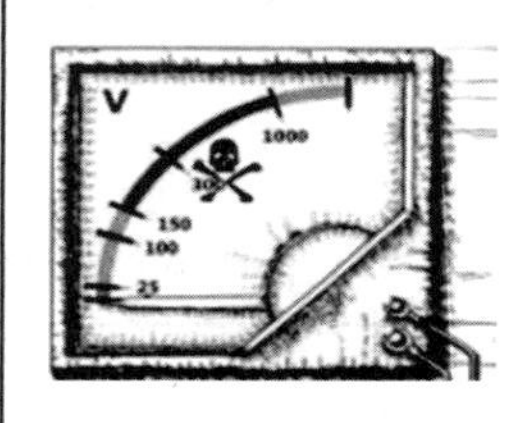

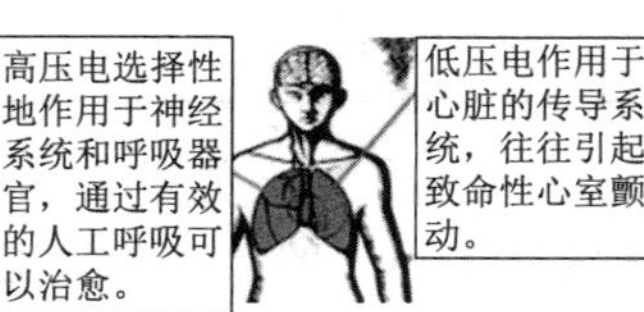

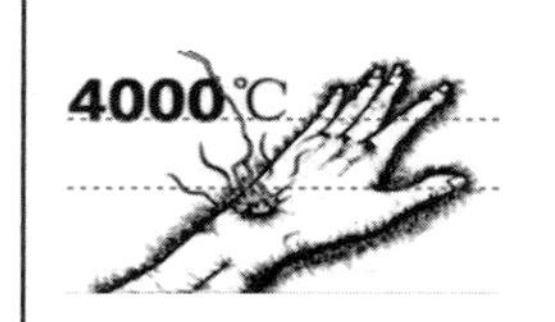

图1－4　作用于人体的电压

（五）伤害程度与电流路径的关系

电流通过人体的路径不同，使人体的出现生理反应及对人体的伤害程度是不同的。当电流通过人体心脏时，其电击伤害程度最大。电流路径与流经心脏的电流比例关系见表1－2。左手至脚的电流路径，由于心脏直接处于电流通路内，因而是最危险的；右手至脚的电流路径的危险性相对较小。电流从左脚至右脚这一电流路径，危险性小，但人体可能因痉挛而摔倒，导致电流通过全身或发生二次事故而产生严重后果。

表1－2　电流路径与通过人体心脏电流的比例关系

电流路径	左手至脚	右手至脚	左手至右手	左脚至右脚
流经心脏的电流与通过人体总电流的比例/%	6.4	3.7	3.3	0.4

（六）伤害程度与电流种类及频率的关系

电流种类不同，对人体的伤害程度不一样。当电压在250～300V时，触及频率50Hz的交流电，比触及相同电压的直流电的危险性大3～4倍。不同频率的交流电流对人体的影响也不相同（图 1－5）。通常，50～60Hz 的交流电，对人体危险性最大。低于或高于此频率的电流对人体的伤害程度要显著减轻。但高频率的电流通常以电弧的形式出现，因此有灼伤人体的危险。各种频率电流作用下的死亡率见表 1－3。

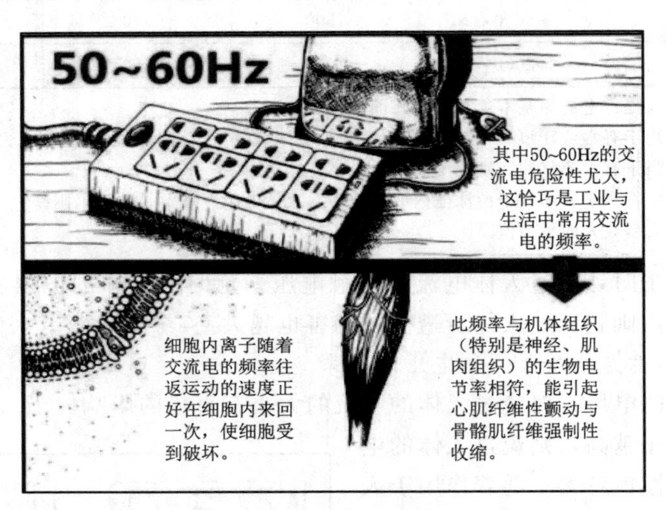

图 1－5　频率影响

表 1－3　　**各种频率电流作用下的死亡率**

频率/Hz	10	25	50	60	80	100	120	200	500	1000
死亡率/%	21	75	95	91	43	34	31	22	14	11

（七）伤害程度与人体状态的影响

电流对人体的作用与人的年龄、性别、身体及精神状态有很大关系。一般情况下，女性对电流比男性敏感，小孩比成人敏感。在同等电击情况下，妇女和小孩更容易受到伤害（图 1－6）。此外，患有心脏、精神病、结核病、内分泌器官疾病或酒醉的人，因电击造成的伤害都将比正常人严重。身体健康、经常从事体力劳动和体育锻炼的人，由电击引起的后果相对会轻一些。

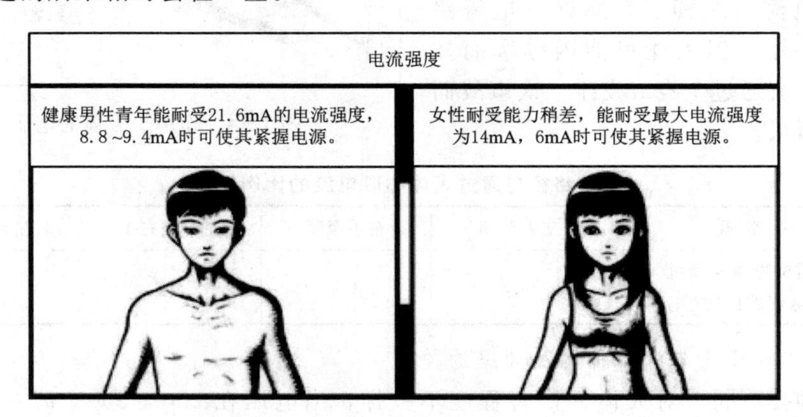

图 1－6　电流强度对人体状况影响

【模块探索】

结合所掌握的知识，分析如何减少电流对人体的伤害。

模块二　人体触电体感系统实训

【模块导航】

问题一：实训的目是什么？

问题二：在电气作业中如何落实安全防护措施，预防触电事故的发生？

【模块解析】

一、实训概述

1－3

1－4

人体触电体感设备（图1－7），是应用当前先进的电子网络控制技术、多媒体技术，采用全新的设计理念而开发的一种体感设备，具有操作方便快捷，体感台结构简洁直观、运行可靠性高等特点。人体触电体感系统由控制台及体感台两部分组成。体感台为体验者提供交流、直流及电容三类触电体验。设备适用于对电力作业部门新入职员工、一线班组员工、带班作业长和安全管理人员，对供电系统基层单位、电力培训部门、大中专、技校、职校的教学培训。

图1－7　人体触电体感设备

人体触电体感设备在设计时参照了以下标准：《国家电网公司电力安全工作规程（变电部分）》、《低压配电设计规范》（GB 50054—2011）、《剩余电流动作保护装置的安装和运行》（GB 13955—2017）、《交流电气装置的接地设计规范》（GB/T 50065—2011）。

二、实训目的与内容

1. 实训目的

通过亲身体验触电的方式，使学员体验触电的感受，对比体验在不同干湿状况下人体的触电程度，使学员明白人体在潮湿状况下更容易触电，掌握脱离电源的正确方法，以及在进行电气作业时佩戴个人安全防护用具的重要性。学员通过亲身触电体验，了解人体触电的原因、触电程度与外部因素的关系、触电的危害，掌握正确预防触电的方法，在电气作业中主动落实安全防护措施，预防触电事故的发生。

2. 实训内容

(1) 在干燥状况下人体交流触电体验。

(2) 在潮湿状况下人体交流触电体验。

(3) 在干燥状况下人体直流触电体验。

(4) 在潮湿状况下人体直流触电体验。

(5) 在干燥状况下人体电容放电触电体验。

三、人体触电体感设备结构

1. 控制台

控制台采用触摸屏改进型结构，触摸屏位于设备上部，方便操作；触摸屏上的操作菜单一目了然，通过触摸屏可进行系统演示功能操作。控制台如图 1-8 所示。

图 1-8 控制台

控制台各部分结构介绍如下：

(1) 触摸屏：触摸屏在系统运行时显示组态界面，其具备两方面的功能，一是显示系统运行时的各开关状态和采集的实时数据；二是执行学员的培训操作控制命令，实现对系统各动作元件的远程控制。

(2) 急停按钮：作为设备异常情况下的紧急操作，急停按钮按下时，设备断电。

(3) 启动/关机按钮：在控制台电源开关合上后，启动按钮可用来启动或关闭控制台主机电源。

(4) 电源开关：作为控制台的总电源控制按钮。

2. 体感台

体感台为体验者提供交流、直流及电容三类触电体验，学员可根据体验需求设置体验电压，系统具备过流保护功能，确保学员体验安全，体感台如图 1-9 所示。

体感台各部分结构介绍如下：

(1) 电压表：显示实时体验电压。

(2) 电流表：显示学员的实时体验电流。

(3) 直流触电体感模式指示灯：当模式选择为直流触电体感模式时，此灯亮。

(4) 交流触电体感模式指示灯：当模式选择为交流触电体感模式时，此灯亮。

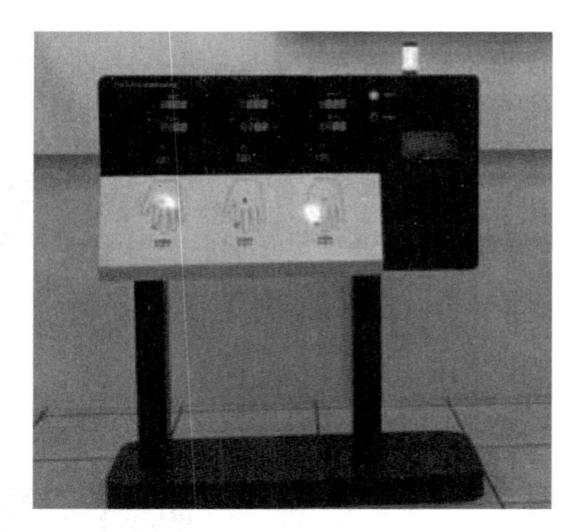

图 1-9　体感台

（5）电容触电体感模式指示灯：当模式选择为电容触电体感模式时，此灯亮。

（6）潮湿模式指示灯：当模式选择为潮湿模式时，此灯亮。

（7）正常模式指示灯：当模式选择为正常模式时，此灯亮。

（8）交流触电体感电极：当选择交流触电模式并开始体验时，学员手臂触摸体感电极，体验触电感。

（9）直流触电体感电极：当选择直流触电模式并开始体验时，学员手臂触摸体感电极，体验触电感。

（10）电容触电体感电极：当选择电容触电模式并开始体验时，学员手臂触摸体感电极，体验触电感。

（11）加湿区：当选择潮湿模式时，加湿装置自动喷雾给学员手臂加湿。

四、实训操作步骤

1. 系统上电及控制台开机

合上电源箱内的总开关，系统上电；控制台插头接入电源插座，合上控制台背面底部的电源开关按钮，并点击控制台启动/关机按钮，控制台启动并开始运行。

2. 各模块功能体验

操作人员打开控制台桌面上的人体触电体感控制软件，进入操作系统。选择相应的体验模式，并给定体验电压，体验人员将手放到相应的体验区域体验。

（1）打开软件，软件自动启动，进入人体触电体感控制软件主界面，如图 1-10 所示。

（2）交流触电体验模式：点击“体感实训”，进入体感操作面，如图 1-11 所示。点击“交流模式”，此时按钮由灰色变成蓝色。点击“设备自检”语音提示，自检通过后界面上整定值指针自动调至 30V，体验者可根据实际需求进行修改，点击“－”或“＋”进行降压或升压设定，点击“开始体验”按钮。

图 1-10　人体触电体感控制软件主界面

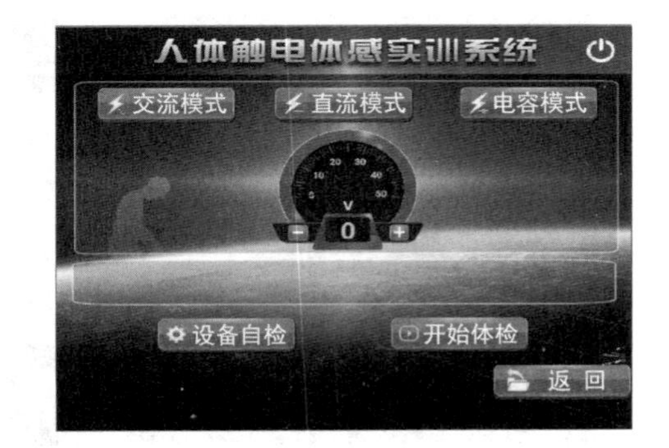

图 1-11　触电体验模式功能选择界面

界面跳转到交流触电体验模式曲线监控界面，如图 1－12 所示。体验时将手背放置于体感台画有手掌处的电极上进行体验，体验完毕点击“结束体验”，跳转返回触电体验模式功能选择界面，如图 1－11 所示。

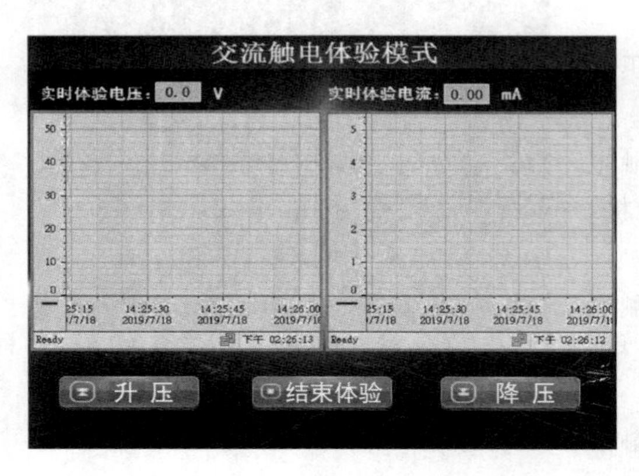

图 1－12　交流触电体验模式曲线监控界面

注意：在体验过程中，电击感不够强烈或者电击过于强烈，可点击“升压”或者“降压”调节电压大小，同时，注意观察曲线监控界面上显示“实时体验电压”数值和“实时体验电流”数值及电压电流实时曲线显示的变化；或者通过按下“加湿”按钮来对学员手臂进行加湿，再进行体验。

（3）直流触电体验模式：点击“体感实训”，进入如图 1－11 所示的体感操作界面。点击选择“直流模式”，按钮由灰色变成蓝色，点击“设备自检”语音提示，自检通过后界面上整定值指针自动调至 30V，体验者可根据实际需求，点击“－”或“＋”进行降压或升压设定，点击“开始体验”按钮即可自动升压并进入曲线监控界面。

直流触电体验模式曲线监控界面如图 1－13 所示。体验时将手背放置于体感台画有手掌处的电极上进行体验，体验完毕点击“结束体验”跳转返回如图 1－11 所示的触电体验模式功能选择界面。

注意：在体验过程中，电击感不够强烈或者电击过于强烈，可点击“升压”或者“降压”调节电压大小，同时，注意观察曲线监控界面上显示“实时体验电压”数值和“实时体验电流”数值及电压电流实时曲线显示的变化；或者通过按下“加湿”按钮，来对学员手臂进行加湿，再进行体验。

（4）电容触电体验模式：点击“体感实训”，进入体感操作面，如图 1－14 所示，点击选择“电容模式”，按钮由灰色变成蓝色，点击“设备自检”语音提示，自检通过后，

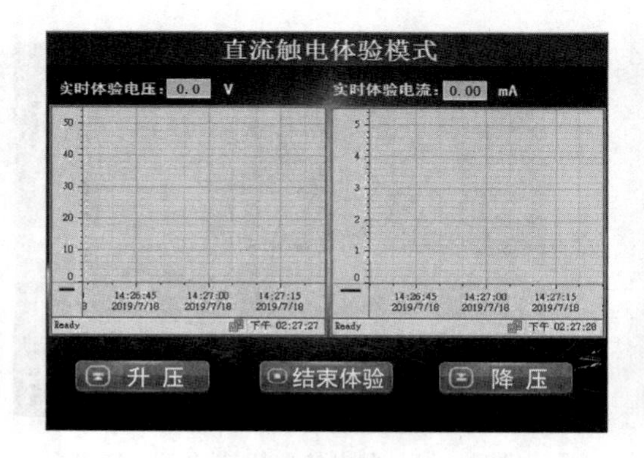

图 1－13　直流触电体验模式曲线监控界面

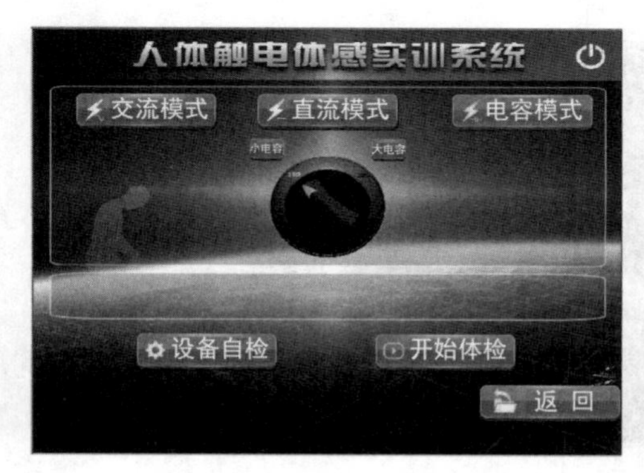

图 1－14　电容触电体验模式功能选择界面

点击界面上电容大小调节旋钮处“小电容”或“大电容”，点击成功后按钮由灰色变成蓝色，相应的旋转把手箭头指向该位置，小电容体验默认 100V，大电容体验默认 200V，可根据需求进行调节。点击“开始体验”按钮即可自动升压并进入曲线监控界面。

电容触电体验模式曲线监控界面如图 1－15 所示。体验时将手背放置于体感台画有手掌处的电极上进行体验，体验完毕点击“结束体验”跳转返回电容触电体验模式功能选择界面。

注意：在体验过程中，电击感不够强烈，可通过按下加湿按钮，来对学员手臂进行加湿，再进行体验。

3．解析

在图 1－10 所示的人体触电体感控制软件主界面点击“解析课件”按钮，跳转至视频播放界面，如图 1－16 所示。学员可以观看相应视频，视频播放完后可以点击“返回”即可回到人体触电体感控制软件主界面。点击主界面“退出”按钮，退出软件功能界面。

4．系统断电及控制台关机

按下控制台的启动/关机按钮，控制台自动关机，断开控制台电源开关按钮，拔掉控制台电源插头，控制台处于断电状态，断开电源箱内的总电源开关，系统断电。

五、实训注意事项

（1）设备通电前首先检查所有器件是否完好，设备电源线、通信线、接地线是否连接可靠。

（2）操作设备应设置操作人员和监护人员各一名，操作人员、监护人员应熟悉电气安全知识，熟练掌握设备的操作流程，以免因使用不当造成设备损坏。

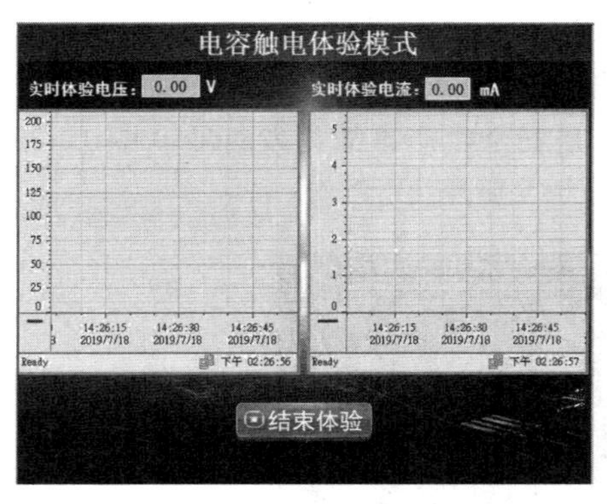

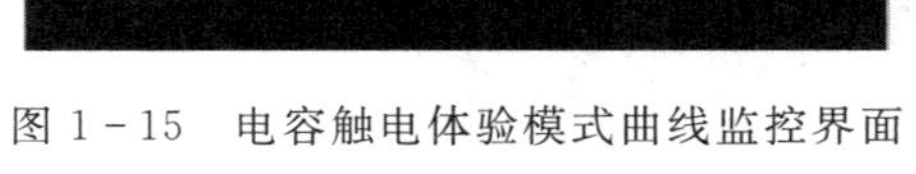

图 1－15　电容触电体验模式曲线监控界面

图 1－16　课件解析视频教学界面

（3）体验过程中，禁止任何人员随意进入危险区域。

（4）学员在观看演示现象前，务必确认站在指定区域观察。

（5）学员禁止对设备进行任何操作，严禁私自拆装连接线和设备元器件。

（6）操作人员有权拒绝违章指挥和冒险操作，在发现危及人身和设备安全的紧急情况时，有权停止操作或者在采取可能的紧急措施后撤离操作场所，并立即报告。

（7）操作过程中发现异常情况应及时拍下急停按钮并切断主电源，查清问题并妥善处理后，才能重新上电操作。

（8）培训完毕后，确保设备所有开关处于断开状态，关闭主电源，并锁紧玻璃门。

六、常见故障及处理方法

（1）当合上总电源空开，点击启动按钮后，如果一直无法启动电源，检查插接端子是否有松动或者脱落现象、接插座是否接触好、急停按钮是否正常。

（2）当通信连接失败时，检查控制线是否松动，接触是否良好；关闭电源5s后，开启电源，重新进行连接。

七、拓展训练与思考

（1）根据实训体验结果，写出本次实训的心得与体会。

（2）分析人体触电的原因、触电程度与外部因素的关系、触电的危害，以及正确预防触电的方法。

【模块探索】

通过亲身触电体验，了解人体触电的原因、触电程度与外部因素的关系、触电的危害，掌握正确预防触电的方法，在电气作业中主动落实安全防护措施，预防触电事故的发生。

1－5

模块三 触电事故的规律与原因

【模块导航】

问题一：人体触电的方式有哪些？

问题二：何为单相触电、跨步电压触电、接触电压触电？

【模块解析】

一、2014—2018年电力安全事故总量统计与分析

电力行业因涉及生产、技改与建设多环节，是安全生产事故易发行业（图1－17），所以一直以来都是安全生产监管的重点。

图1－17 电气安全事故画面

本节对国家能源局公布的2014—2018年发生的较大及以上电力人身伤亡事故进行了统计分析，详细梳理了历次安全事故发生的重点领域，并分析了引发事故的主要原因。

1. 事故总量分析

2014—2018年，全国电力行业累计发生人身伤亡事故238起，其中较大及以上事故16起（表1-4～表1-6）。按事故类别分类统计如图1-18所示：

（1）电力生产类143起，占事故总数的60.08%。其中较大及以上事故2起，在较大及以上事故中占比12.50%。

（2）电力技改类26起，占事故总数的10.92%。其中较大及以上事故3起，在较大及以上事故中占比18.75%。

（3）电力建设类69起，占事故总数的28.99%。其中较大及以上事故11起，在较大及以上事故中占比68.75%。

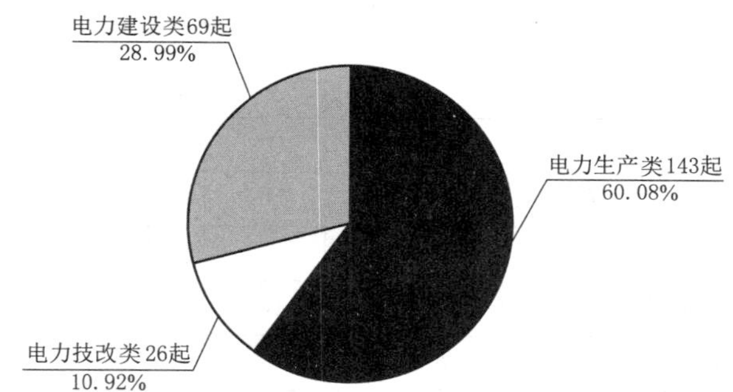

图1-18　2014—2018年电力事故类别分析

表1-4　2014—2018年电力事故分类统计表

年度	事故总起数	事故分类						
		电力生产类		电力技改类		电力建设类		合计
		总数	其中较大及以上	总数	其中较大及以上	总数	其中较大及以上	其中较大及以上
2014	50	25	0	8	0	17	4	4
2015	40	25	1	7	1	8	1	3
2016	55	35	1	6	2	14	4	7
2017	53	36	0	3	0	14	2	2
2018	40	22	0	2	0	16	0	0
总计	238	143	2	26	3	69	11	16

表1-5　2014—2018年电力事故原因分析统计表

年度	事故总起数	事故分类									
		产品质量不合格		违规违章操作		自然因素		建设质量不合格		其他（含意外事故）	
		总数	其中较大及以上	总数	其中较大及以上	总数	其中较大及以上	总数	其中较大及以上	总数	其中较大及以上
2014	50	3	0	35	2	2	2	0	0	10	0
2015	40	2	1	33	2	1	0	0	0	4	0
2016	56	3	1	40	3	4	2	0	0	8	1
2017	53	2	0	41	2	2	0	0	0	8	0
2018	40	3	0	34	0	0	0	0	0	3	0
总计	238	13	2	183	9	9	4	0	0	33	1

表 1-6　2014—2018 年电力建设人身伤亡事故原因分析统计表

年度	事故总起数	事故分类											
		主辅设备		原材料		施工机械设备		违规违章操作		自然因素		其他（含意外事故）	
		总数	其中较大及以上	总数	其中较大及以上	总数	其中较大及以上	总数	其中较大及以上	总数	其中较大及以上	总数	其中较大及以上
2014	25	0	0	0	0	3	0	16	2	2	2	4	0
2015	15	0	0	0	0	1	1	11	1	1	1	2	0
2016	20	0	0	0	0	1	1	14	3	3	2	2	1
2017	17	0	0	0	0	0	0	14	2	1	0	2	0
2018	18	0	0	0	0	2	0	15	0	0	0	1	0
总计	95	0	0	0	0	7	2	70	8	7	5	11	1

可以看出，全国电力人身伤亡事故主要集中于电力生产领域，但较大及以上人身伤亡事故则主要集中于电力建设领域。由此可见，电力建设过程中的事故危害往往更为严重，安全监管责任风险应该高于其他领域。

2. 事故原因分析

按照引发事故的原因分类，统计数据如下（图 1-19）：

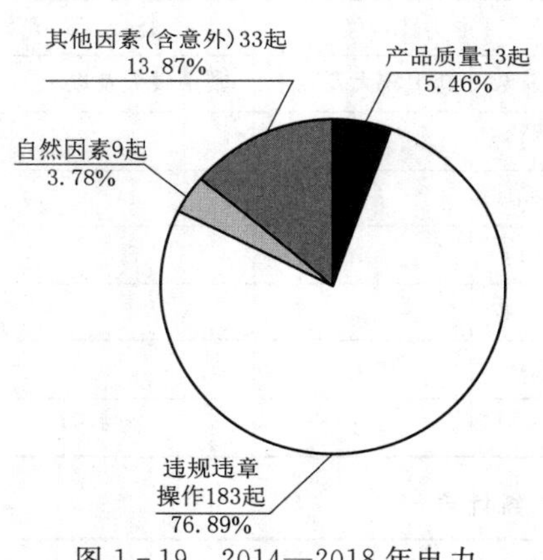

图 1-19　2014—2018 年电力事故原因分析图

（1）产品质量（含工程的主辅设备、原材料、施工机械设备）引发的事故：共计 13 起，占事故总数的 5.46%。其中较大及以上事故 2 起，在较大及以上事故中占比 12.50%。

（2）违规违章操作引发的事故：共计 183 起，占事故总数的 76.89%。其中较大及以上事故 9 起，在较大及以上事故中占比 56.25%。

（3）自然因素引发的事故：共计 9 起，占事故总数的 3.78%。其中较大及以上事故 4 起，在较大及以上事故中占比 25.00%。

（4）工程建设质量不合格引发的事故：0 起。

（5）其他因素（含意外）引发的事故 33 起，占事故总数的 13.87%。其中较大及以上事故 1 起，在较大及以上事故中占比 6.25%。

从以上数据可以看出，违规违章操作是引发电力事故的最主要原因，占比达到事故总数的 76.89%。由此可见，及时发现和纠正违规违章应该作为电力安全管理的重点。

综合电力技改和基本建设等工程建设领域所发生的 95 起人身伤亡事故，按引发事故的原因统计如下（图 1-20）：

（1）因主辅设备及原材料质量引发的事故：0 起。

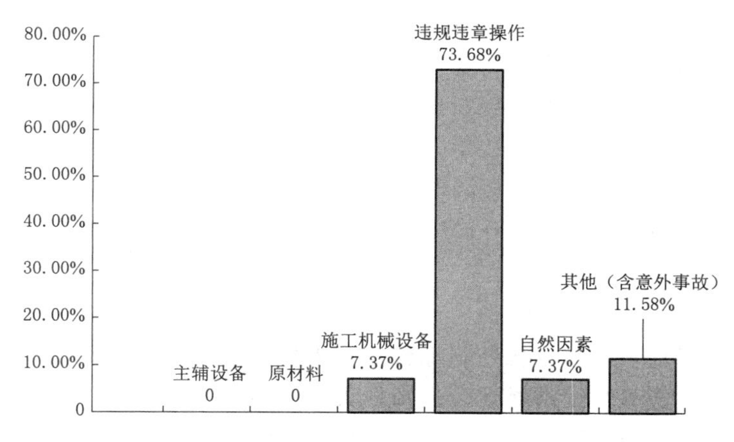

图 1-20　电力建设人身伤亡事故分析图

（2）因施工机械设备引发的事故：7 起，占事故总数的 7.37%。其中较大及以上事故 2 起，在较大及以上事故中占比 12.5%。

（3）因违规违章操作引发的事故：70 起，占事故总数的 73.68%。其中较大及以上事故 8 起，在较大及以上事故中占比 50.00%。

（4）因自然因素引发的事故：7 起，占事故总数的 7.37%。其中较大及以上事故 5 起，在较大及以上事故中占比 31.25%。

（5）其他因素（含意外事故）引发的事故：11 起，占事故总数的 11.58%。其中较大及以上事故 1 起，在较大及以上事故中占比 6.25%。

从以上数据可以看出，在工程建设领域，因违规违章操作引发的人身伤亡事故数量占比为 73.68%，明显高于其他事故原因，其次是自然因素和其他（含意外事故）原因，因施工机械设备原因引发的事故也不容忽视。由此可见，违规违章操作同样是工程建设领域引发事故的主要原因，对施工机械设备的维护和管理也需要加强关注。

二、触电事故的成因及其规律

触电事故往往发生得很突然，且常是在刹那间或极短时间内就可能造成严重后果。但是触电事故也有一定的原因，掌握这些原因并从中发现规律，对如何适时而恰当地实施相关安全技术措施，防止触电事故的发生，以及安排正常生产等有很大意义。

（一）触电事故的常见原因

下面对实践中发生触电事故的原因进行归纳分析。常见触电事故的原因主要有：

（1）缺乏电气安全知识。高压线附近放风筝；爬上杆塔掏鸟窝；架空线断落后误碰；用手触摸破损的胶盖刀闸、导线；儿童触摸灯头、插座或拉线等。

（2）违反操作规程。高压方面带电拉隔离开关；工作时不验电、不挂接地线、不戴绝缘手套；巡视设备时不穿绝缘鞋；修剪树木时碰触带电导线等。低压方面带电接临时线；带电修理电动工具、搬动用电设备；火线与中性线接反；湿手去接触带电设备等。

（3）设备不合格。高压导线与建筑物之间的距离不符合规程要求；高压线和附近树木距离太近；电力线与广播线、通信线等同杆架设且距离不够；低压用电设备进出线未包扎或未包好而裸露在外；台灯、洗衣机、电饭煲等家用电器外壳没有接地，漏电后碰壳；低压接户线、进户线高度不够等。

(4) 维修管理不及时。大风刮断导线或洪水冲倒电杆后未及时处理；刀闸胶盖破损长期未更换；瓷瓶破裂后漏电接地；相线与拉线相碰；电动机绝缘或接线破损使外壳带电；低压接户线、进户线破损漏电等。

(二) 触电事故的一般规律

1. 触电事故与季节有关

通常在每年二、三季度，特别是6—9月事故最为集中，主要是因为夏、秋两季天气潮湿、多雨，降低了电气设备的绝缘性能；人体多汗皮肤电阻降低，容易导电；天气炎热，电扇用电或临时线路增多，且操作人员往往不穿戴工作服和绝缘护具；正值农忙季节，农村用电量和用电场所增加，触电概率增多。

2. 低压触电事故多于高压

低压线路和设备应用最广，生产及生活中与人接触最多，且线路简单，管理不严，加之人们对低压电警惕性不够，有麻痹思想，导致低压触电事故的发生率较高。高压线路则相反，人们接触少，从业人员素质较高，管理严格，发生触电情况相对较少。

3. 单相触电事故多

触电事故多为线路及设备绝缘低劣引起漏电所致，多相漏电会引起保护装置动作，而单相故障则不会引起跳闸从而使人触电。

4. 触电事故在电气连接部位发生较多

在导线接头、导线与设备联接点、插座、灯头等连接处因机械强度及绝缘强度不足，人员接触多而引发较多的触电事故。

5. 使用移动式及手持电动工具时易发生触电

因与人体直接接触，设备需要经常移动，使用环境恶劣，电源线常受拉受磨，设备及电源线易发生漏电，防护不当时会导致触电。

6. 触电事故与环境有关

在油田生产一线（如井场、建筑工地等露天作业情况），因用电环境恶劣，线路安装不规范，现场复杂不便管理等原因引发触电事故较多。农村触电事故多于城市，主要是由于农村用电条件差，设备简陋，技术水平低，管理不严。

7. 青年人和中年人触电多

一方面是因为主要操作者多是青年人和中年人；另一方面因这些人多数已有几年工龄，不再如初学时那么小心谨慎，因违反操作规程导致触电者居多。

8. 事故由两个以上因素构成

统计表明，90%以上的触电事故是由两个以上原因引起的。

1-6

三、常见的触电方式

触电方式包括直接接触触电和间接接触触电。

(一) 人体与带电体的直接接触触电

人体与带电体的直接接触触电可分为单相触电和两相触电。

1. 单相触电

当人在地面或接地导体上时，人体的某一部位仅触及一相电压的触电事故，称为单相触电。触电事故中大多属于单相触电。单相触电的危险程度与电网运行方式有关。一般情况下，接地系统的单相触电比不接地系统的危险性大。

（1）中性点直接接地系统的单相触电。以380V/220V的低压配电系统为例。人体触及某一相导体时，相电压作用于人体，电流经过人体、大地、系统中性点接地装置、中性线形成闭合回路，如图1-21（a）所示。由于中性点接地装置的电阻R_0比人体电阻小得多，则相电压几乎全部加在人体上。设人体电阻R_r为1000Ω，电源相电压U_P为220V，则通过人体的电流约I_r为220mA，足以使人致命。一般情况下，人脚上穿有鞋子，有一定的限流作用；人体与带电体之间以及站立点与地之间也有接触电阻，所以实际电流会比220mA要小，人体遭到电击后，30mA以下电流可以摆脱。

【例1-1】　380V/220V三相四线制系统，$U_P=220V$，$R_0=4\Omega$，$R_r=1000\Omega$，求当发生单相触电时，流过人体的电流。

解：该系统发生单相触电时，流过人体的电流为

$$I_r=\frac{U_P}{R_r+R_0}=\frac{220}{1000+4}=219\ (\text{mA})$$

该值已大大超过人体能够承受的能力，足以致命。

（2）中性点不接地电网中的单相触电。若线路对地绝缘，即中性点不接地，如图1-21（b）所示。因中性点不接地，固有两个回路的电流通过人体：一个是从W相导线出发，经过人体、大地、线路对地阻抗Z到U相导线；另一个是同样路径到V相导线。通过人体的电流值取决于线电压、人体电阻和线路对地阻抗。

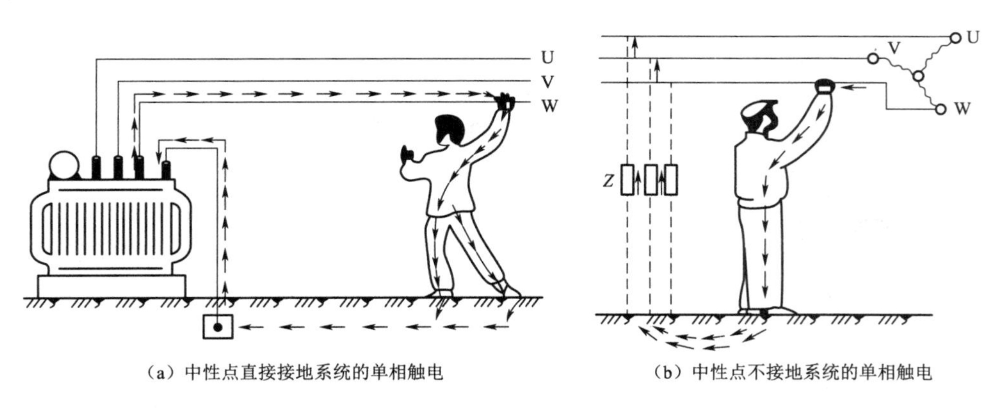

（a）中性点直接接地系统的单相触电　　（b）中性点不接地系统的单相触电

图1-21　单相触电示意图

在中性点不接地系统中，发生单相触电，如图1-22（a）所示。假设三相电网对称，且忽略电网各相的纵向参数，根据戴维南定律可得单相触电时的等效电路，如图1-22（b）所示，则加在人体上的电压和流过人体的电流分别为

$$U_r=\frac{3R_r}{|3R_r+Z|}U_P \qquad I_r=\frac{3U_P}{|3R_r+Z|}$$

式中　Z——系统每相对地阻抗，也称为系统的零序负阻抗，为每相对地绝缘电阻 R 与对地电容 C 的并联值，Ω。

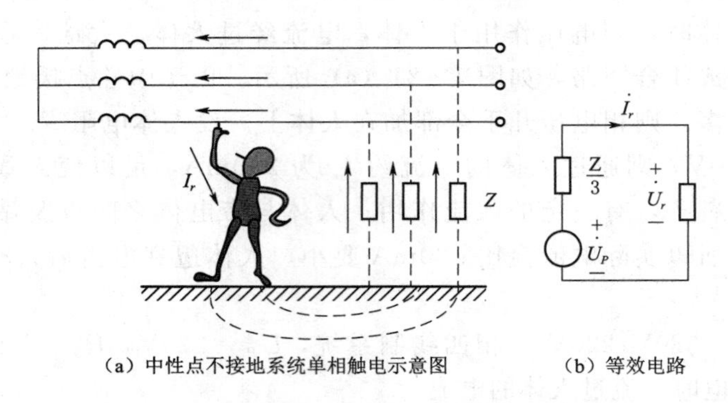

（a）中性点不接地系统单相触电示意图　　（b）等效电路

图 1-22　中性点不接地系统单相触电示意图与等效图

【例 1-2】　某 380V 三相三线中性点不接地系统，由数公里长的电缆线路供电，已知系统对地阻抗 $Z\approx X_C=10000\Omega$，该系统有人触及一相带电导线，试计算流过人体的电流。

解：系统相电压为

$$U_P=\frac{U_l}{\sqrt{3}}=\frac{380}{\sqrt{3}}=220\text{（V）}$$

人体电阻取 1000 Ω。

发生单相触电时，流过人体的电流为

$$I_r=\frac{3U_P}{|3R_r+Z|}=\frac{3\times220}{\sqrt{(3\times1000)^2+10000^2+6\times1000\times10000}}=50.8\text{（mA）}$$

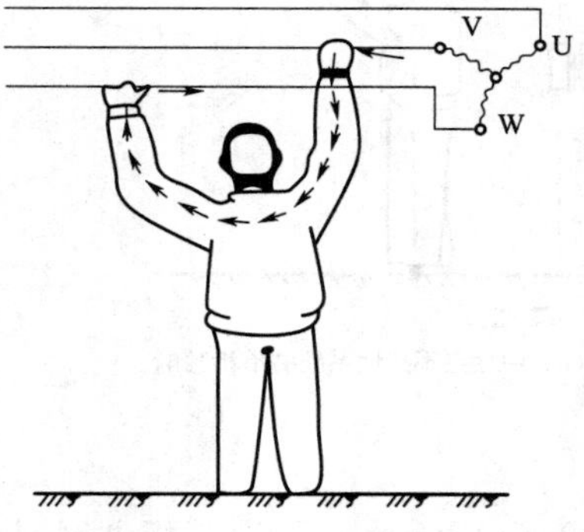

该值已超过人体能够承受的能力，足以产生触电事故。

对于高压带电体，人体虽未直接接触，但由于间距小于安全距离，高电压对人体放电，造成单相接地引起的触电，也属于单相触电。

2. 两相触电

当人体同时接触带电设备或者线路中的两相导体时，电流从一相导体经人体流入另一相导体，构成闭合回路，这种电击方式称为两相触电，如图 1-23 所示。

图 1-23　两相触电

此时，加在人体上的电压为线电压，它是相电压的$\sqrt{3}$倍。通过人体的电流与系统中性点的运行方式无关，其大小只决定于人体电阻和人体与相接触的二相导体的接触电阻之和。因此，它比单相触电的危险性更大，例如，380V/220V 低压系统电压为 380V，设人体电阻 R_r 为 1000Ω，则通过人体的电流 I_r 可达 380mA ，足以致人死亡。电气工作中的两相触电多在带电作业时发生，由于相间距离小，安全措施不周全，使人体直接或通过作业工具同时触及两相导体，造成两相触电事故。

（二）间接接触触电

间接接触触电是由于电气设备绝缘损坏发生接地故障，设备属外壳及接地点周围出现对地电压引起的。它包括跨步电压触电、接触电压触电和雷击触电三种。

1. 跨步电压触电

当电气设备发生接地故障或高压线路断裂落地时，在故障点 20m 以内形成由中心向外电位逐渐减弱的电场，当人进入该区域时，因两脚之间存在电位差（即跨步电压）而引起触电，这种触电方式称为跨步电压触电，如图 1－24 所示。高压故障接地处或有大电流流过的接地装置附近，也可能出现较高的跨步电压。一般，在距离接地故障点 8～10m 以内，电位分布的变化率较大，人在此区域内行走，跨步电压高，就有电击的危险；在离接地故障点 8～10m 以外，电位分布变化率较小，人的一步之间的电位差较小，跨步电压电击的危险性明显降低，其跨步电压分布规律如图 1－25 所示。

图 1－24　跨步电压触电图

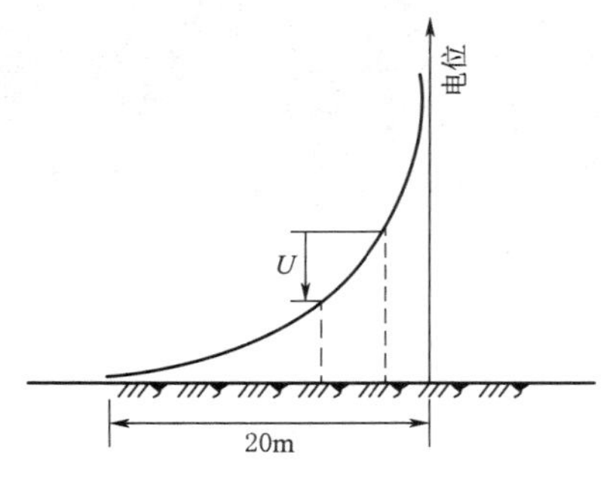

图 1－25　跨步电压分布图

人在受到跨步电压的作用时，电流将从一只脚经另一脚与大地构成回路，虽然电流没有通过人体，但当跨步电压较高时，触电者会脚发麻、抽筋，跌倒在地，跌倒后，电流可能会改变路径（如从手至脚）流经人体的重要器官而致命。此时应尽快将双脚并拢或者单脚着地跳出危险区。

因此，发生高压设备、导线接地故障时，室内不得接近接地故障点 4m 以内（因室内狭窄，地面较干燥，离开 4m 之外一般不会遭到跨步电压的伤害），室外不得接近故障点 8m 以内。如果要进入此范围内工作，为防止跨步电压电击，进入人员应穿绝缘鞋。

2. 接触电压触电

正常情况下，电气设备的金属外壳是不带电的，由于绝缘损坏，设备漏电，使设备的金属外壳带电。接触电压是指人触及漏电设备的外壳，加于人手与脚之间的电位差（在地面上到设备水平距离为 1.0m 处与设备外壳、架构或墙壁离地面的垂直距离

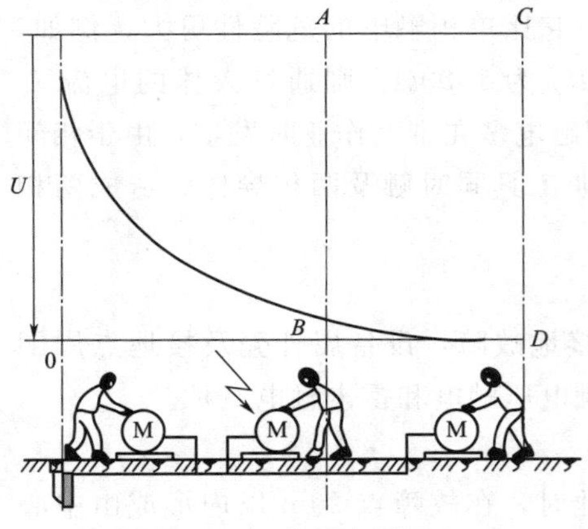

图 1－26 接触电压触电

2.0m 处两点间的电位差)，由接触电压引起的电击称为接触电压触电。若设备的外壳不接地，在此接触电压下的电击情况与单相电击情况相同；若设备外壳接地，则接触电压为设备外壳对地电位与人站立点的对地电位之差。接触电压触电如图 1－26 所示。

3. 雷击触电

雷电时发生的触电现象称为雷击触电。它是一种特殊的触电方式。雷击感应电压高达几十万至几百万伏，其能量可把建筑物摧毁，使可燃物燃烧，把电力线、用电设备击穿、烧毁，造成人身伤亡，危害性极大（图 1－27）。

图 1－27 雷击触电场景

【模块探索】

了解触电事故的原因，掌握预防发生触电事故的方法。

1－7

模块四 跨步电压体感设备实训

【模块导航】

问题一：实训的目的是什么？

问题二：如何预防跨步电压触电？

【模块解析】

一、实训概述

跨步电压体感设备（图 1－28），是根据体验式安全教育设备技术特点及《电力安全工作规程》中相关技术要求设计，应用当前先进的电子网络控制技术，创新思维、转变培训理念开发的集培训学习、理论验证、实操能力于一体的多功能安全体感设备。通过模拟对比演示跨步电压产生的原理，以及对人身造成的危害。该装置分为两大部分，一部分是控制台，另一部分是行走体验平台；控制台采用触摸操作方式，在平台平面镶嵌导电极板，模拟跨步电压产生后对人体电击的现象，使得学员通过亲身体验，感知跨步电压产生的原因、现象和造成的严重后果。让培训者在观看、参与、体验的过程中，对事故的危险性和后果有更深入的了解，真正实现从“要我安全、我要安全”乃至“我会安全”的根本转变。设备适用于对电力作业部门新入职员工，一线班组员工，带班作业长和安全管理人员，供电系统基层单位，电力培训部门，技校，高、中等职业院校等教学与培训。

图 1-28　跨步电压体感设备

设备在设计时参照了以下标准：国家电网公司《电力安全工作规程（变电部分）》、《低压配电设计规范》(GB 50054—2011)、《剩余电流动作保护装置的安装和运行》(GB 13955—2017)、《交流电气装置的接地设计规范》(GB/T 50065—2011)。

二、实训目的与内容

1. 实训目的

通过亲身体验跨步电压触电，让学员了解跨步电压产生的原理，跨步电压触电的原因，通过亲身体验跨步电压对人体的危害，掌握正确预防跨步电压的方法，减少安全事故的发生。

2. 实训内容

(1) 正常行走时进入跨步电压区域体验过程。

(2) 单只脚着地进入跨步电压区域体验过程。

(3) 双脚并拢进入跨步电压区域体验过程。

(4) 模拟显示跨步电压大小。

(5) 利用触摸方式操作设备功能。

三、跨步电压体感设备结构认识

1. 控制台

跨步电压体感设备控制台与人体触电体感设备控制台相同。

2. 行走平台

根据体感演示布局进行设计。采用 PVC 材料作为底板，起到可靠绝缘的作用，同时在行走时有防震作用。上方等间距铺设导电极板，产生体验时的跨步电压。顶部经过喷绘处理，使得整个平面融为一体。行走平台两侧分布红外检测装置，用来检测行走人员的行走轨迹。行走平台结构如图 1－29 所示。

图 1－29 行走平台

四、实训操作步骤

1. 系统上电及控制台开机

合上电源箱内的总开关，系统上电；控制台插头接入电源插座，合上控制台背面底部的电源开关按钮，并点击控制台启动/关机按钮，控制台启动并开始运行。合上控制柜内的电源总开关，此时控制柜电源指示灯亮，行走平台、LED 显示板开始运行。

2. 主要功能体验

操作人员打开控制台桌面上的跨步电压体感控制软件，进入操作系统。选择相应操作开始体验，体验人员应脱鞋赤脚行走体验。根据体验者的行走方式，可实时显示当前跨步距离、跨步电压和离线路落地点的距离。

(1) 当打开软件时会出现如图 1－30 所示的跨步电压体感实训系统运行主界面，点击进入“实训控制”操作界面。

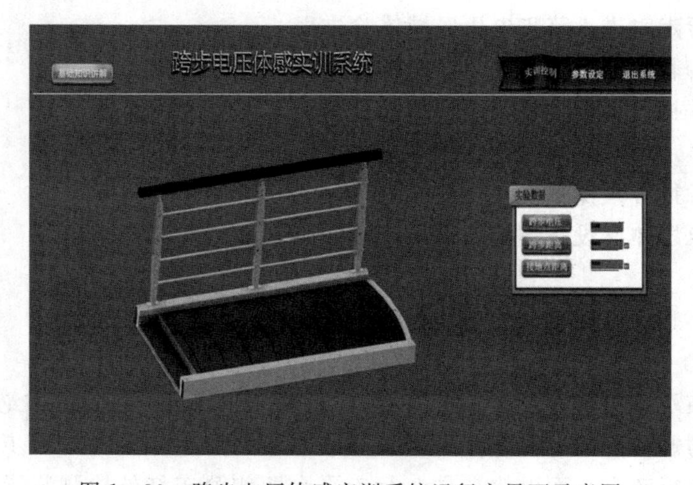

图 1－30 跨步电压体感实训系统运行主界面示意图

（2）点击主界面上的“参数设定”按钮，进入“基本参数”设置界面，如图1－31所示，基本参数学员可进行查看，但无须修改，且此参数在体验过程中，软件会根据采集的数据进行换算，用户无须再设定参数值。

（3）学员脱鞋赤脚在行走平台上行走，根据学员的行走方式，记录学员行走路径，并实时显示当前跨步电压、跨步距离和离线路落地点的距离，如图1－32所示。体验人员可在行走平台上行走时，体验跨步距离距接地中心点越近电击感越强烈。

（4）点击主界面“基础知识讲解”按钮，系统自动弹出有关跨步电压知识的PPT教学课件。

（5）点击主界面“退出系统”按钮，退出功能操作系统界面。

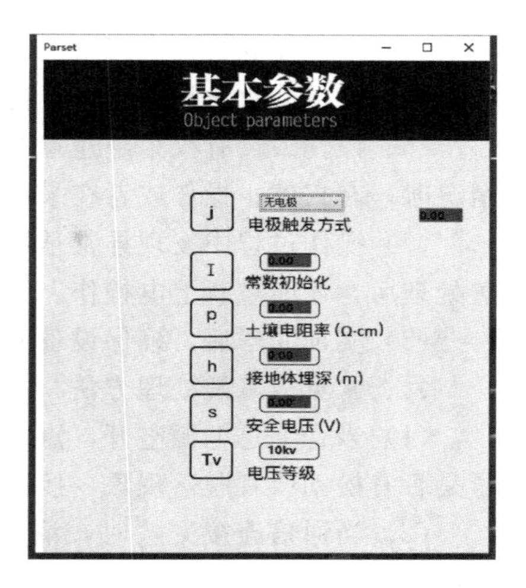

图1－31　跨步电压体感实训系统基本参数界面示意图

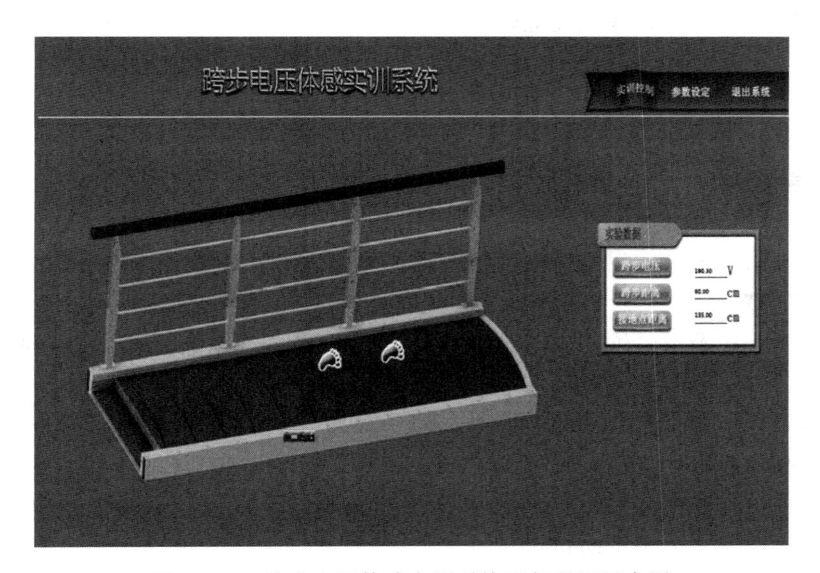

图1－32　跨步电压体感实训系统运行界面示意图

3．系统断电及控制台关机

按下控制台的启动/关机按钮，控制台自动关机，断开控制台电源开关按钮，拔掉控制台电源插头，控制台处于断电状态，断开电源箱内的总电源开关，系统断电。

五、实训注意事项

（1）设备通电前首先检查所有器件是否完好，设备电源线、通信线、接地线是否连接可靠。

（2）操作设备应设置操作人员和监护人员各一名，操作人员、监护人员应熟悉电气安全知识，熟练掌握设备的操作流程，以免因使用不当造成设备损坏。

（3）体验过程中，禁止任何人员随意进入危险区域。

（4）学员在观看演示现象前，务必确认站在指定区域观察。

（5）学员禁止对设备进行任何操作，严禁私自拆装连接线和设备元器件。

（6）操作人员有权拒绝违章指挥和冒险操作，在发现危及人身和设备安全的紧急情况时，有权停止操作或者在采取可能的紧急措施后撤离操作场所，并立即报告。

（7）操作过程中发现异常情况应及时拍下急停按钮并切断主电源，查清问题并妥善处理后，才能重新上电操作。

（8）实训完毕后，确保设备所有开关处于断开状态，关闭主电源，并锁紧玻璃门。

六、常见故障及处理方法

（1）当合上总电源空开，点击启动按钮后，如果一直无法启动电源，检查插接端子是否有松动或者脱落现象、接插座是否接触好、急停按钮是否正常。

（2）当通信连接失败时，请检查控制线是否松动，接触是否良好；关闭电源 5s 后，开启电源，重新进行连接。

【模块探索】

通过亲身跨步电压触电体验，分析跨步电压产生的原理，跨步电压触电的原因。遇到跨步电压如何来正确地脱离危险区？如何正确的预防跨步电压触电？

1-8

模块五　电气安全用具的正确使用

【模块导航】

问题一：安全用具如何分类？

问题二：如何正确使用安全用具？

【模块解析】

为了保护电气操作、维修人员的安全，避免触电、灼伤、砸伤、高空坠落等事故的发生，在工作中需要使用各种安全用具。根据其功能，安全用具分为绝缘安全用具和一般防护安全用具。

一、绝缘安全用具

绝缘安全用具（图 1-33）是用来防止电气工作人员直接触电的安全用具，分为基本安全用具和辅助安全用具两种。

基本安全用具是指绝缘强度大、能长时间承受电气设备的工作电压，能直接用来操作带电设备或接触带电体的用具。例如绝缘棒、高压验电器、绝缘夹钳等。

辅助安全用具是指绝缘强度不足以承受电气设备或线路的工作电压，而只能加强基本安全用具的保护作用，用来防止接触电压、跨步电压、电弧灼伤对操作人员伤害的用具。例如：绝缘手套、绝缘靴（鞋）、绝缘垫、绝缘台等。在低压带电设备上，辅助安全用具可作为基本安全用具使用。

（一）基本电气安全用具

电气工作中常见的基本电气安全用具有下列几种。

1. 绝缘杆

绝缘杆又叫绝缘棒、操作杆。主要用来拉开或闭合带电的高压隔离开关和跌落式

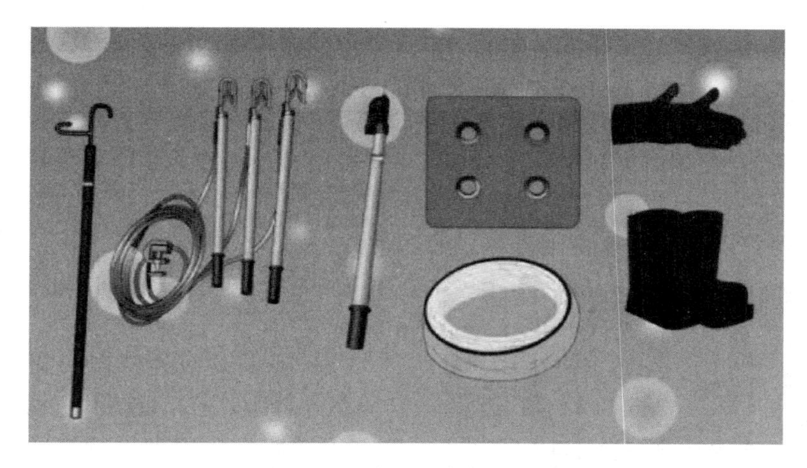

图 1-33　常见绝缘安全用具

开关；另外在安装和拆除临时接地线以及进行测量和试验时也会使用。

绝缘棒一般用电木、胶木、环氧玻璃棒或环氧玻璃布管制成。在结构上绝缘杆由工作、绝缘和握手三部分组成，如图 1-34 所示。工作部分一般用金属制成，也可用玻璃钢等机械强度较高的绝缘材料制成。按其工作的需要，工作部分不宜太长，一般 5～8cm，以免操作时造成相间短路或者接地短路。

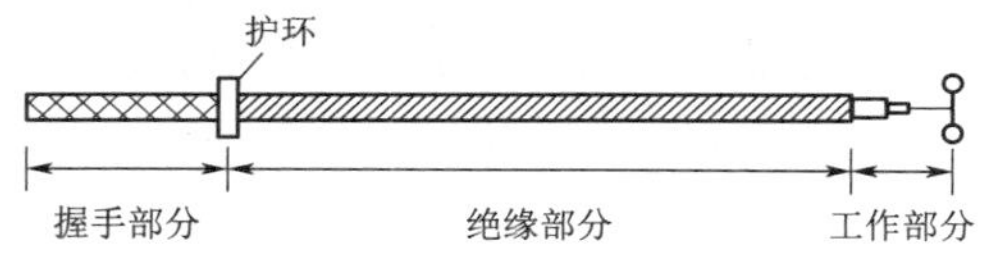

图 1-34　绝缘杆结构

绝缘杆的绝缘部分用硬塑料、胶木或者玻璃钢制成，有的用浸过绝缘漆的木料制成。其长度可按电压等级及使用场合而定。绝缘杆握手部分，材料与绝缘部分相同。握手部分与绝缘部分之间有由护环构成的明显的分界线。常见的绝缘杆有如下几种，如图 1-35 所示。

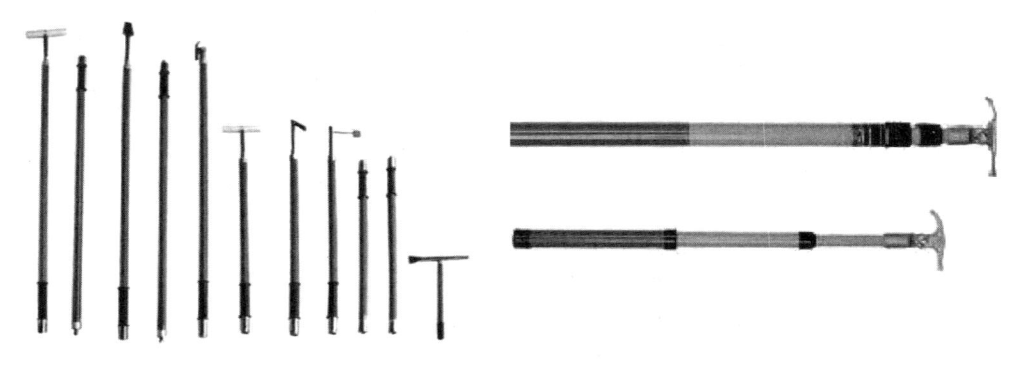

图 1-35　常见绝缘杆

（1）使用绝缘杆的注意事项。

1）使用前，必须核对绝缘棒的电压等级是否与即将操作的电气设备或线路的电压等级相同。

2）使用绝缘棒时，工作人员应戴绝缘手套和穿绝缘靴，以增强绝缘棒的安全保护作用。

3）在下雨、下雪或大气潮湿的情况下，无伞形罩的绝缘棒不宜使用。

4）绝缘棒在使用时要注意防止碰撞，不得与墙或地面接触，以免损坏绝缘棒表面的绝缘层。

（2）绝缘杆保管注意事项（图 1-36）。

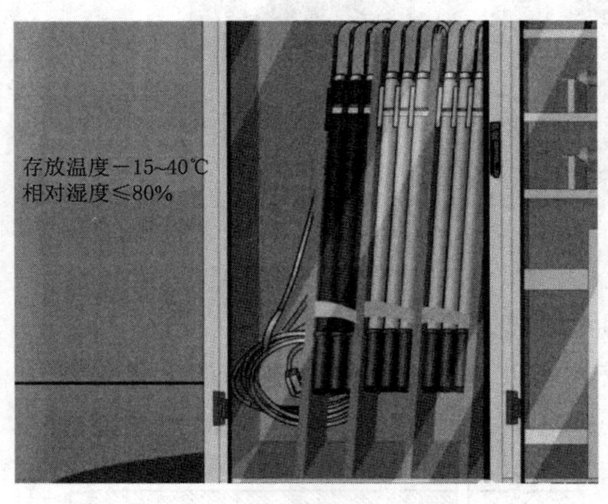

图 1-36　绝缘杆存放示范图

1）绝缘杆应存放在干燥的地方，以防止受潮。

2）绝缘杆应放在特制的架子上或垂直悬挂在专用挂架上，以防其弯曲。

3）绝缘杆应定期进行绝缘试验，一般每年试验一次，用作测量的绝缘杆每半年试验一次。绝缘杆一般每三个月检查一次，检查有无裂纹、机械损伤、绝缘层破坏等。

2. 绝缘夹钳

绝缘夹钳是用来安装和拆卸高压熔断器或执行其他类似工作的工具，主要用于 35kV 及以下的电力系统。

绝缘夹钳结构主要由工作钳口、绝缘部分和握手部分三部分组成，如图 1-37 所示。各部分都用绝缘材制成，所用材料与绝缘杆相同，只是它的工作部分是一个坚固的夹钳，并有一个或两个管型的开口，用以夹紧熔断器。常见的绝缘夹钳如图 1-38 所示。

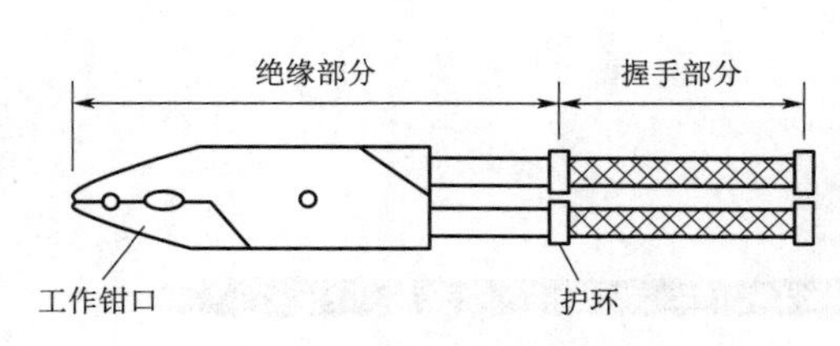

图 1-37　绝缘夹钳结构图

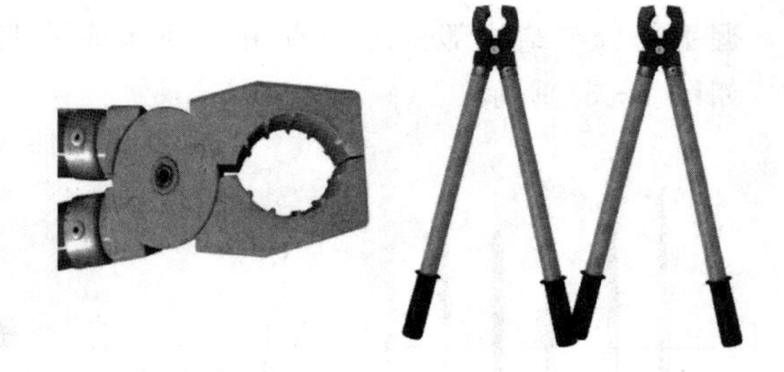

图 1-38　常见绝缘夹钳

绝缘夹钳的使用及保管注意事项如下：

（1）使用时绝缘夹钳不允许装接地线。

（2）在潮湿天气只能使用专用的防雨绝缘夹钳。

（3）绝缘夹钳应保存在特制的箱子内，以防受潮。

（4）绝缘夹钳应定期进行试验，试验周期为一年。

3. 验电器

（1）高压验电器。高压验电器是检验正常情况带高电压的部位是否有电的一种专用安全用具，高压验电器经过多年的发展，主要以回转验电器和具有声光信号的验电器为主，现在已普遍在现场使用，与过去的验电棒、氖灯验电器相比具有携带方便、灵敏度高、选择性强、信号指示鲜明、操作方便等优点，广泛用于高压交流系统验电。

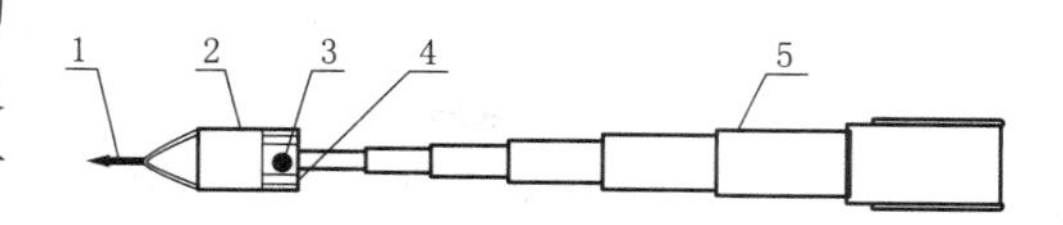

图 1-39　高压验电器结构
1—触头；2—元件及电池；3—自检按钮；4—显示灯；5—伸缩杆总成

高压验电器按照适用电压等级可分为 0.1～10kV、6kV、10kV、35kV、66kV、110kV、220kV、500kV；按照型号可分为 GDY 声光型、GD 声光型、GSY 声光型、YD 语言型、GDY-F 防雨型、GDY-C 风车式、GDY-S 绳式。一般结构如图 1-39 所示，常见普通高压验电器如图 1-40 所示。

a. 回转式高压验电器。回转式高压验电器利用带电导体尖端电晕放电产生的电晕风来驱动指示叶片旋转，从而检查设备或导体是否带电，也称风车式验电器，如图 1-41 所示。

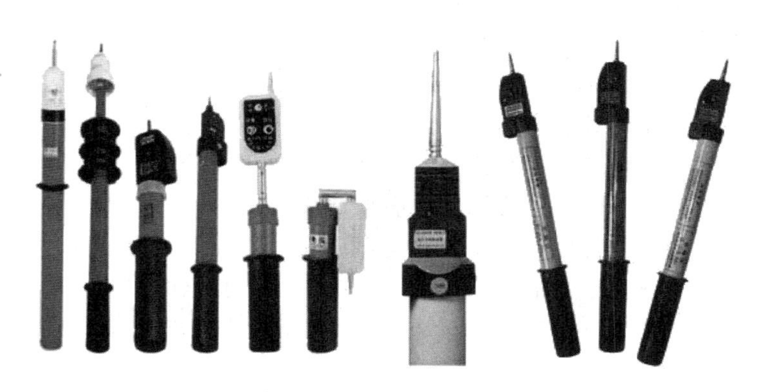

图 1-40　普通高压验电器

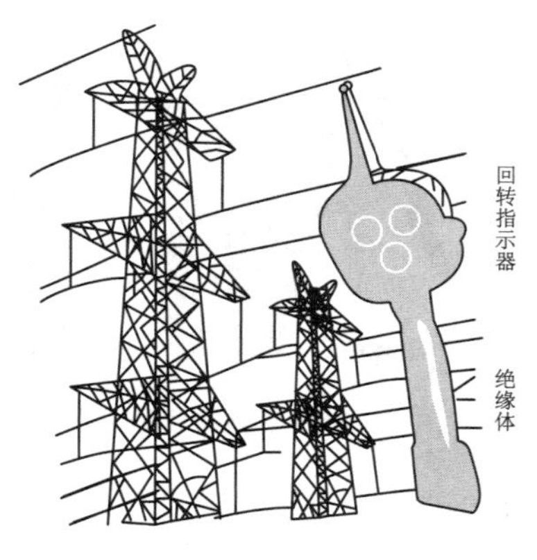

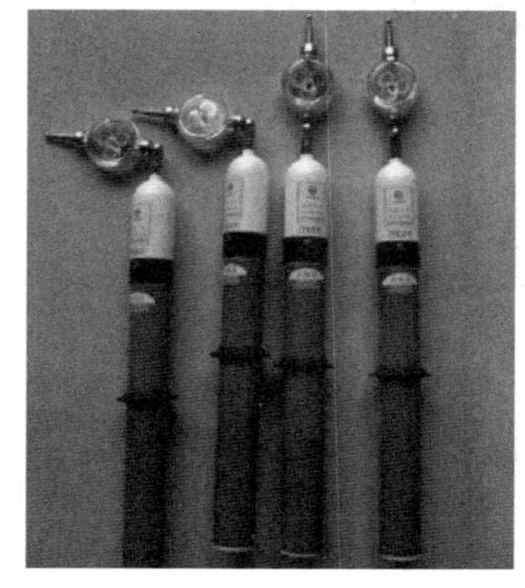

图 1-41　回转式高压验电器

回转式高压验电器主要由回转指示器和长度可以自由伸缩的绝缘杆组成。使用时，将回转指示器触及线路或设备，若设备带电，指示器叶片旋转，反之则不旋转。电压等级不同，回转式高压验电器配用的绝缘杆的节数及长度不同，使用时，应选择合适的绝缘杆，保证测试人员的安全。它适用于6kV及以上的交流系统。

b. 声光高压验电器。声光高压验电器由声光显示器（电压指示器）和全绝缘自由伸缩式操作杆两部分组成。声光显示器的电路采用集成电路屏蔽工艺，可保证在高电压强电场下安全可靠地工作。操作杆采用内管和外管组成的拉杆式结构，能自由伸缩，采用耐潮、耐酸碱、防毒、耐日光照射、耐弧能力强和绝缘性能优良的环氧树脂、无碱玻璃纤维制作。如图1-42所示。

高压声光验电器在电力企业，如发电厂、变电站是检测电器设备是否带电的专用工具，现场操作具备声光警示，安全可靠。电源用4粒1.5V纽扣式碱性电池，寿命长，伸缩拉杆绝缘体使用方便。主要用来检测高压交流线路和设备上是否有工频电压；声光报警，双重显示，确保工作安全。

c. 高压验电器的使用与维护。

（a）在使用前必须进行自检，方法是用手指按动自检按钮。指示灯应有间断闪光，它散发出间断报警声，说明该仪器正常。

（b）进行10kV以上验电作业时，必须执行《电业安全工作规程》，工作人员戴绝缘手套、穿绝缘鞋并保证对带电设备的安全距离。

（c）必须使用电压与被验电设备电压等级一致的验电器。工作人员在使用时，要手握绝缘杆最下边部分，以确保绝缘杆的有效长度，并根据《电业安全工作规程》的规定，先在有电设施上进行检验，验证验电器确实性能完好，方能使用。目前常用工频高压信号发生器检查验电器信号，如图1-43所示。验电时，验电器应逐渐靠近带电部分，直到氖灯发亮为止，验电器不要立即直接触及带电部分（图1-44）。

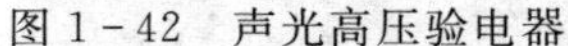
图1-42 声光高压验电器

图1-43 工频高压信号发生器

（d）验电器应定期做绝缘耐压试验、启动试验，高压验电器每半年试验一次，潮湿地方3个月试验一次，如发现该产品不可靠应停止使用。雨天、雾天不得使用；验电器应存放在干燥、通风、无腐蚀气体的场所。

（e）验电时，验电器不应装接地线，除非在木梯、木杆上验电，不接地不能指示时，才可装接地线。注意被测试部位各方向的邻近带电体电场的影响，防止误判断。

（2）低压验电器。低压验电器又称试电笔或验电笔，是一种用氖灯指示是否带电的基本安全用具。为便于携带多制成类似钢笔或螺丝刀的形状。这是一种检验低压电气设备、电器或线路是否带电的一种用具，也可以用它分火（相）线和地（中性）线。试验时氖管灯泡发亮的即为火线。低压验电器的结构与种类如图 1－45 所示和图 1－46 所示。

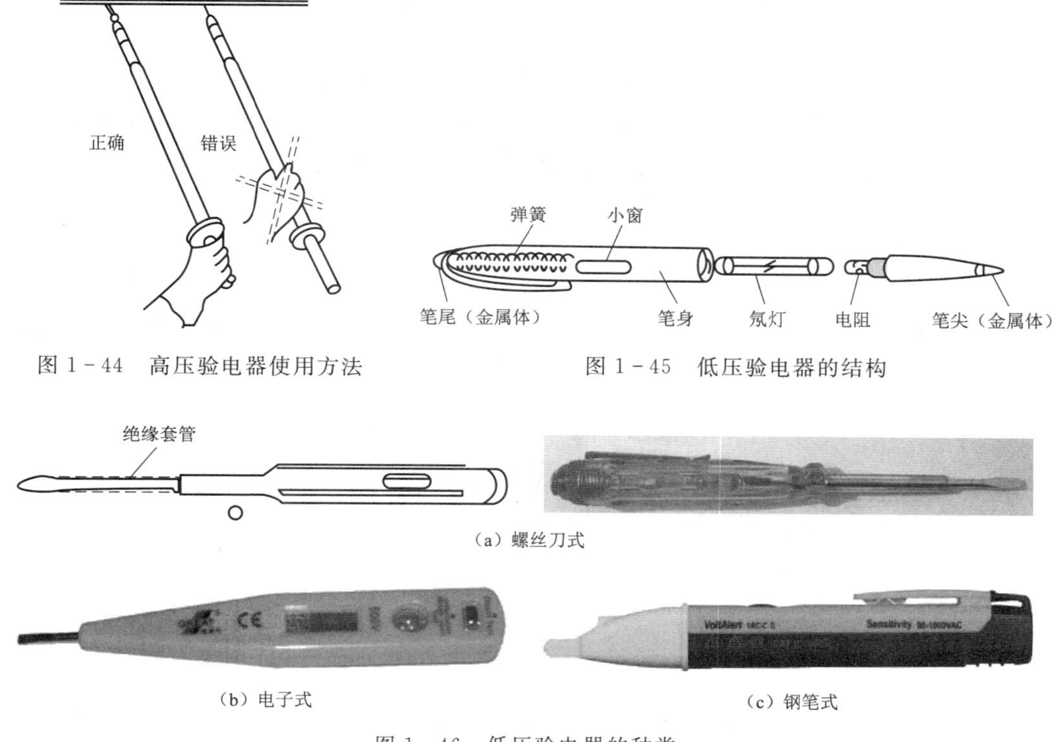

图 1－44　高压验电器使用方法

图 1－45　低压验电器的结构

（a）螺丝刀式

（b）电子式

（c）钢笔式

图 1－46　低压验电器的种类

验电笔笔身用绝缘材料制成，笔尖用铜或铁做成，笔管里装有一个圆形的碳素高电阻（安全电阻）、一个氖灯和一个金属弹簧。弹簧用来使笔尖、电阻、氖灯、笔尾保持接触，笔钩一方面便于挂在衣袋里携带，另一方面用于构成电流通路，使电流通过人体流入大地。

1）使用时，手拿验电笔，用一个手指触及金属笔卡，金属笔尖顶端接触被检查的带电部分，看氖管灯泡是发亮，如图 1－47 所示，如果发亮，则说明被检查的部分是带电的，并且灯泡越亮，说明电压越高。

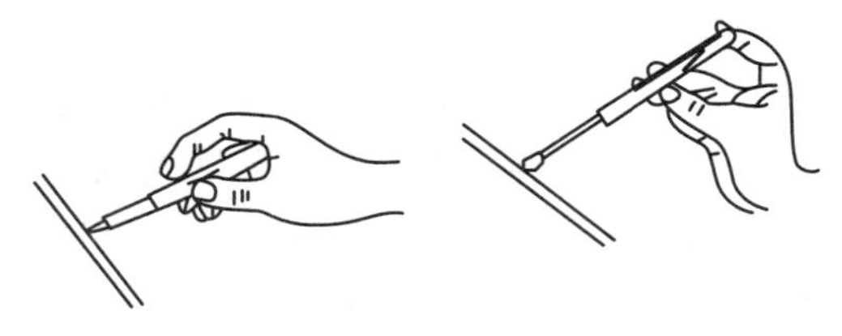

图 1－47　低压验电器的正确使用

2）低压验电笔在使用前、后也要在确知有电的设备或线路上试验一下，以证明其是良好的。

3）低压验电笔并无高压验电器的绝缘部分，故绝不允许在高压电气设备或者线路上进行试验，以免发生触电事故，只能在 100～500V 范围内使用。

4）低压验电器的主用用途有：在三相四线制系统中（即 380V/220V）可检查系统故障或三相负载不平衡；检查相线接地；检查设备外壳漏电；检查接触不良；区分直流、交流及直流电的正负极。

（二）辅助安全用具

辅助安全用具包括绝缘手套、绝缘靴（鞋）、绝缘垫、绝缘站台和绝缘毯等。

1. 绝缘手套

绝缘手套是在高压电气设备上进行操作时使用的辅助安全用具。在低压带电设备上工作时，把它作为基本安全用具使用，即使用绝缘手套可直接在低压设备上进行带电作业。绝缘手套可使人的两手与带电物绝缘，是防止同时触及不同极性带电体而触电的安全用品，如图 1-48（a）所示。

2. 绝缘靴（鞋）

绝缘靴（鞋）的作用是使人体与地面绝缘。绝缘靴是在进行高压操作时用来与地面保持绝缘的辅助安全用具，而绝缘鞋用于低压系统中，两者都可作为防护跨步电压的基本安全用具。绝缘靴（鞋）也是由特种橡胶制成的。如图 1-48（c）所示。

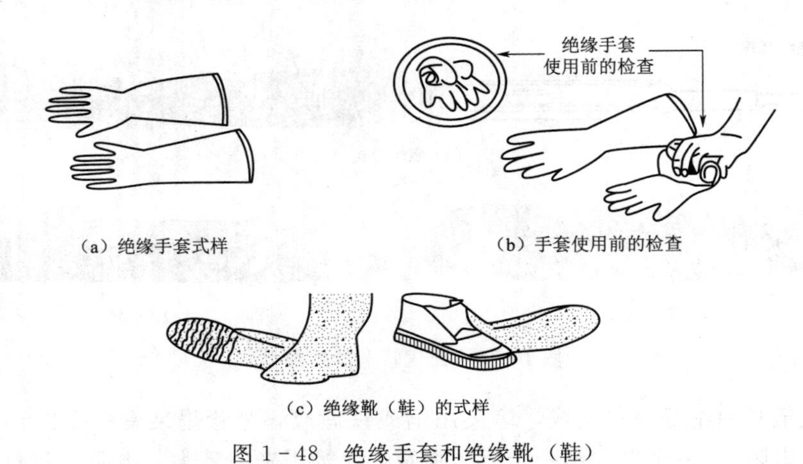

（a）绝缘手套式样

（b）手套使用前的检查

（c）绝缘靴（鞋）的式样

图 1-48 绝缘手套和绝缘靴（鞋）

使用和保存绝缘手套和绝缘靴时，应注意下列事项：

（1）每次使用前应进行外部检查，查看表面有无损伤、磨损或破漏、划痕等。检查方法是，将手套朝手指方向卷曲，当卷到一定程度时，内部空气因体积减小、压力增大，手指鼓起，为不漏气者，即为良好。如图 1-48（b）所示。

（2）使用绝缘手套时，最好先戴上一双棉纱手套，夏天可防止出汗动作不方便，冬天可以保暖，操作时出现弧光短路接地，可防止橡胶熔化灼烫手指。使用后应擦净、晾干，并在绝缘手套上洒上一些滑石粉，以免粘连。

（3）绝缘靴（鞋）不得当作雨鞋或作其他用，其他非绝缘靴（鞋）也不能代替绝缘靴（鞋）使用。绝缘靴（鞋）在每次使用前应进行外部检查。

（4）绝缘手套和绝缘靴应放在通风、阴凉的专用柜子里。一般温度在 5～20℃，湿度在 50%～70%最合适。而且每 6 个月要定期试验，试验合格应有明显标志和试验日期（图 1-49）。

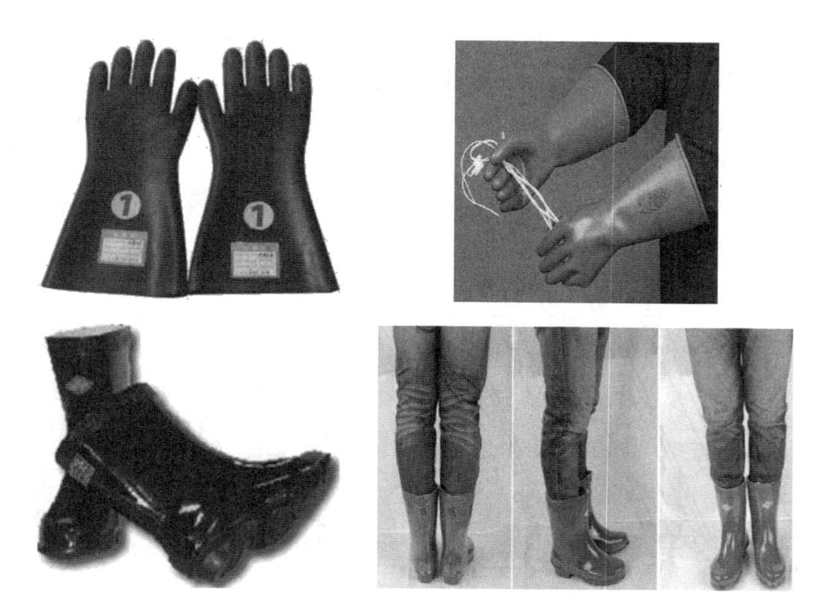

图 1-49　绝缘手套和绝缘靴实物图

3. 绝缘垫

绝缘垫由特种橡胶制成，表面有防滑槽纹，如图 1-50 所示。绝缘垫可以增强操作人员对地绝缘，避免或减轻发生单相短路或电气设备绝缘损坏时，接触电压与跨步电压对人体的伤害；在低压配电室地面上铺绝缘垫，可代替绝缘鞋，起到绝缘作用，因此在 1kV 以下时，绝缘垫可作为基本安全用具，而在 1kV 以上时，仅作辅助安全用具。绝缘垫定期每两年试验一次，试验标准按规程进行。

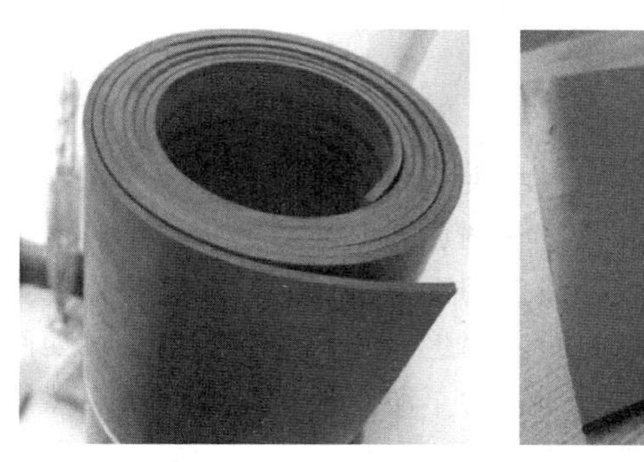

图 1-50　绝缘垫

4. 绝缘站台（绝缘凳）

绝缘站台用干燥木板或木条制成，如图 1-51 所示，可以代替绝缘垫或绝缘靴，是辅助安全用具。用木条制成的绝缘站台，用木条间距不大于 2.5cm，以免靴跟陷入，同时便于观察绝缘支持瓷瓶是否有损坏。绝缘台面的最小尺寸是 0.8m×0.8m，为便于移动、清扫和检查，台面不要做得太大，一般不超过 1.5m×1.0m，台面边缘不超出绝缘瓷瓶以外。绝缘瓷瓶高度不小于 10cm。

绝缘站台可用于室内外的一切电气设备。室外使用时，应放在坚硬的地面上，防止绝缘瓷瓶陷入泥中或草中，降低绝缘性能。

绝缘凳以玻璃钢为原材料，采用高温聚合拉挤工艺，通常耐受220kV/m的工频电压，是目前电力系统常用的安全登高工具。凳面铺有防滑绝缘胶板，不易疲劳，安全程度高。为了工作人员使用方便，还设计了可移动式的绝缘凳，省时省力（图1－52）。

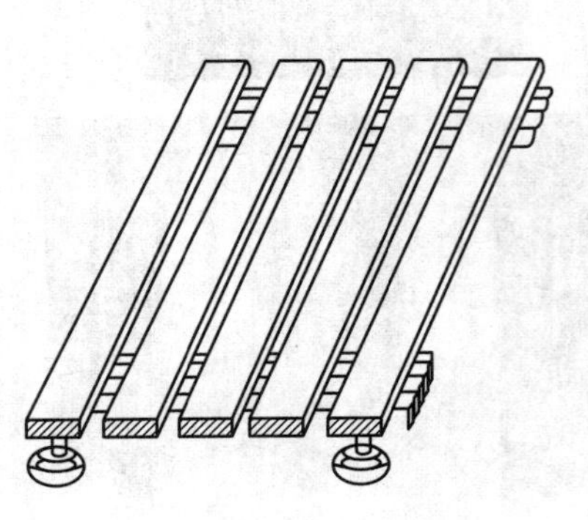

图1－51　绝缘站台图

图1－52　绝缘凳

二、一般防护安全用具

1－9

为了保证电力工作人员的安全和健康，除上述基本和辅助安全用具之外，还应使用一般性防护安全用具。如携带型接地线、遮栏、标示牌、安全提示牌、近电报警器以及安全带、安全帽、工作服、护目镜、安全照明灯具等。

一般防护安全用具主要用于防止停电检修的设备突然来电而发生触电事故，或防止工作人员走错间隔、误登带电设备、电弧灼伤和高空跌落等事故的发生。这种安全用具虽不具备绝缘性能，但对保证电气工作的安全是必不可少的。这里重点介绍几种常见的防护安全用具。

（一）携带型接地线

接地线由绝缘操作杆、导线夹组成。导线夹采用优质铝合金压铸，强度高，再经表面处理使线夹表面不宜氧化。操作棒用环氧树脂精制成彩色管，绝缘性能好，强度高、重量轻、色彩鲜明、外表光滑。接地线是用于防止设备、线路突然来电，消除感应电压，放尽剩余电荷的临时接地装置，是一根生命线。携带型接地线如图1－53所示。当高压设备停电检修或进行其他工作时，为了防止停电检修设备突然来电（如误操作合闸送电）和邻近高压带电设备所产生的感应电压对人体的危害，需要将停电设备用携带型接地线三相短路接地，这是生产现场防止人身电击必须采取的安全措施。

1. 携带型接地线各组成部分的作用

（1）线夹：起到接地线与设备的连接作用，根据接地点载流部分的外形不同，也有多种专用线夹供选择。

（2）多股软铜线：应承受工作地点通过的最大短路电流，同时应有一定的机械强度，因此规定短路接地线所用的多股软铜线截面不得小于25mm^2，多股软铜线截面的选择应按接地线所用的系统短路容量而定，系统越大，短路电流越大，所选择的接地

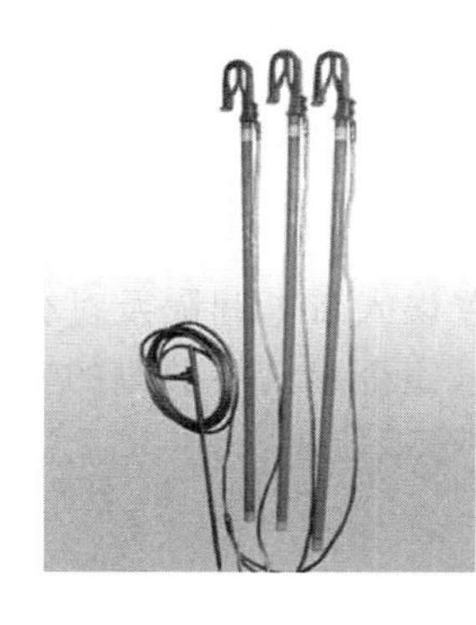
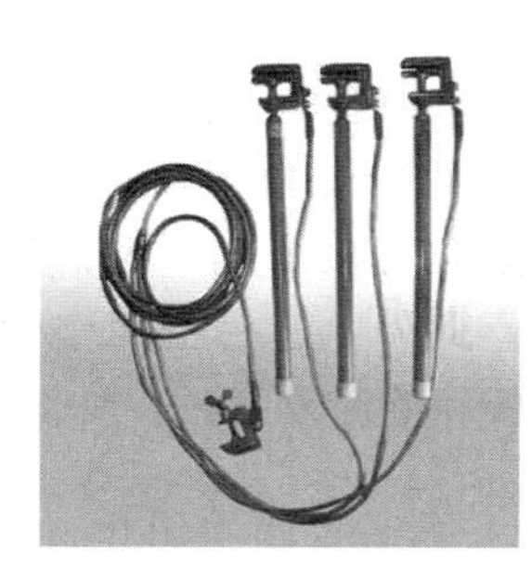
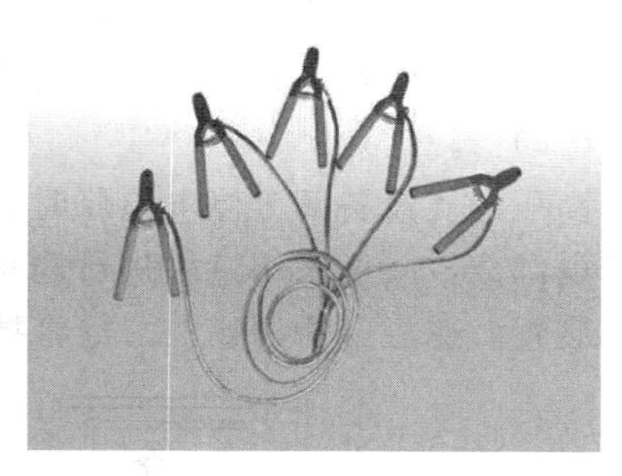

图 1－53　携带型接地线

线截面也越大。多股软铜线套有绝缘塑料外套起保护作用。

（3）接地端：起接地线与接地网的连接作用，一般是用螺丝紧固的。

2. 装拆顺序

装拆接地线有严格的安全使用操作顺序，装设接地线必须先接地端，后接导体端，且必须接触良好，拆接地线必须先拆导体端，后拆接地端。

3. 使用和保管注意事项

（1）接地线的线卡或线夹应能与导体接触良好，并有足够的夹紧力，以防通过短路电流时，由于接触不良而熔断或因电动力的作用而脱落。

（2）检查接地铜线和三根短铜线的连接是否牢固。

（3）装拆接地线必须由两人进行，装接地线之前必须验电，操作人要戴绝缘手套和使用绝缘杆。雷雨天或接地网接地电阻不合格时，应穿绝缘靴操作。

（4）接地线每次使用前应进行详细检查，检查螺丝是否松脱，铜线有无断股，线夹是否好用等，损坏的接地线应及时修理或更换，不合格的接地线禁止使用（图 1－54）。

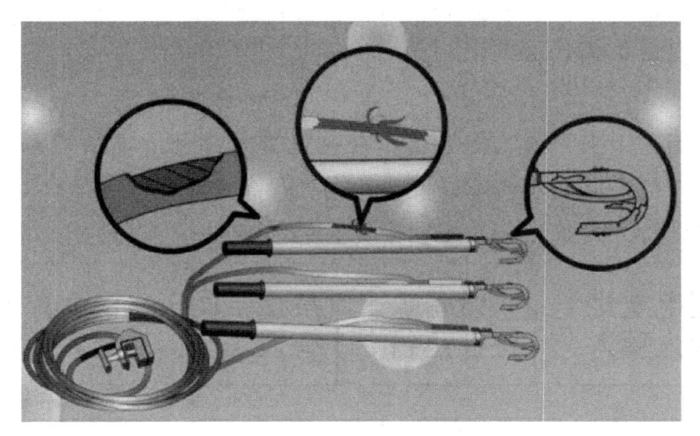

图 1－54　接地线外观检查

（5）接地线必须使用专用线夹固定在导线上，严禁用缠绕的方法进行接地或短路。

（6）每组接地线均应编号，并存放在固定地点，存放位置也应编号，接地线号码与存放位置号码必须一致，以免发生误拆或漏拆接地线造成事故。

（7）接地点和工作设备之间不允许连接刀闸或熔断器，以防它们断开时，工作地点失去接地，威胁检修人员的安全。

（8）接地线在通过一次短路电流后，一般应予报废。

（二）遮栏

高压电气设备部分停电检修时，为防止检修人员走错位置误入带电间隔及过分接近带电部分，一般采用遮栏进行防护。此外，遮栏也用作检修安全距离不够时的安全隔离装置。遮栏分为栅遮栏、绝缘挡板和绝缘罩三种，如图 1－55 所示。

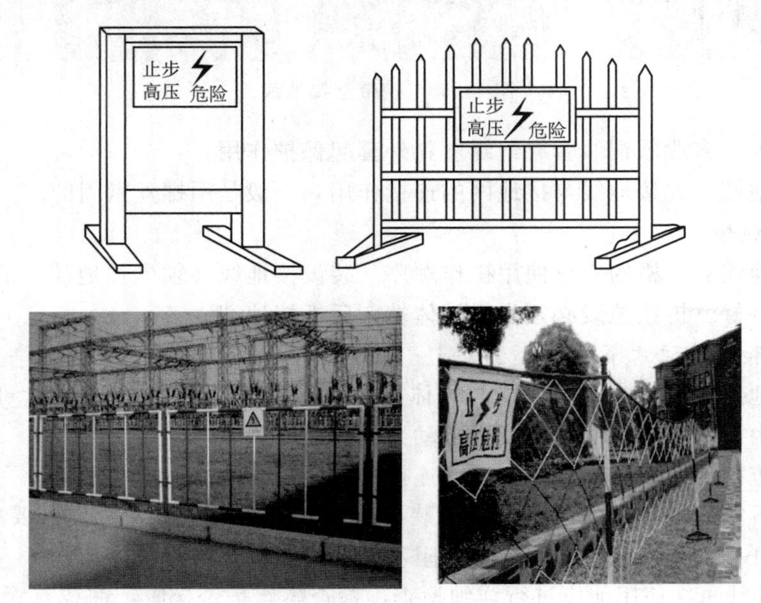

图 1－55　遮栏

遮栏用干燥的绝缘材料制成，不能用金属材料制作，遮栏高度不得低于 1.7m，下部边缘离地不应超过 10cm。

（三）标示牌

标示牌的作用是用来警告工作人员不得接近带电部分，指示工作人员正确的工作地点，提醒工作人员采取安全措施以及禁止向某设备送电等。

标示牌按用途可分为禁止、允许和警告 3 类，如图 1－56 所示。

图 1－56　标示牌

（1）禁止类标示牌有："禁止合闸，有人工作""禁止合闸，线路有人工作"这类标示牌挂在已停电的断路器和隔离开关的操作把手上，防止运行人员误合断路器和隔离开关。大的挂在隔离开关操作把手上，小的挂在断路器的操作把手上，标示牌的背景用白色，文字用红色。

（2）允许类标示牌有："在此工作""从此上下"。"在此工作"标示牌用来挂在指定工作的设备上或该设备周围所装设的临时遮栏入口处。"从此上下"标示牌用来挂在允许工作人员上、下的铁钩或梯子上。此类标示牌的规格为250mm×250mm，在绿色的底板上绘上一个直径为210mm的白色圆圈，在圆圈中用黑色标志"在此工作"或"从此上下"的安全用语。

（3）警告类标示牌有："止步　高压危险""禁止攀登　高压危险"。这类标示牌背景用白色，边框用红色，文字用黑色。"止步　高压危险"标示牌用来挂在施工地点附近带电设备的遮栏上、室外工作地点的围栏上、禁止通行的过道上、高压试验地点以及室内构架和工作地点临近带电设备的横梁上。"禁止攀登　高压危险"标示牌用来挂在与工作人员上、下的邻近有带电设备的铁钩架上和运行中变压器的梯子上。

当铁钩架上有人工作时，在邻近的带电设备的铁钩架上也应挂警告类标示牌，以防工作人员走错位置。

（四）安全提示牌

为了保证人身安全和设备不受损坏，提醒工作人员对危险或不安全因素的注意，预防意外事故的发生，在生产现场用不同颜色设置了多种安全提示。通过安全提示牌清晰的图像，引起人们对安全的注意。

安全色用来表达安全信息含义的颜色，有红、蓝、黄、绿四种颜色。

红色——表示禁止、停止，也表示防火。

蓝色——表示指令、必须遵守的规定。

黄色——表示警告、注意。

绿色——表示安全、通行。

为了使安全色更加醒目，安全色一般不单独使用，往往要增加对比色加以反衬，用作对比色的反衬色有黑、白两种，白色用于与红、蓝、绿色对比，黑色用于与黄色对比。安全提示牌如图1－57所示。

（五）近电报警器

近电报警器是一种新型安全防护用具，它适合在有电击危险环境里进行巡查、作业时使用。在高低压供电线路或设备维护、检修，或巡视检查设备时，若工作人员接近带电设备危险距离，近电报警器会自动报警，提醒工作人员保持安全距离，避免电击事故发生。同时，近电报警器还具有非接触性检测高低线路是否带电或断电，判别火线、零线，判断电器设备是否带电、漏电等功能，如图1－58所示。

（六）安全带

安全带是高空作业工人预防坠落伤亡的防护用品，它广泛用于发电、供电、火（水）电建设和电力机械修造部门。在发电厂进行检修时或在架空线路杆塔上和变电所户外构架上进行安装、检修、施工时，为防止作业人员从高空摔跌，必须使用安全带予以防护，否则就可能出事故。安全带如图 1－59 所示。

（a）禁止类安全牌（红色）

（b）警告类安全牌（黄色）

（c）指令类安全牌（蓝色）

（d）提示类安全牌（绿色，与防火相关的为红色）

图 1－57　安全提示牌

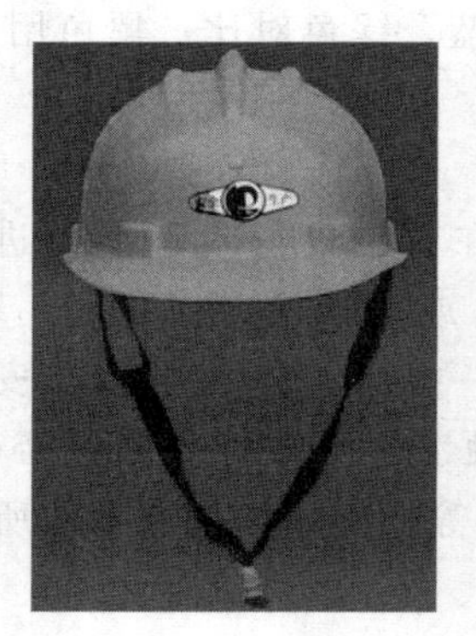

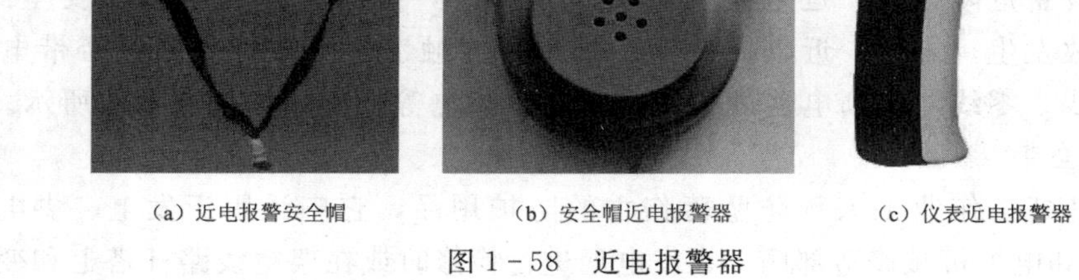

（a）近电报警安全帽　　（b）安全帽近电报警器　　（c）仪表近电报警器

图 1－58　近电报警器

（七）安全帽

安全帽是用来保护使用者头部或减缓外来物体冲击伤害的个人防护用品，广泛应用于电力系统生产、基建修造等工作场所，预防从高处坠落物体（器材、工具等）对人体头部的伤害。无论高处作业人员及地面上配合人员都应戴安全帽。安全帽如图1－60所示。

图1－59　安全带

图1－60　安全帽

（八）脚扣

脚扣是攀登电杆的主要工具，是电力工人进行高空作业时用于攀登电杆的重要工具（图1－61）。它通常由钢或合金材料制作，分为两种类型：一种扣环上带有铁齿，用于攀登木杆；另一种在扣环上裹有橡胶，用于攀登混凝土杆。这种工具的设计考虑到了电杆的特殊环境和使用者的安全，使得电力工人在进行高空作业时能够更加安全和有效地完成工作。

图1－61　脚扣实物图

脚扣可根据电杆的粗细不同，选择大号或小号，使用脚扣登杆应经过训练，才能达到保护作用，使用不当也会发生人身伤亡事故。

使用脚扣注意事项：

（1）使用前应做外观检查，检查各部位是否有裂纹、腐蚀、开焊等现象。若有，不得使用。平常每月还应进行一次外表检查。

（2）登杆前，使用人应对脚爬做人体冲击检验，将脚扣系于电杆离地0.5m左右处，借人体重量猛力向下蹬踩，脚扣及脚套不应有变形及任何损坏后方可使用。

（3）按电杆的直径选择脚扣大小，并且不准用绳子或电线代替脚扣绑扎鞋子。

（4）脚扣不准随意从杆上往下摔扔，作业前后应轻拿轻放，并妥善存放在工具柜内。

(5) 脚扣应按有关技术规定每年试验一次。

1-10

三、典型案例

案例一：安全带未扣牢，未检查，高坠重伤事故。

2016年4月30日，重庆某集团公司在国家电投某电力有限公司落水洞水电工地进行3号溢流坝段闸墩拆模作业时，1名作业人员因安全带挂钩未就位，门机吊钩旋转时，模板将其从高处带下坠落至地面，经抢救无效死亡。

案例二：作业人员不正确佩戴安全帽，登高（2m）造成高坠死亡事故。

多年前，邵武某供电有限公司副所长按工作计划，分配陈某（工作负责人）、徐某、杨某三人前往邵武市某地安装新表，三人到达工作现场后，徐某在墙壁上固定表板，陈某分配杨某登杆接线，约9：10时，陈某自己将铝合金梯子靠在屋檐雨披上，并向上攀登，当陈某登至约2m高度时，梯子忽然滑落，陈某随梯子后仰坠地，因安全帽未系牢靠，造成安全帽飞出，陈某后脑壳碰地并有少量出血死亡。

【模块探索】

你还知道哪些安全用具？

模块六　安全用电宣传与从业人员管理

【模块导航】

问题一：如何做好安全用电的宣传工作？

问题二：如何做好从业人员的管理工作？

问题三：防止用电事故发生的对策有哪些？

【模块解析】

1-11

安全用电工作十分重要，它直接关系到人身和设备的安全，而且涉及千家万户、各行各业。因此、开展安全用电宣传工作，加强从业人员的管理，是做好安全用电的重要组成部分，也是用电监察工作的基本任务之一。这部分工作中，大量的工作属于社会组织工作，必须充分依靠当地政府、社会力量、居民组织、各机关和群众团体来开展，这里仅对其具体内容和方法进行简要的介绍。

一、安全用电宣传和竞赛

开展安全用电宣传、组织用户之间的安全用电竞赛是进行安全思想教育的有效措施。党和政府历来关心安全生产，多次发布指示、通知和规定，强调安全生产的重要性，在安全用电宣传上也做了大量工作，取得了显著成效。目前，农村的安全用电宣传及对用电知识的普及远不如城市。农村触电死亡事故，大多数是由于缺乏用电常识所造成的，由此可见普及安全用电知识的重要性。

1. 安全用电宣传

安全用电宣传的具体内容有以下几点：

(1) 宣传触电的危险性和安全用电的重要性。

(2) 宣传安全用电的基本知识。

(3) 介绍安全用电方面的专业技术及规章制度。

(4) 宣传安全用电的好经验、好办法和用电事故的教训及防止事故的措施等。

安全用电宣传的形式和组织可多样化，包括标语、简报、图片、壁画、书、广播、电视、微信微博推文、抖音小视频、讲座和组织安全用电知识竞赛、参观、经验交流等方式。

用电监察机构中要设立专职宣传人员，负责收集、整理、积累和编印宣传资料，及时和有针对性地开展安全用电的宣传工作。

搞好安全用电的宣传，还要取得有关部门的支持和配合（如当地工会、报社、电台、电视台等），以确保收到良好效果。

2. 组织安全用电竞赛

组织安全用电竞赛，是在局部地区小范围内深入具体地进行安全用电宣传的一种有效形式。通过竞赛可以把用电单位广大电气从业人员组织发动起来，以不断提高安全用电工作水平，达到保证安全的目的。

组织竞赛一般可由电力部门和竞赛单位的上级主管部门联合组织，并由参加竞赛单位共同协商竞赛办法与条件，签订竞赛合同，开展竞赛。竞赛合同的内容应包括：竞赛条件、组织办法、评比方法、交流与互相检查办法、奖励和表彰等。竞赛活动的领导由竞赛单位的主管部门或竞赛单位轮流担任。

安全用电竞赛的组成，一般以同行业同类型的企业为好，这样就有可比性，也便于考核，更有利于交流、推广先进经验；还可按用电单位的用电设备相似、用电规模相近或电压等级相同等条件，分地区组织开展竞赛；或者是就各行各业中的某一个共同的单项（如值班人员），组织同工种的安全用电竞赛等。

安全用电竞赛的内容，一般有以下几点：

(1) 提高高压设备完好率。检查一类设备占全部设备的百分率是上升还是下降，三类设备的百分率是上升还是下降。

(2) 加强电气工作人员的安全技术、业务培训和考核。比较各单位进行技术、业务培训活动的时间、内容及考核成绩，比较工作现场的安全规程考核、反事故演习等的数量和质量。

(3) 降低电气事故率。比较降低电力系统停电及损坏高压电气设备的事故次数。

二、从业人员管理

电气从业人员是电气设备的主人，这支队伍的建设是安全用电工作中最基础的工作。分析各地区用电事故的经验证明，有相当一部分事故是直接由从业人员的过失造成的，这使我们认识到电气从业人员的思想和技术水平对安全用电有着重大的关系。为保证安全用电，必须坚决禁止非电气从业人员进行电气操作。

1. 电气工作人员的职责

电气工作人员的职责就是运用自己掌握的专业知识和职业技能，防止、避免和减少电气事故的发生，保障电气线路和电气设备的运行安全及用电者的人身安全，不断提高供电设备水平和安全用电水平。

2. 电气工作人员的从业条件

凡从事电气工作的人员，无论他们是从事发电、变配电工程，还是从事供用电设备、线路的运行或维修，都必须具备从事这一职业的基本条件，具体如下：

(1) 电气工作人员具有的精神素质，具体体现在工作上就是坚持岗位的责任制，工作中头脑清醒，对不安全的因素时刻保持警惕。

(2) 对电气工作人员要每隔两年进行一次体检，经医生鉴定身体健康、无妨碍电气工作的病症者方可继续工作。凡有高血压、心脏病、气喘、癫痫、神经病、精神病以及耳聋、失明、色盲、高度近视（裸眼视力：一眼低于 0.7，另一眼低于 0.4）和肢体残缺者，都不宜从事电气工作。对一时身体不适、情绪欠佳、精神不振、思想不良的电工，亦应临时停止其参加重要的电气工作。

(3) 电气工作人员应具备必要的电工理论知识和专业技能及其相关的知识和技能，熟悉本部门电气设备和线路的运行方式、装设地点位置、编号、名称、各主要设备的运行维修缺陷、事故记录。

(4) 熟悉《电工安全技术操作规程》及相应的现场规程的有关内容，经考试合格，持特种电工操作证上岗。

(5) 电气工作人员必须掌握触电急救知识，首先学会心肺复苏术。一旦有人发生触电事故，能够快速、正确地实施救护。

(6) 熟悉电力安全生产法及有关用电的规章、条例和制度，能主动配合开展好安全用电、计划用电、节约用电工作。

3. 对电气从业人员的培训工作

用电单位对其电气从业人员应进行安全技术培训，并应有计划、深入定期开展。电力部门应给予技术上的支持和配合。对不具备自行开展技术培训工作条件的小型企业或社会人员（个体劳动者），电力部门应根据需要，配合安全生产主管部门及有关用电单位联合组织电气从业人员培训。

用电单位对电气从业人员进行安全技术方面的培训，一般应包括以下内容：

(1) 电工基础理论知识。

(2) 电气设备的特性及其维护管理所需要的技术知识。

(3) 电气装置的安装、运行、检修的有关规程及技术标准。

(4) 用电管理方面的有关规定。

(5) 触电急救法。

4. 电气从业人员登记、发证工作

对本地区用电单位的电气从业人员及经工商管理部门批准经营电气承装、承修的集体或个体工商户的电气从业人员，均应进行登记、考核、发证，以加强管理。电气从业人员的登记、考核、发证工作，应由地方安全生产管理部门、电力部门联合组织实施。

三、典型案例

案例一：开关无漏保，工人无特种作业证，惨遭电击身亡事故。

2019 年 7 月 1 日，位于东莞市某塑料有限公司成品出料仓内冷冻仓库施工现场发生一起触电事故（两级均无漏电保护），事故造成1名操作工人死亡，直接经济损失约为106.6万元人民币。当地应急管理局公布了该起事故调查报告：

（1）操作工人无特种作业电工证，将套管三芯电缆的黄绿色线与研磨机的外壳PE线连接，同时将套管三芯电缆另一端（黄绿色此时为相线）接到距离研磨机约7m处的380V三相电源开关，并接通电源，导致研磨机外壳带电。

（2）事发时操作工人赤脚站在地面潮湿的施工现场，左手（左手有电伤痕迹）碰触到机器外壳（此时研磨机外壳已带电）。

（3）设备连接的临时电源控制开关无漏电保护功能，车间取电的末级电源开关也无漏电保护功能，电流经人体形成回路，导致操作工人触电死亡。

（4）直接原因：覃某在未持有特种作业电工证情况下，将套管三芯电缆的黄绿色线与研磨机的外壳PE线连接，同时将套管三芯电缆另一端（黄绿色此时为相线）接到距离研磨机约7m处的380V三相电源开关，并接通电源，导致研磨机外壳带电。事发时，覃某赤脚站在地面潮湿的施工现场，左手（左手有电伤痕迹）碰触到机器外壳（此时研磨机外壳已带电），加之该设备连接的临时电源控制开关无漏电保护功能，车间取电的末级电源开关也无漏电保护功能，电流经人体形成回路，从而导致其触电死亡。

（5）间接原因：经调查，覃某未持有特种作业电工证，自行接电，属无证上岗违章作业，未经培训、缺乏安全操作技术知识。企业未对覃某进行安全生产教育和培训，未制定隐患排查治理制度，未采取有效技术、管理措施，未及时发现并消除事故隐患。

四、防止发生用电事故的主要对策

人们在长期的生产和生活实践中，逐渐积累了丰富的安全用电经验，各种安全工作规程以及有关保证安全的各种规章制度，都是这些经验的总结。只要我们在工作中能认真遵守规章制度，依照客观规律办事，用电事故是可以避免的。

防止发生用电事故的主要对策，概括地讲，就是要做到思想重视、措施落实、组织保证。

1. 思想重视

思想重视就是要牢固树立安全第一的思想。这就要求提高安全用电的自觉性，认真贯彻预防为主的方针，积极开展安全用电的宣传和教育，推广预防事故的经验，做到防患于未然。

在所有的用电事故中，无法预料、不可抗拒的事故总是极少数，大量的用电事故都是具有重复性和频发性的。例如，误操作事故、外力破坏事故以及由于运行维护不当造成的事故等。因此，只要我们思想重视，认真从各类用电事故中吸取教训，采取切实措施，用电事故是可以避免的。例如，在外力破坏的事故中，有些是由于小动物进入配电室引起母线短路或接地而造成的。只要能将门窗关严，堵塞通往室外的所有电缆沟和其他孔洞，这类事故就可以完全避免。又如，只要能严格执行规章制度，遵守操作规程，对设备采取有效连锁，人的误操作事故就可以降到最低甚至完全避免。

树立安全第一的思想，还要努力克服“安全用电说起来重要，做起来次要，忙起来不要”的不良作风，坚持做到把安全工作贯穿于各项生产任务的始终。

2. 措施落实

贯彻和执行保证安全用电的各项技术措施和组织措施，是做好安全用电工作的关键。对于当前的安全用电工作，防止发生用电事故的主要措施如下：

（1）坚决贯彻执行国家以及各地区电力部门颁布的有关规程，各用电企业应依据这些规程来制定现场规程。

（2）严格执行有关电气设备的检修、试验和清扫周期的规定，对发现的各种缺陷要及时消除。

（3）通过技术培训、现场演练和反事故演习等方式，提高电工的技术水平和业务水平。

（4）大力开展安全用电的宣传，普及安全用电的基本知识，定期和不定期组织安全大检查（特别是季节性的安全用电检查），积极推动群众性的安全用电活动。

（5）积极研究、推广、采用安全用电的先进技术、新工艺、新材料和新设备。

3. 组织保证

防止用电事故的发生还必须有切实的组织保证。电力部门应加强用电监察，充实用电监察力量，不断提高监察人员的技术水平和业务水平。用电监察人员应根据国家和电力部门颁发的各项规章制度以及规程，监督、检查、指导和帮助用电单位做好安全用电工作。

各用电单位则应设立安全用电管理机构并配备专门管理人员，在电力部门的指导下开展安全用电工作。由于用电监察工作的内容广泛，政策性强，技术业务也比较复杂，所以用电监察人员，特别是从事安全用电监察的人员，必须掌握国家有关电力生产的方针、政策、指令和各种规定，具有一定的技术业务和管理水平，这样才能胜任此项工作。对用电监察人员的基本要求如下：

（1）应具备的电气专业知识和技能，具体有以下两个方面。

1）应知部分：掌握电工基础理论及知识；各种电机的原理、构造、性能及起动方式；各种变压器的原理、构造、性能；各种高低压开关及操作机构的原理、构造、性能；避雷器、电力电容器的原理、构造、性能；一般通用的用电设备的用电特性；一般继电保护的原理；电能表、互感器的原理、构造、接线及倍率计算；安全用电的基本知识；合理及节约用电的一般途径、改善功率因数的方法、单位产品电耗的计算等。

2）应会部分：应能检查发现高、低压电气设备缺陷及不安全因素；能现场处理电气事故，并能分析判断电气事故的成因和指出防止事故再发生的对策；能讲解一般的电气理论知识；能正确配备用户的电能计量装置，并能发现误接线及倍率计算错误；能看懂用户电气设计图纸；能给出所分工管理的用户的一次系统接线图；能熟练使用各种表计；能指导用户开展安全、合理与节约用电；能发现用户的违章用电；能签订供用电协议、合同及写出有关用电监察报告。

（2）熟悉国家有关用电工作的方针、政策。

（3）熟悉有关的技术标准、规程、条例。

（4）掌握电网结构和保护方式，主要包括：熟悉组成电网的各种电压及容量的变电站；各种不同电压等级及长度的电力线路；电力系统接线；电网与用户的分界点；

电网采用的主要保护方式及所分工管理的用户继电保护和自动装置的配制方案和整定值等。

（5）了解主要用电行业的生产过程和用电特点，熟悉各生产工序用电比例；用电规律性，包括负荷曲线、负荷率及用电连续性等；主要设备用电情况，包括电能利用效率等；单位产品电耗及有关参数；主要节电技术措施。

此外，各地区还应根据具体情况，由电力部门、应急管理部门和当地相关高校联合成立电工管理委员会，加强对特种电工操作人员的培训与考核工作。

五、预防电气事故的对策

（1）设备的设计、制造、安装、运行、维修以及保护装的配置等各个环节，都必须严格按照有关技术规定和工艺要求来进行，并实施技术监督和用电监察，严禁使用不合格的电气产品，以保证设备安全运行。

（2）加强对电气工作人员的技术培训、安全教育和定期考核，并使这些工作制度化，以提高工作人员的技术水平，强化安全第一的意识。

（3）制定有关法规、规程及技术标准，并应严格贯彻执行。如国家或部委颁布的《电业安全工作规程（电力线路部分）》（DL 409—91）、《电气安全工作规程》、《电气装置安装工程低压电器施工及验收规范》（GB 50254—2014）等，以及各用电单位依据上述规程制定的现场规程、规章和制度。通过贯彻这些规程和制度，从组织上和技术上保证安全供用电。

（4）大力开展安全用电宣传工作，普及安全用电的基本知识，组织安全用电检查，推动群众性的安全用电活动。

（5）积极研究、推广、采用安全用电的新技术、新设备。

（6）对用电单位的安全用电工作实施有效的监督、检查和指导。各用电单位应设有安全用电管理机构或专职人员，开展安全用电工作。

（7）电气工作人员素质和职业道德的提高是实现安全用电的根本。

【模块探索】

结合新技术、新材料、新工艺说明如何做好用电事故发生的预防工作。

【项目练习】

请扫描二维码，完成项目练习。

项目一练习

项目一练习答案

项目二　触电急救与外伤救护

【学习目标】

学习单元	能力目标	知识点
模块一　电气行业常见的安全隐患	了解电气行业常见的安全隐患	常见的安全隐患的分类及具体内容
模块二　触电紧急救护的方法	掌握触电紧急救护的方法和基本原则；掌握心肺复苏术的操作流程	触电紧急救护的基本原则；触电急救的方法
模块三　触电急救训练	掌握心肺复苏术的方法	心肺复苏术的方法
模块四　外伤急救	掌握外伤急救的基本要求；了解几种常见外伤急救的方法	外伤急救的基本要求和主要方法

【思政引导】

“全国劳动模范”宋红浩，一个来自盐城市三新供电服务有限公司盐都分公司北蒋供电服务站的杰出代表，他的故事是一部充满汗水、智慧和奉献精神的壮丽史诗。

在电力事业的道路上，宋红浩始终秉持着“简单的事情重复做，重复的事情用心做”的理念。他深知，电力工作虽然看似简单，但每一个细节都关系到千家万户的用电安全。因此，他对待每一项工作都极其认真，从不放过任何一个可能存在的安全隐患。他用自己的实际行动诠释着新时代电力产业工人的工匠精神。

在技术创新方面，宋红浩更是走在前列。他凭借扎实的专业知识和丰富的实践经验，不断探索新的技术方法和解决方案。他发明的创新成果达 16 项之多，其中 11 项获得国家专利。这些创新成果不仅提高了工作效率，降低了成本，还为电力事业的发展作出了积极贡献。宋红浩的创新工作室也多次获得省市级表彰，成为电力行业的一面旗帜。

除了在技术方面的卓越表现外，宋红浩还是一位热心公益、服务群众的楷模。他始终将群众利益放在首位，积极为辖区内的孤寡老人、五保户等弱势群体提供用电帮助和便利。他主动为他们办理免费用电基数业务，“量身定制”用电方案，帮助他们节约资金。他的善举赢得了群众的广泛赞誉和尊敬。

在职业生涯中，宋红浩凭借出色的工作表现和卓越的技术能力，获得了多项荣誉称号。他先后被评为“国家电网公司农网配电运检岗位能手”“国家电网公司优秀党务工作者”“江苏省劳动模范”“江苏工匠”等。这些荣誉的背后是他无数个日夜的辛勤付出和无私奉献。

宋红浩的故事告诉我们：只有不断学习、不断进步、不断创新，才能在平凡的岗位上创造出非凡的业绩。他用自己的实际行动践行了新时代劳动者的责任和担当，为我们树立了学习的榜样。

2-1

模块一　电气行业常见的安全隐患

【模块导航】

问题：电气行业常见的安全隐患有哪些？

【模块解析】

近年来，电力行业始终坚持“安全第一、预防为主、综合治理”的方针和“管行业必须管安全”和“管业务必须管安全、管生产经营必须管安全”的原则，严格落实各级安全生产责任，不断建立健全安全生产法律法规，强化安全生产风险分级管控和隐患排查治理，推动全国电力安全生产形势的持续向好。但是随着电力产业规模的持续扩大、系统控制难度的日趋复杂、电力项目的不断增加，电力安全风险依旧并将长期存在。尤其是随着能源结构调整、供给侧和电力体制改革的不断深入，电力安全生产面临新的挑战。大容量长距离电力输送，加大了电网大面积停电的安全风险；风电、光伏发电等新能源和分布式能源的快速发展，增加了运行管控难度；网络信息安全形势日益严峻，直接威胁电力系统安全稳定；电力工程建设规模日益增大，人才、设备、管理、技术等方面难以适应，传统的安全管理能力和手段急需改进。本节就电气行业常见的安全隐患进行简单概括总结，希望广大工作者引以为戒，加强安全隐患排查治理能力。

一、作业类隐患（图2-1）

（1）随意移动、损坏、拆除安全设施或移作他用，非电工私接电源或拆装电气设备。

（2）闸刀式电源开关带负荷拉闸，造成闸刀受损。

（3）将电源线勾挂在闸刀上或直接插入插座内使用。

（4）使用手持电动工具或建筑电动机械未经漏电保护器。

（5）潜水泵在工作时，在潜水泵排水的坑、池内工作或在周围进行清淤、挖土等工作。

图2-1　作业类隐患操作情景图

（6）使用金属丝代替熔丝或使用没有达到规范要求的熔丝。

（7）流动电源箱盘至固定配电盘之间的电源线长度大于40m。

（8）在金属容器内或井坑内工作时，金属容器没有可靠接地，或将行灯变压器带入金属容器内或井坑内。

（9）在电源盘、电缆周围2m范围内进行焊、割等高温作业。

（10）电焊机二次接线头铜芯裸露，未包扎绝缘。

(11) 酒后登高作业。

(12) 高处作业时随手抛掷工器具及材料等物品。

(13) 高处作业时工器具不系保险绳，无防坠落的措施。

(14) 高处作业时，工作材料、工器具等放在临空面或孔洞附近。

(15) 高处作业切割、焊接的下脚料不及时清理，有可能造成高空坠物。

(16) 搭建脚手架无验收牌，无定期检验签名。

(17) 在高处平台、孔洞边缘、安全网内休息或倚坐栏杆，擅自穿越安全警戒区。

(18) 上下爬梯或特殊脚手架时，未仔细检查是否牢固就盲目攀爬。

(19) 不按规程规定拆除脚手架，拆除时上下同时作业或将脚手架整体推倒。

(20) 擅自拆除上下爬梯、孔洞盖板、栏杆、隔离层，或拆除上述设施后不设明显的警告标志，未及时恢复。

(21) 使用不规范的梯子或损坏严重的梯子，或梯脚无防滑措施。

(22) 两人站在同一梯子上工作，或站在最高两档上。

(23) 站在石棉瓦、油毡、苇席等轻型简易结构的屋面上工作。

(24) 凭借栏杆、脚手架、瓷件起吊重物，非操作工操作起重机，非起重人员指挥起吊及非特种作业人员从事特种作业。

(25) 吊物捆扎、吊装方法不当，在吊物上堆放、悬挂零星物件，起吊超过额定负荷的物件且无措施，指挥信号不明，重量不明起吊。

(26) 吊车吊重物直接进行加工作业，起吊时歪拉、斜吊，工件上站人或工件上附有悬浮物时起吊。

(27) 无安全措施起吊氧气瓶、乙炔瓶等易燃易爆危险品。

(28) 带棱角、刃口的物件为包、垫起吊，起吊埋在地下的不明物件，起吊大件或不规则组件时，未拴以牢固的溜绳。

(29) 起吊钢板、管子、毛竹、钢材等较长易滑构件时采用兜吊的方式。

(30) 起重机工作完毕后，未及时摘除吊钩上的钢丝绳并将吊钩升起，或未切断电源。

(31) 跨越或手扶在运行的卷扬机及设备钢丝绳上，将双链条葫芦拆成单链条使用；操作链条、电动葫芦时，站在葫芦正下方。

(32) 无证操作、驾驶各种机动车辆，厂内机动车辆行驶时违章带人。

(33) 施工机械、机动车辆超铭牌使用，现场车辆运输装运设备不封车。

(34) 转动机械的操作人员在工作时不戴手套作业，使用砂轮机、车、钳、钻等切割机械不戴防护眼镜。

(35) 运行中将转动设备的防护罩打开或将手伸入遮栏内，戴手套或用布、棉纱对转动部位进行清扫或检查维修等。

(36) 在机械的转动、传动部分的防护罩上坐、立、行走或用手触摸运转中机械的转动、传动、滑动部分及旋转中的工件；使用卷板机卷板时，板上站人。

(37) 工作电梯运行时电梯门或层间门关闭不严，敲打电梯层间联络的电信器材或强制解锁运行，电梯超载运行或货用电梯人货混载。

（38）进入易燃、易爆区的机动车辆排气管未加设防火罩，在易燃、易爆或禁火区域携带火种、吸烟、动用明火、穿带铁钉的鞋。

（39）不及时关闭氧气、乙炔阀门就离开工作场所，乙炔、氧气管混用，氧气、乙炔瓶混放在一起。

（40）高处电焊、火焊作业，对下方的设备不采用防火隔离措施；随意损坏消防器材或移作他用；随意堵塞消防通道或取用消防水。

（41）压力容器、锅炉水压试验升压过程中，在承压部件上作业。

（42）工作现场用明火取暖，对有压力、带电、充油的容器施焊或未采取措施对盛过油的容器施焊。

（43）焊接、切割工作前未清理周围的易燃物，工作结束后未检查清理遗留物，留下火种。

（44）高处清理垃圾时抛掷或堵塞通道；掉在安全网或防护棚内的杂物，在收工前未及时清理。

（45）未经有关部门同意，在厂房内任意打孔；打锤时不戴手套或挥动方向正对人。

二、装置类隐患（图 2－2）

（1）配电盘、电源箱非防雨型临时开关箱等配电设施无可靠的防雨设施。

（2）电焊机、卷扬机等小型工作机械无可靠的防雨措施。

（3）在电缆沟、隧道、夹层、锅炉烟道内工作不使用安全电压行灯照明或行灯电压超过 36V。

（4）在金属容器内、管道内、潮湿的地方使用的行灯电压大于 12V。

（5）使用 220V 及以上电源作照明电源，无可靠安全措施。

（6）在金属容器内施焊时，容器外围设专人监护；焊把或电焊机二次接线绝缘不良，有破损；电焊机外壳无接地保护；电火焊线、电源线不集中布置、走向混乱，过通道无保护措施。

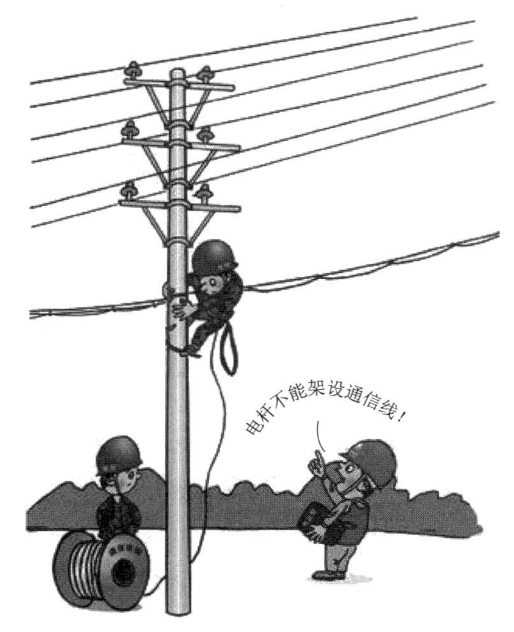

图 2－2　装置类隐患操作情景图

（7）现场低压配电开关护盖不全或导电部分裸露，电气安全工器具、绝缘工具未按规定定期试验。

（8）一个电气开关控制两台及以上电动设备，流动电源箱无漏电保护器或漏电保护器失灵，现场使用不规范的流动电源箱、开关、电源板。

（9）电动工具、电动机械不符合国家有关安全标准。

（10）脚手架搭设后未经使用部门验收合格并挂牌后就投入使用，脚手板未按标准敷设或有探头板未绑扎牢固，脚手架上堆物超过其承载能力。

（11）脚手板有虫蚀、断裂现象或强度不够，质量不能满足高空作业要求。

（12）高处作业的平台、走道、斜道等处未装设防护栏杆或未设防护立网，高处危险作业下方未搭设牢靠的安全网。

（13）防护隔离层、安全网搭设不牢固、不可靠，工作现场、高处作业区域的孔洞上无牢固盖板或围栏；深沟、深坑四周无安全警戒线或围栏，夜间无警告红灯。

（14）夜间高处作业或炉膛内作业照明不足；高处交叉作业、拆除工程等危险作业，四周无安全警戒线，高处作业临边未设防护栏杆和挡脚板；焊接作业使用不防火型挡风帆布。

（15）安全设施损坏或有缺陷未及时组织维修，或工作完毕后未及时回收。

（16）在有粉尘或有毒有害气体的室内或容器内工作，未设防尘或通风装置。

（17）易燃易爆区域使用普通电器设备；易燃易爆区、重点防火区，消防器材配备不齐，不符合消防规程要求，无警示标志。

（18）现场消防通道不畅通、消防器材未定期检查，消防水压力不足，未按规定设置消防水管及水龙头。

（19）起重设备制动、信号装置、显示装置及保护装置失灵或有缺陷，使用不合格的吊装工器具、或未按规程要求对起重设备定期检验。

（20）吊挂的重物长时间不放到地面上，未将葫芦手拉链条拴在起重链上，未在重物上加保险绳；机械转动、带电部分无防护罩。

（21）建筑材料不按规定卸车、存放，施工场地未做到工完、料尽、场地清。

（22）拆除的木料、脚手架、钢模板、架杆等未及时运走，堆放杂物；现场材料、构件、设备堆放杂乱，未分类摆放。

三、管理类隐患（图 2－3）

（1）发布违反有关安全生产法令、法规和规章制度的命令，违章指挥工作。

（2）无视安监部门的整改通知要求，未及时消除安全隐患，不充分支持安监部门履行职责。

（3）对工人发现的装置性违章和技术人员拟定的反装置性违章不闻不问，不组织消除，规程和规章制度不放在现场或不健全。

（4）不认真吸取教训，未及时采取有效措施，致使同类事故重复发生。

（5）招用未经资质审查或审查不合格的外包队伍，将工程分包给不具备相应资质的外包队伍。

（6）安排未经安全教育和技术交底或安全考核不合格的人员进行现场工作。

（7）安排不具备特种作业资格的人员进行特种作业。

（8）违反职业禁忌症的有关规定，安排不符合身体健康要求的人员上岗。

（9）不顾职工身体实际状况，强令工人加班加点，超负荷劳动。

（10）违章指挥，默认工人违章作业、冒险作业、在没有可靠的技术措施和安全保障措施的状态下工作。

（11）班组长（工作负责人）班前不进行安全交底，无交底记录。

(12) 重大起重、运输作业，特殊高处及带电等危险性作业项目，无组织、技术措施和作业指导书，未指定监护人或在易燃、易爆区周围动火未填写动火工作票，工作负责人就组织工作。

(13) 工作项目无安全措施或未交底，工作负责人即组织开展工作。

(14) 经批准的作业指导书或安全措施有错误或缺陷，审批者负主要责任，编写者负直接责任。

图 2-3　管理类隐患情景图

(15) 工作负责人、审批者不按安全工作规程要求填写和签发工作票、操作票。

(16) 工作负责人擅自更改经批准的技术措施、安全措施或工作票、操作票、危险点分析卡和作业指导书。

(17) 安排工作方法、程序不当，以致工作中危及工人的生命安全和身体健康，如领导安排在金属容器内同时进行电焊、火焊或气割工作。

(18) 安排或默许六级以上恶劣天气时进行高空露天作业，或在霜冻、雷雨天气条件下进行高空作业，无防滑、防跌措施。

(19) 安排或默许工作地点风力达到五级时进行受风面积大的起吊作业，或风力达到六级以上时，或遇有大雪、大雾、雷雨等恶劣天气，或照明不足指挥人员看不清工作地点、操作人员看不见指挥信号时进行起吊作业。

(20) 安排或默许不具备相关安全知识、不会使用消防器材的人员在易燃、易爆区工作。

(21) 在易燃物品及主要设备上方进行焊接，下方无监护人，未采取防火等安全措施。

(22) 各工作单位领导没有及时组织对划分的文明工作区域进行清理。擅自决定变动、拆除、挪用或停用安全装置（设施）。

(23) 默许机械设备未按计划检修，决定让设备带病运行或超出力运行。

(24) 发生事故（包括未遂事故）后不及时按照“四不放过”的原则组织并主持对事故进行调查、分析，不进行全员受教育工作。

(25) 进行违章处罚时，碍于情面或指使有关人员降低处罚标准或免于处罚。

(26) 对作业性违章、装置性违章、指挥性违章和制度性违章未发现、不制止、不纠正或不进行处罚和教育。

四、“两票三制”类隐患（图 2-4）

(1) 设备检修前，工作负责人和工作许可人不同时到检修现场检查安全措施是否已正确完善执行。

(2) 工作票、操作票上无危险点分析与预控措施，或工作成员未在危险点预控措施上签字认可就开工或操作。

图 2-4　“两票三制”类隐患情景图

(3) 办理工作票代签名或无票作业，在填写操作票时涂改、电气设备不按规定使用双重名称。

(4) 现场工作时，工作票不随身携带，在生产设备上进行填盘根、换表计等简易工作时不办理工作票。

(5) 工作中更换工作负责人不办理变更手续，转动设备检修结束后，工作票未收回就送电试转。

(6) 检修工作期限超限，不及时办理延期手续；工作结束后不及时进行工作票终结。

(7) 电气几个操作项目合填在一张操作票上，不分别填写，擅自扩大工作票上的工作内容。

(8) 进场工作前，工作负责人未向工作班成员交代安全措施及注意事项就开工。

(9) 工作人员工作前不了解、不检查安全措施就工作。

(10) 操作前不认真看清操作票是否已发令及所属人员是否都已签名，操作中不按操作票逐项操作打“√”，同时持两份操作票，交叉操作。

(11) 工作班成员与工作票成员不符合，工作成员不了解工作内容。

(12) 检修工作中工作负责人离开工作现场，不指定临时代理人。

(13) 未查明工作票是否收回及是否具备送电条件即送电，停送电不使用停送电联系单，在带电设备外壳上工作，未填用第二种工作票。

(14) 操作时不唱票、不复诵、复诵不严肃，声音微弱，双方听不清。

(15) 检修工作结束后，工作负责人和工作许可人不同时到检修现场检查。

(16) 操作监护人不到位，操作人擅自操作，监护人不监护，与操作人员一起操作，或离岗从事其他活动。

(17) 操作前不核对操作位置、编号，不核对模拟图；操作前准备工作未做好，不带钥匙、工具等，不检查验电笔、摇表是否完好；操作前不核对设备名称和编号。

(18) 运行班长对夜间许可进行的抢修工作事项不进行详细记录。

(19) 交接班不认真、交接不清楚，岗位交接班制度不严，不坚持开交接班会，不在岗位上进行交接，未按照交接班程序，交班者先签名或未到正点以及接班人未签名就交班，不按规定进行设备系统、运行工况检查就交班。

(20) 值班记录本记录马虎、不全，字迹不清，乱勾乱划。

(21) 巡回检查不准时，检查不到位，不按规定的路线巡检，不随身携带检查工具等，设备不按规定的时间进行设备定期轮换。

(22) 制粉系统不进行定期抽粉和执行粉仓降粉工作，值班监盘不认真，表计变化发现不及时，抄表弄虚作假，值班人员不请示就擅自离开工作岗位。

(23) 热力系统重大操作不使用操作票，监护不到位或降低监护等级，擅自移动安全设施或变更工作票中的安全措施进行工作。

五、触电及机电伤害类隐患（图 2－5）

（1）装接地线前不验电或验电时间不充分；工作结束后，漏拆自行加装的接地线等，安全措施未恢复至开工前状况；装拆接地线顺序颠倒；电机试转外壳未接地，电动工具无接地线。

（2）漏挂、错挂、未挂警告牌及标示牌；高压试验时，带电设备周围及通道未设围栏标志。

（3）接电源线时，将电源线直接挂在闸刀的熔丝上；用铜丝代替熔丝。

（4）乱拉、乱接低压线路，使用不合格的电线、电缆；非电气人员擅自接电源线。

（5）使用外壳破损（或无盖）的电源闸刀，不使用电源插头，直接将导线插入插座。

图 2－5　触电伤害类隐患情景图

（6）使用电钻、磨光机等电动工具不戴绝缘手套，使用电动工具遇临时停电后不及时切断电源；检修工作结束后，电动工具或行灯电源不切断电源就收电源线。

（7）使用超周期或绝缘不合格的电气工具进行工作，电气操作时不使用绝缘工具。

（8）在仪表保护电源回路上接电炉等负荷，不经许可任意解除闭锁装置。

（9）单人留在开关室、升压站等处进行工作，巡检人员动手摸开关执行机构或移动遮栏跨越安全距离，低压带电作业不设专人监护。

（10）使用钳型电流表测电流时未戴绝缘手套，用毛刷清扫电气端子和开关时不用绝缘胶带包裹毛刷金属部分，在汽包等金属容器内工作未按规定使用行灯。

（11）认为设备负载不大，直接拉合刀闸，不用开关操作，盲目在自以为停运已久的设备上工作，在油区未停电的设备上工作。

（12）在控制回路上工作，不带图纸，不核对现场接线端子编号，凭经验工作。

（13）用湿手触摸电灯开关及其他电气设备，用湿布擦拭带电低压设备及电灯泡。

（14）拿长毛竹、梯子等长物进入高压室、升压站无人监护，在带电设备周围用钢卷尺、皮尺进行测量工作，没有查清电缆是否带有电压就盲目割锯。

（15）开沟、挖土前不清楚地下有无电缆、管道，擅自开挖。

（16）开启电焊机时，一手搭在电焊机上，另一手推合开关；进行电焊工作时，焊机外壳不接地，使用有缺陷的焊接工具；电焊线敷设在卷扬机钢丝绳上面或下面，在照明回路上接电焊机或其他电源。

（17）雷雨天气巡视室外高压设备不穿绝缘靴；运行中将转动设备的防护罩或遮栏打开，或将手伸入遮栏内。

（18）对裸露的齿轮、链条、皮带、轴头等转动部分进行清扫或其他工作，从事机械加工时不戴手套工作；使用无防护罩的砂轮，用砂轮研磨时不戴护目眼镜，或在砂轮的侧面研磨工件；不戴手套或把抹布缠在手上清拭运转机器的固定部分。

(19) 使用钻床时，用手直接抓住工件打孔，切削工件时对面有人，钳工台前面未设置防护铁丝网。

(20) 女工作人员进入生产现场工作，未将长发盘在工作帽内；为图省事，抄近路，跨越机械设备的转动部分。

(21) 转动设备的靠背轮等处未加装防护罩或防护罩未固定牢固就启动，启动运输皮带前没有联系，也未启动警告铃就启动；在输煤皮带上站立行走或跨越皮带；在转动的输煤皮带架上清理积煤。

(22) 安装管道法兰进行对接时，直接用手去测试螺栓孔的位置；专用盘内用钢丝钳取熔丝。

(23) 人在磨煤机内更换大瓦时盘动大罐；进入磨煤机进口清理堵煤时不压回粉管，不断开电源，不设监护人。

(24) 铲车超负荷运载，铲车铲工件时人站在叉架上；不是专业起重人员擅自起吊重物操作；在设备管道上挂吊具起吊重物。

(25) 未经生产技术部门审核许可就在楼板或构架上打孔；不戴手套抡大锤，不注意周围是否有人。

六、高处作业类隐患（图 2-6）

(1) 在 2m 以上高度工作不系安全带，安全带使用前不检查，不按规定使用。

图 2-6　高处作业类隐患情景图

(2) 安全带、安全绳未按规定进行静拉力试验；使用安全带时挂钩挂在不牢固的构件上，或未按规定高挂低用；戴安全帽时没有按规定系好绳带。

(3) 用不合格的钢丝绳、麻绳起吊重物。

(4) 使用不合格的梯子或不正确使用梯子，梯子与地面的倾角过大或过小；将梯子放置在不稳固的支撑物上登高作业，或人站在梯子上工作时移动梯子，梯子底脚未采取防滑措施。

(5) 在梯子上使用电动工具，没有做好防止触电坠落的安全措施；站在梯子上工作无人监护或没有扶好梯子。

(6) 在 1.5m 以上且没有装设栏杆的平台或脚手架上不系安全带进行工作。

(7) 搭设脚手架时，脚手架及踏板绑扎不牢固，脚手板敷设虚悬，厚度不合规格，两端没有进行绑扎固定；脚手架上未挂搭建和验收牌，未定期进行检查确认。

(8) 对开启的电缆孔洞、地沟盖板等不设安全警示标志；在屋顶、杆、吊桥及其他危险边缘进行高处作业时，临空的工作面不设安全网或防护栏杆；楼梯、平台、栏杆、盖板检修中拆除后未及时恢复。

(9) 在玻璃钢瓦、木板顶、油毛毡、石棉瓦等处上部工作，未采取防止踏空坠落的安全措施。

(10) 酒后进行登高作业，患有高血压、心脏病、贫血等不适宜从事高处作业病症的人从事高处作业。

(11) 监护人不到现场擅自进行高处作业；起吊物上面站人，起吊重物无人监护指挥；人员从悬吊重物下面行走或停留，人员高处作业转移时不系安全带。

七、消防及环保类隐患

(1) 氧气瓶、乙炔瓶同车搬运，使用中间距小于8m；露天存放无遮盖并暴晒。

(2) 使用减压阀失灵的氧气压力表、乙炔压力表，或不检查是否漏气。

(3) 不办理动火工作手续，在易燃、易爆区与范围内工作；电焊作业时，火星落在易燃物上，未检查。

(4) 油箱内存油未完全放尽，油系统亦未隔绝，防火防爆措施不完善即进行电焊。

(5) 进入油库区等重点防火部位，不交出火种擅自进入；易燃易爆物品不按指定地点存放。

(6) 未经许可在现场清扫擦拭设备；将煤油、汽油、汽轮机油、润滑油等倒入地沟内。

(7) 高温管道保温层粘有油渍，不及时更换处理；煤粉着火时用压力水浇注着火的煤粉；电气设备着火时，不拉开电源就灭火。

(8) 化学烘箱内烘烤食物，擅自使用电炉子；用过的破布、棉纱随处乱扔。

(9) 消防器材不经允许私自使用，使用后不放回原处；现场清扫擅自动用消防栓、水龙带。

(10) 发生火情动用灭火器材不汇报、不记录，影响环保的重大操作不向环保管理部门报告。

八、其他综合类隐患（图2-7）

(1) 长期休假后，不经考试培训就上岗；外借工、临时工未办理许可手续就进入现场工作。

(2) 未办理手续擅自出入要害部位；上班不按规定着装；在高温物体周围工作时，不穿长衣、长裤，接触高温物体时不戴手套；炉水取样时不戴手套；在皮带上取煤时袖口不扣好；冲灰、打焦时穿背心，裤脚塞在胶鞋内。

(3) 热工人员在现场工作时，不与运行人员联系就擅自动表计及测点；检修结束后不认真验收就终结工作票，不清理现场。

图2-7　电力操作隐患情景图

(4) 拆电动机时，电缆头接线不做记号；离子交换器反冲洗时，不监护、不观察是否跑树脂；不按时抄表、记录，有可疑情况不分析。

(5) 化学药架上存放食品和餐具；化学分析时，不按要求等待反应时间、上升温度，不按标准作化学分析，估计分析结果。

(6) 冷却水量不足时，盲目冲洗取样器；炉水取样时，不开冷却水或取样流速太大。

(7) 点火时，不按规定定期排污和就地进行水位计冲洗工作。

(8) 磨煤机运行中，给煤机箱盖敞口运行；刮板给煤机不盖盖板，敞口运行；磨煤机油系统上、下油箱油位校对制度不严；司炉启动、停止磨煤机、给煤机，不联系司磨。

(9) 解列投用一次风挡板或吹洗备用一次风管，不校对，不复述。

(10) 工作组成员工作任务不明确，不事先进行了解，盲目跟在别人后面工作。

(11) 地面孔洞盖板随意使用、移动后不恢复原样；控制室、工程师站、电子设备间内使用手机等无线通信设备。

(12) 频繁操作项目不执行操作票，凭经验操作；重大操作无相应书面措施和危险点分析与预防性控制措施。

九、常见触电典型案例

人身触电事故多发生在施工、检修、事故处理过程中和雷电天气情况下，分析多年来发生的触电事故的典型实例有以下几种。

1. 违章作业造成触电事故典型案例

2019 年 6 月 11 日，某公司发生人身伤亡事故，1 人死亡。在某公司某热电站试运行期间，作业人员进行 3 号导热油循环泵入口过滤器清理作业准备过程中，未落实“彻底排油、控温、着防护服”要求即关闭排气阀、掀起过滤器端盖开始作业，导致高温导热油闪沸，高温油气从端盖缝隙突然喷出。1 名作业人员为躲避高温油气，翻越操作平台护栏跌落到地面（操作平台与地面落差 9m），造成 1 人死亡。

2. 监护不到位造成触电事故典型案例

2018 年 4 月 8 日，某水电工程局有限公司发生人身死亡事故。云南某水电站工程项目施工过程中，分包单位广西某建设工程有限公司两名电工进行配电箱移动时，电线长度不够进行接线，其中一名电工未确认线路断电，自行接线导致触电昏迷，经抢救无效死亡。

3. 安全措施不全造成触电事故典型案例

2019 年 2 月 1 日，某供电所 1 名工作人员，在未正确佩戴安全防护用品的情况下，攀爬电杆剪除临时休息凉棚从电杆上引下的 1 条 0.22kV 导线过程中，发生高处坠落，造成 1 人死亡。

4. 设备绝缘问题造成触电事故典型案例

2019 年 5 月 11 日，某广东电网有限责任公司某供电有限公司发生人身伤亡事故，2 人死亡。乳源瑶族自治县某电力实业有限公司在中国南方电网广东电网有限责任公司某供电有限公司 10kV 线路工程项目施工作业时，施工人员在紧线过程中未对跨越的低压导线设置防磨损保护，造成下方用户低压线路绝缘破损，引发触电事故，造成 2 人死亡。

5. 常见家庭触电事故典型案例

浙江省某城市夏季的一天，乌云密布，雷雨交加，一场大雨过后，竟死了两个人。一位是年近七旬的老太太，住在五层楼房的二楼。当时正在吊灯下洗头，吊灯离头部不到半米，洗头处的地上非常潮湿。输电线路将雷电波传入室内。由于她离电灯过近，被感应雷击中致死。另一位是个青年人，当时正在家中洗澡。浴室的自来水管是从房顶上的金属蓄水池引下的，雷电击中蓄水池后，引入浴室，击中了他，家中其他人未受到损伤。

北方一位姑娘，因身体欠佳躺在床上，双足接触暖气片取暖。她感到台灯暗了一些，便伸手去触台灯灯头，造成触电死亡。事后检查发现，该台灯使用螺口灯座，线路的火线接在螺口部分，而零线接在灯座的中心弹片上，灯泡旋入灯座后金属部分外露。该姑娘双足裸露并与暖气片接触，当手触及螺口灯头金属外露部分时，电流便通过手、足、暖气片与大地构成回路，加上其身体不好，从而造成触电死亡。

人身伤亡事故，将造成不可弥补的损失，给家庭和亲人带来无限的悲痛。为了预防人身伤亡事故，我们要汲取血的教训，自觉遵守各项规章制度，增强安全意识和自我保护能力。

【模块探索】

对电气行业常见的安全隐患进行简单概括总结，要引以为戒，加强安全隐患排查治理能力的提升。

模块二　触电紧急救护的方法

【模块导航】

问题一：触电急救要遵循的基本原则是什么？

问题二：如何进行正确的紧急救护？

【模块解析】

在电力生产中，尽管人们采取了一系列安全措施，但也只能减少事故的发生，仍然会遇到各类意外伤害事故，如触电、高空坠落、中暑、烧伤、烫伤等。在工作现场发生这些伤害事故的伤员，在送到医院治疗之前的一段时间内，往往因抢救不及时或救护方法不得当而伤势加重，甚至死亡。因此，现场工作人员都要学会一定的救护知识，例如：使触电者迅速脱离电源，进行人工呼吸、止血、简单包扎，处理中暑、中毒以及正确转移运送伤员等，以保证不管发生什么类型的事故，现场工作人员都能当机立断，以最快的速度、正确的方法进行急救，力争使伤员脱离危险。

2-2

一、触电急救的基本原则

根据《电业安全工作规程（发电厂和变电所电气部分）》（DL 408—91）的规定，现场紧急救护通则如下（图 2-8）：

（1）发现有人触电，救护者要保持头脑清醒，在分清高压或低压触电后，想办法让触电者脱离电源。这是救护触电者的关键和首要工作。紧急救护的基本原则是在现场采取积极措施保护伤员的生命，减轻伤情，减少痛苦，并根据伤情需要，迅速联系

图 2-8 触电急救原则

医疗部门救治。急救成功的条件是动作快、操作正确。任何拖延和操作错误都会导致伤员伤情加重或死亡。

(2) 要认真观察伤员全身情况，防止伤情恶化。发现呼吸、心跳停止时，应立即现场就地抢救，用心肺复苏术支持呼吸和循环，对脑、心等重要器官供氧。应当记住，即使伤者心脏停止跳动，也要分秒必争地迅速抢救；只有这样，才有救活的可能性。

(3) 现场工作人员都应定期进行培训，学会紧急救护法。会正确解脱电源、会心肺复苏术、会止血、会包扎、会转移搬运伤员、会处理急救外伤或中毒等。

(4) 生产现场和经常有人工作的场所应配备急救箱，存放急救用品，并应指定专人经常检查、补充或更换。

二、触电急救

触电者的生命能否获救，其关键在于能否迅速脱离电源和进行正确的紧急救护，即抢救迅速和救护得法。即用最快的速度在现场采取积极措施，保护触电者的生命，减轻伤情，减少痛苦，并根据伤情需要迅速联系医疗救护等部门救治，据有关资料显示，触电后 1min 内抢救，90%能救活；1～4min 内抢救，60%能救活；超过 5min 抢救，只有 10%救活的可能性。用科学有效的方法，有可能挽救一条生命。

一旦发现有人触电后，周围人员首先应迅速拉闸断电，尽快使其脱离电源。在施工现场发生触电事故后，应将触电者迅速抬到宽敞、空气流通的地方，使其平卧在硬板床上，采取相应的抢救方法。在送往医院的路途中应不间断地进行救护。

低压触电通常都是假死，进行科学的方法急救是必要的。在抢救过程中，要每隔数分钟判定一次触电者的呼吸和脉搏情况，每次判定时间不得超过 5～7s。在医务人员未接替抢救前，现场人员不得放弃现场抢救。

案例 1：某地大风雨刮断了低压线，造成 4 人触电，其中 3 人当时均已停止呼吸，用人工呼吸法抢救，有 2 人较快被救活，另 1 人伤害较严重，经用口对口人工呼吸法及闭胸心脏按压法抢救 1.5h，终于救活。

案例 2：某年 9 月 12 日上午在南京市某建筑工地，某建筑公司汤某擅自开动磨石机，拉电时，因不懂安全操作而使电线破裂裸露，导致自身触电。正巧工地安全员发现后立即拉下电闸，并用木棍将汤某脱离电源，迅速进行现场人工呼吸和闭胸心脏按压，现场急救坚持 40min，终于使休克的汤某苏醒过来。安全员以急救技术挽救了触电者汤某的生命，受到了嘉奖。

以上例子说明，触电急救必须分秒必争，立即就地迅速用心肺复苏法进行抢救，并坚持不断地进行，同时及早与医疗部门取得联系，争取医务人员接替救治。在医务人员未接替救治之前，不应放弃现场抢救，更不能只根据没有呼吸或脉搏擅自判定伤员死亡而放弃抢救。

一般来说，触电者死亡后有以下五个特征：①心跳、呼吸停止；②瞳孔放大；③出现尸斑；④尸僵；⑤血管硬化。如果以上五个特征中有一个尚未出现，都应视为触电者为“假死”，都应坚持抢救。如果触电者在抢救过程中出现面色好转，嘴唇逐渐红润、瞳孔缩小、心跳和呼吸逐渐恢复正常，即可认为抢救有效。至于伤员是否真正死亡，只有医生有权作出诊断结论。

下面介绍触电急救的一些具体处理方法。

（一）脱离电源

发生触电事故，首先要尽快切断电源。例如把距离最近的电源开关断开，或用有绝缘手柄的工具、干燥木棒等把电源移开。在触电者尚未脱离电源前，切不可直接与触电者接触，以免有人再触电，扩大触电事故。

解脱电源要防止触电者脱离电源后可能引起的摔伤事故，特别是当触电者在高处的情况下，应采取防摔措施。在平地也要注意触电倒下的方向，注意防摔防碰。

1. 脱离低压电源

使触电者尽快脱离电源是抢救触电者的重要工作，也是实施其他急救措施的前提。低压电源触电脱离方式有：拉、切、挑、拽、垫，具体方法如下：

如果电源开关或插销离触电地点很近，应迅速拉开开关或拔掉插头等以切断电源，如图 2－9 所示。一般的电灯开关或拉线开关只控制单线，而且不一定是相线（火线），所以拉开这种开关不保险，还应拉开前一级闸刀开关。如开关离触电地点很远，不能立即拉开时，可根据具体情况采取相应的措施。用专用工具切断电源线，如图 2－10 所示；或使用绝缘工具、干燥的木棒、木板、绳索等不导电的东西挑开电源线，如图 2－11 所示；也可以站在绝缘垫上或干木板上抓住触电者干燥而不贴身的衣服或使用绝缘工具将其与带电体分开，如图 2－12 所示（拉开触电者时切记要避免碰到金属物体和触电者的裸露身躯）。

图 2－9　拉开开关或拔掉插头

图 2－10　切断电源线

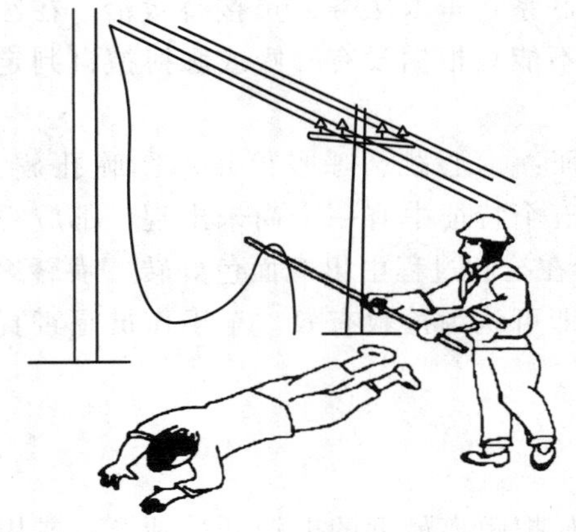

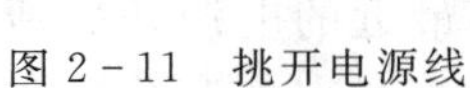

图 2-11　挑开电源线

图 2-12　拉开触电者

如果电流通过触电者入地，并且触电者紧握电线，可设法将干木板塞到身下，与地隔离，也可用干木把斧子或有绝缘柄的钳子等将电线剪断。剪断电线要分相，一根一根地剪断，并尽可能站在绝缘物体或干木板上剪，如图 2-13 所示。

2. 脱离高压电源

如果触电是发生在高压线路上，为使触电者脱离电源，应立即通知有关部门停电，或者戴上绝缘手套，穿上绝缘靴，用相应等级的绝缘工具拉开或切断电线，如图 2-14 所示。或者用一根较长的裸金属软线，先将其一端绑在金属棒上打入地下做可靠的接地，然后将另一端绑上一块石头等重物掷到带电体上，造成人为的线路短路，迫使继电保护装置动作，以切断电源。抛掷时要注意，抛掷的一端不可伤及其他人或触电者，如图 2-14 所示。

图 2-13　采取相应的救护措施

图 2-14　戴上绝缘手套、穿上绝缘靴救护

如果触电者触及断落在地上的带电高压导线，且尚未确证线路有无电压，救护人员在未做好安全措施之前，不能接近断线点周围 8～10m 范围，防止跨步电压触电伤人。

救护触电伤员切断电源时，有时会同时使照明失电（图 2-15），因此应考虑事故照明、应急灯等临时照明。新的照明要符合使用场所防火、防爆的要求。但不能因此延误切除电源和进行急救。

（二）伤员脱离电源后的处理

1. 脱离电源后的判断

意识判断：轻拍伤员肩膀，高声叫喊："喂！你怎么了！"判定伤员是否丧失意识，如图2－16所示，禁止摇动伤员头部呼叫伤员。触电伤员如神志清醒者，应使其就地躺平，严密观察，暂时不要站立或走动；如果严重灼伤，应立即送医院诊治。如果触电者神志昏迷，但还有心跳呼吸，应该将触电者仰卧，解开衣领，以利呼吸；周围的空气要流通，要严密观察，并迅速请医生前来诊治或送医院检查治疗。

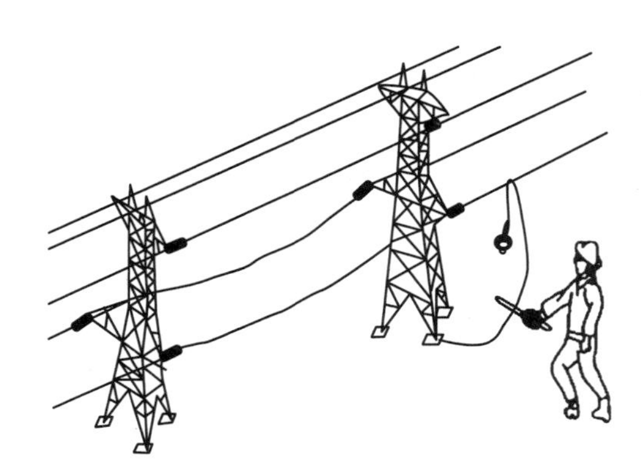

图2－15　抛掷裸金属线使电源短路

图2－16　判定伤员意识

呼吸、心跳判断：触电伤员如意识丧失，用看、听、感觉的方法，判定伤员呼吸情况。①看：看伤员的胸部、腹部有无起伏动作；②听：用耳贴近伤员的口鼻处，听有无呼气的声音；③感觉：感觉口鼻有无呼气的气流；用两手指轻试一侧（左或右）喉结旁凹陷处的颈动脉有无搏动判断有无心跳。如果触电者呼吸停止、心脏暂时停止跳动，但尚未真正死亡，应立即呼救并迅速对其进行闭胸心脏按压和人工呼吸。

2. 触电的急救方法

触电伤员呼吸和心跳均停止时，应立即按心肺复苏术支持生命的三项基本措施，正确进行就地抢救。三项措施是通畅气道、口对口（鼻）人工呼吸和闭胸心脏按压（人工循环）。

（1）通畅气道：施救过程需要始终保持气道通畅。如发现伤员口内有异物，可将其身体及头部同时侧转，迅速用一个手指或用两手指交叉从口角处插入，取出异物，操作中要注意防止将异物推到咽喉深部，如图2－17所示。确定触电伤员口内无异物后用一只手放在触电者的前额，另一只手的手指将其下颌骨向上抬起，两手协同将头部推向后仰，舌根随之抬起，气道即可通畅，如图2－18所示。严禁用枕头或其他物品垫在伤员的头下，头部抬高前倾，会更加重气道阻塞且使胸外按压时流向脑部的血流减少，甚至消失。

（2）口对口人工呼吸法。人生命的维持，主要靠心脏跳动而产生血循环，通过呼吸而形成氧气与废气的交换。如果伤员伤害较严重，失去知觉，停止呼吸，但心脏微有跳动，就应采用口对口人工呼吸法。具体做法如下：

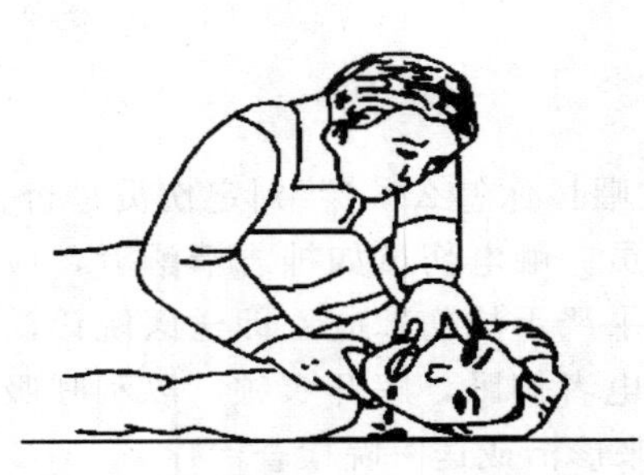

图 2-17　清理口腔异物

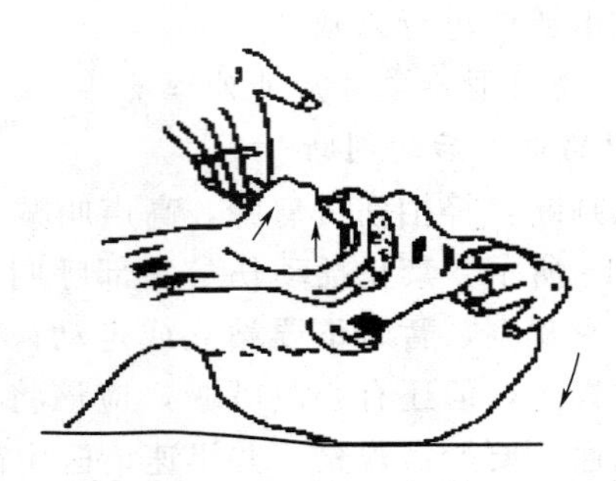

图 2-18　通畅气道

1）迅速解开触电人的衣服、裤带，松开上身的衣服、护胸罩和围巾等，使其胸部能自由扩张，不妨碍呼吸。

2）使触电人仰卧，不垫枕头，头先侧向一边清除其口腔内的血块、假牙及其他异物等。

3）救护员将放在伤病员前额的手的拇指、食指捏紧伤病员的鼻翼，吸一口气，用双唇包严伤病员口唇，缓慢持续将气体吹入，吹气时间为 1s 以上。吹气量 500～600mL（吹气时，病人胸部隆起即可，避免过度通气），吹气频率为 12～16 次/min。正常成人的呼吸频率为 12～16 次/min。

4）救护人员做深呼吸后，紧贴触电人的嘴巴，向他大口吹气。同时观察触电人胸部隆起的程度，一般应以胸部略有起伏为宜。

5）救护人员吹气至需换气时，应立即离开触电人的嘴巴，并放松触电人的鼻子，让其自由排气。这时应注意观察触电人胸部的复原情况，倾听口鼻处有无呼吸声，从而检查呼吸是否阻塞，如图 2-19 所示。

口诀：张口捏鼻手抬颌，深吸缓吹口对紧；张口困难吹鼻孔，5s 一次坚持吹。

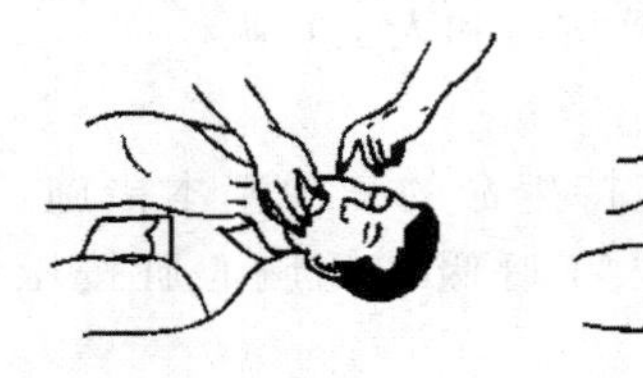

(a) 头部后仰

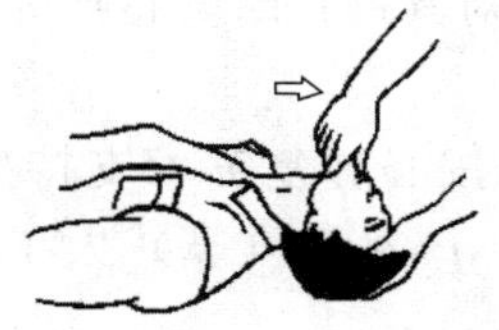

(b) 捏鼻掰嘴

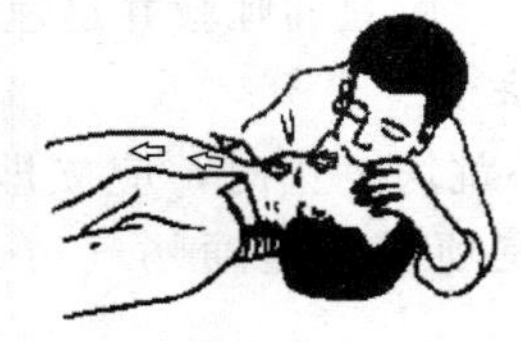

(c) 贴嘴吹气

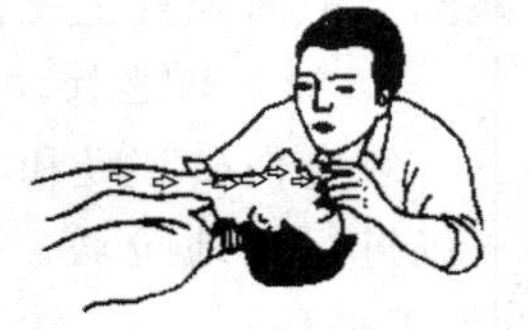

(d) 放松换气

图 2-19　口对口（鼻）人工呼吸法

（3）闭胸心脏按压法。若触电人伤害得相当严重，心脏和呼吸都已停止，人完全失去知觉，则需同时采用口对口人工呼吸和闭胸心脏按压两种方法。如果现场仅有一个人抢救，可交替使用这两种方法，先胸外挤压心脏 30 次，然后口对口呼吸 2 次，再挤压心脏，反复循环进行操作。闭胸心脏按压的具体操作步骤如下：

1）解开触电人的衣裤，清除口腔内异物，使其胸部能自由扩张。

2）使触电人仰卧，姿势与口对口吹气法相同，但背部着地处的地面必须牢固。

3）救护员用一手中指沿伤病员一侧肋弓向上滑行至两侧肋弓交界处，食指、中指并拢排列，另一手掌根紧贴食指置于伤病员胸部（病人两乳头连线中间位置）。

4）双手掌根同向重叠，十指相扣，掌心翘起，手指离开胸壁，双臂伸直，上半身前倾，以髋关节为支点，垂直向下、用力、有节奏地按压30次（按压与放松的时间相等）。下压深度5～6cm，放松时保证胸壁完全复位（按压频率100次/min左右）。

5）挤压后，掌根迅速放松（但手掌不要离开胸部），使触电人胸部自动复原，心脏扩张，血液又回到心脏，如图2-20所示。

口诀：掌根下压不冲击，突然放松手不离；手腕略弯压一寸，一秒一次较适宜。

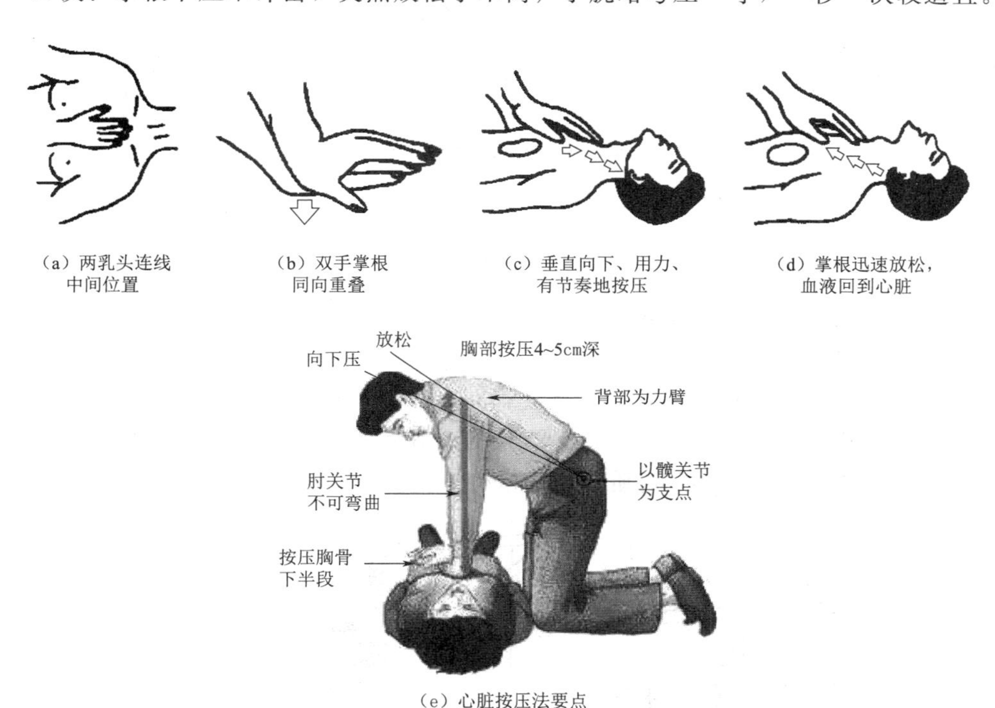

(e) 心脏按压法要点

图2-20　闭胸心脏按压法

闭胸心脏按压与人工呼吸之比为30∶2，做5个循环后可以观察一下伤病员的呼吸和脉搏。如果心肺复苏成功了，那么其有效指征如下：伤病员面色、口唇由苍白、青紫变红润；恢复自主呼吸及脉搏搏动；眼球活动，手足抽动，呻吟。心肺复苏成功后或无意识但恢复呼吸及心跳的伤病员，要将其翻转为侧卧位。

3. 杆塔或高处触电急救

发现杆上或高处有人触电，应争取时间及早在杆上或高处开始抢救。救护人员登高时应随身携带必要的工具和绝缘工具以及牢固的绳索，并紧急呼救。

救护人员应在确认触电者已与电源隔离，且救护人员本身所涉及环境安全距离内无危险电源时，方能接触伤员进行抢救，并应注意防止发生高空坠落的可能性。救护人员要迅速按前述的方法判定伤员情况，并采取有效措施。

高处发生触电，为使抢救更为有效，应及早设法将伤员送至地面，杆塔上或高处触电者放下方法：

(1) 单人营救法。首先在杆上安装绳索，将绳子的一端固定在杆上，固定时绳子要绕 2～3 圈，绳子的另一端放在伤员的腋下，绑的方法要先用柔软的物品垫在腋下，然后用绳子绕 1 圈，打 3 个结，绳头塞进伤员腋旁的圈内并压紧，绳子的长度应为杆的 1.2～1.5 倍，最后将伤员的脚扣和安全带松开，再解开固定在电杆上的绳子，缓缓将伤员放下。绳子结法如图 2－21 所示。

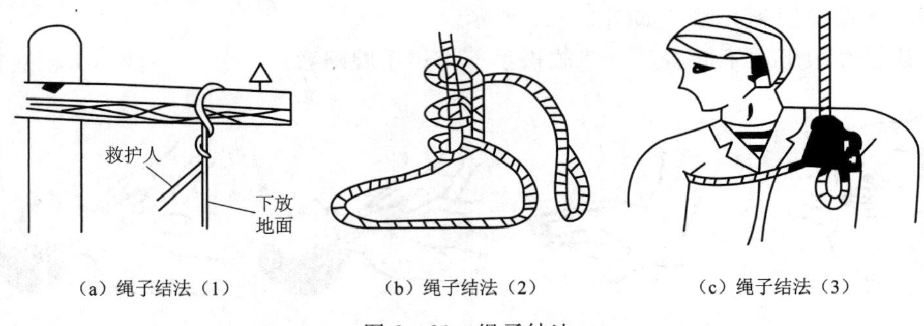

(a) 绳子结法 (1)　(b) 绳子结法 (2)　(c) 绳子结法 (3)

图 2－21　绳子结法

(2) 双人营救法。该方法基本与单人营救方法相同，只是绳子的另一端由杆下人员握住缓缓下放，此时绳子要长一些，应为杆高的 2.2～2.5 倍，营救人员要协调一致，防止杆上人员突然松手，杆下人员没有准备而发生意外。图 2－22 所示方法迅速将伤员送至地面，或采取可能的、迅速有效的措施将伤员送至平台上。触电伤员送至地面后，应立即继续按照闭胸心脏按压法坚持抢救。

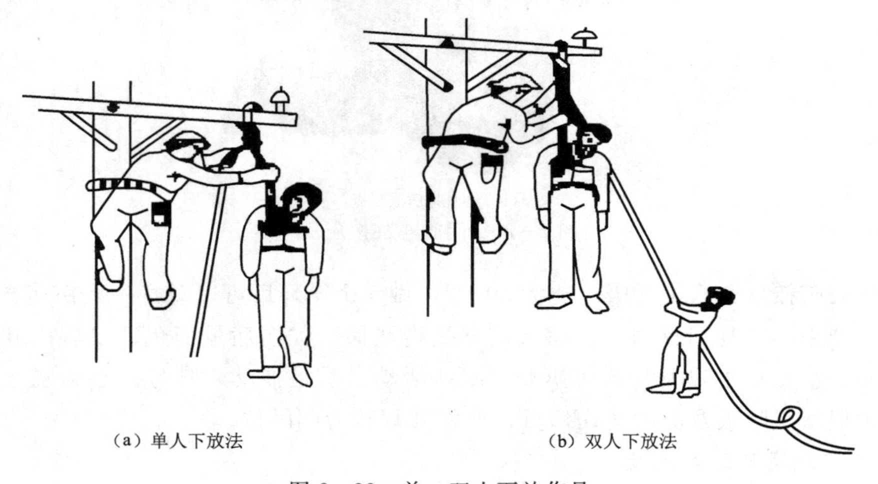

(a) 单人下放法　(b) 双人下放法

图 2－22　单、双人下放伤员

在将伤员由高处送至地面前，应在口对口（鼻）吹气 4 次。触电伤员送至地面后，应立即继续按照闭胸心脏按压法坚持抢救。

现场触电抢救，对肾上腺素等药物，应持慎重态度。如没有必要的诊断设备条件和足够的把握，不得乱用。应在医院内抢救触电者时，由医务人员经医疗仪器设备诊断后，根据诊断结果决定是否采用。

【模块探索】

通过查询资料，了解每年出现的触电事故种类，掌握触电急救的方法。

模块三　触 电 急 救 训 练

【模块导航】

问题一：实训的目的是什么?

问题二：触电急救训练的步骤有哪些?

【模块解析】

一、实训概述

2-3

人工呼吸技术就是人为地帮助伤病患者进行被动呼吸活动，达到气体交换，促使患者恢复自动呼吸的救治目的。人如触电、溺水、自缢、中毒以及心脏病或癫痫发作时，会有呼吸骤停和意识丧失等意外情况发生，此时给予迅速而有效的闭胸心脏按压与人工呼吸使呼吸循环重建并积极保护大脑，很可能使大脑智力完全恢复，乃至挽回生命。简单地说，通过胸外按压、口对口吹气使该类病人恢复心跳、呼吸、意识。因此，要求所有电力工作者都掌握徒手心肺复苏的操作方法。

二、实训目的与内容

1. 实训目的

(1) 熟悉使触电者尽快脱离电源的方法。

(2) 掌握现场急救的基本处理步骤及急救方法。

2. 实训内容

(1) 口述使触电者尽快脱离电源的方法。

(2) 口述现场急救的基本处理步骤。

(3) 心肺复苏术救人——单人操作口对口（鼻）人工呼吸法和闭胸心脏按压法。

三、触电急救模拟人设备结构认识

多功能触电急救模拟人（心肺复苏）结合国际心肺复苏标准，功能全面升级，其核心模块由高级心肺复苏模拟人模块组成，可进行心肺复苏训练等教学相关技能培训操作，适用于社会心肺复苏培训机构、医学院、紧急救护培训等单位，如图 2-23 所示。

触电急救模拟人设备功能特点如下：

(1) 液晶屏显示：模拟心电图，文字显示。

(2) 触电急救模拟人解剖特征明显，手感真实，肤色统一，形态逼真，外形美观。

模拟生命体征：初始状态时，触电急救模拟人瞳孔散大，颈动脉无搏动；按压过程中，触电急救模拟人颈动脉被动搏动，搏动频率与按压频率一致；抢救成功后，触电急救模拟人瞳孔恢复正常，颈动脉自主搏动；瞳孔缩放和颈动脉搏动有开关可开启和关闭。

(3) 可进行人工呼吸和闭胸心脏按压，可进行标准气道开放，气道指示灯变亮。三种操作方式：①心肺复苏术训练，可进行按压和吹气训练。②模式考核，在设定的时间内，根据 2015 国际心肺复苏标准，正确按压和吹气数 30∶2 的比例，完成 5 个循环操作。③实战考核，老师可自行设定操作时间范围、操作标准、循环次数、操作频率、按压和吹气的比例。

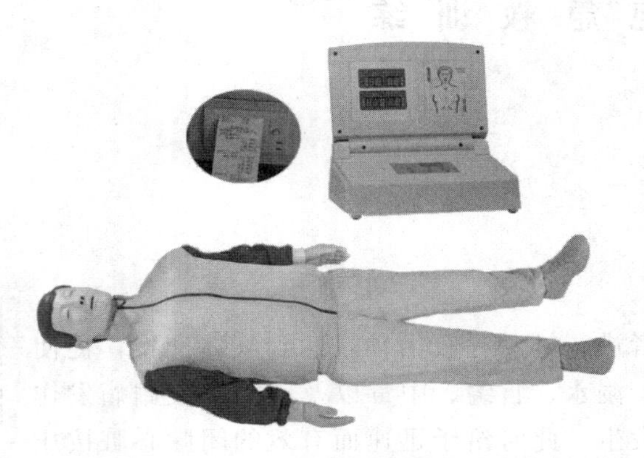

图 2-23　多功能触电急救模拟人实物图

(4) 控制器显示屏功能：电子监测指示灯显示监测气道开放和按压部位；人工呼吸和闭胸心脏按压的正确次数计数和错误次数计数。

(5) 语音提示：训练和考核中全程中文语音提示，可开启和关闭语音，调节音量。

文字提示：训练和考核中全程中文文字提示。

(6) 条形码显示吹气量：正确的吹气量为 500/600～1000mL。吹气量过少时，条形码为黄色；吹气量合适时，条形码为绿色；吹气量过大时，条形码为红色。吹入的气量过快或超大，造成气体进入胃部指示灯显示；数码计数显示；错误语言提示。条形码显示按压深度，正确的按压深度为 5～6cm。按压深度过少时，条形码为黄色；按压深度合适时，条形码为绿色；按压深度过大时，条形码为红色。

(7) 可自行设定操作时间，以秒为单位。操作频率：最新国际标准为 100～120 次/min，也可自行设定数值。电源状态：触电急救模拟人采用 220V 电源，经过稳压器稳压后输出电源 12V（可选加装锂电池，适用于无外接电源的情况下直接使用）。

(8) 打印机功能：操作结束后打印操作过程。成绩单内容涵盖操作方式、意识判断、急救呼吸、脉搏检查、呼吸检查、清除异物、操作频率、按压与吹气比例、循环次数、每个循环操作中按压和吹气的次数、按压正确/错误次数、按压错误的原因和次数、吹气正确/错误的原因和次数、吹气错误的原因、设定时间、操作时间和考核评定。

四、实训操作步骤

(1) 口述使触电者尽快脱离电源的方法。

1) 脱离低压电源方法。

拉：附近有电源开关或插座时，应立即拉下开关或拔掉电源插头。

切：若一时找不到断开电源的开关时，应迅速用绝缘完好的钢丝钳或断线钳剪断电线，以断开电源。

挑：对于由导线绝缘损坏造成的触电，急救人员可用绝缘工具、干燥的木棒等将电线挑开。

拽：急救人员可戴上手套或在手上包缠干燥的衣服等绝缘物品拖拽触电者；也可站在干燥的木板、橡胶垫等绝缘物品上，用一只手将触电者拖拽开来。

垫：如果电流通过触电者入地，并且触电者紧握导线，可设法将干木板塞到触电者身下，使其与地隔离。

2）脱离高压电源的方法。

a. 通知供电部门拉闸停电。

b. 戴绝缘手套、穿绝缘靴，拉开高压断路器或用绝缘操作杆拉开高压跌落熔断器。

c. 抛挂裸金属软导线，人为造成短路，迫使开关跳闸。

（2）心肺复苏操作过程。

1）步骤一：判断意识。轻拍伤员肩膀，高声叫喊："喂，你怎么了!"

2）步骤二：高声呼救。"快来人啊，有人晕倒了，快拨打急救电话"或赶快呼叫场馆内的急救人员。

3）步骤三：将伤员翻成仰卧姿势，放在坚硬的平面上（图 2－24）。

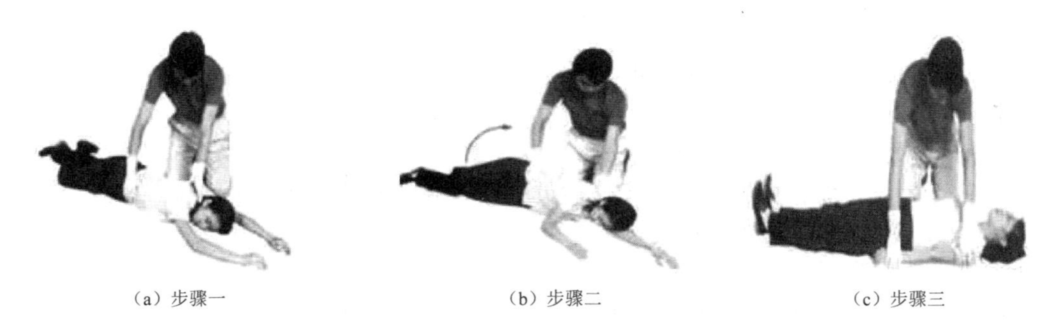

（a）步骤一　（b）步骤二　（c）步骤三

图 2－24　心肺复苏操作过程示意图（一）

4）步骤四：打开气道。针对成人可用仰头举颌法打开气道，使下颌角与耳垂连线垂直于地面（90°）。

5）步骤五：判断呼吸。看胸部有无起伏，听有无呼吸声，感觉有无呼出气流拂面（图 2－25）。

要注意的是：判断呼吸的时间不得少于 5～10s。

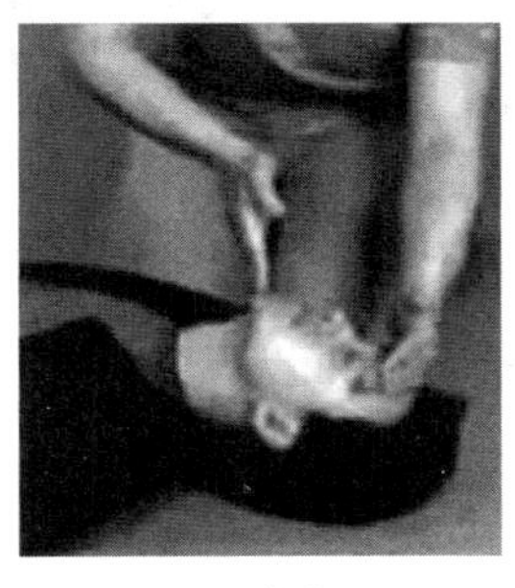

（a）步骤四

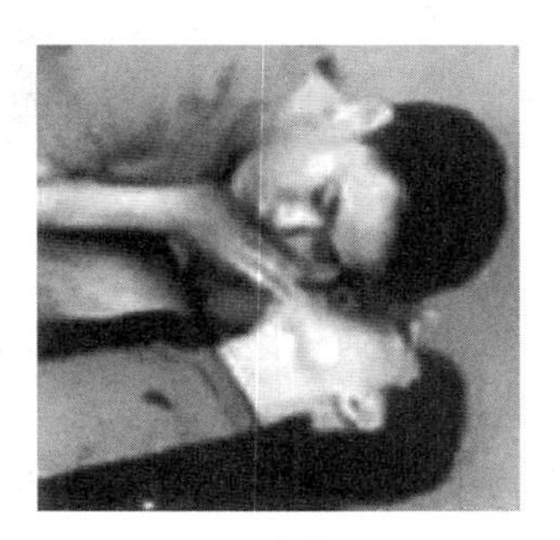

（b）步骤五

图 2－25　心肺复苏操作过程示意图（二）

6）步骤六：口对口人工呼吸。救护员将放在伤病员前额的手的拇指、食指捏紧伤病员的鼻翼，吸一口气，用双唇包严伤病员口唇，缓慢持续将气体吹入。吹气时间为

1s以上。吹气量500～600mL（吹气时，病人胸部隆起即可，避免过度通气），吹气频率为12～16次/min。正常成人的呼吸频率为12～16次/min（图2-26）。

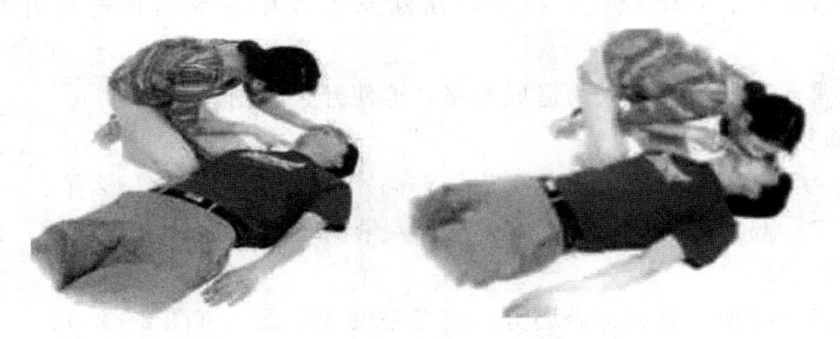

图2-26 心肺复苏操作过程示意图（三）

7）步骤七：闭胸心脏按压（图2-27）。

按压方法：

a. 救护员用一手中指沿伤病员一侧肋弓向上滑行至两侧肋弓交界处，食指、中指并拢排列，另一手掌根紧贴食指置于伤病员胸部（病人两乳头连线中间位置）。

b. 救护员双手掌根同向重叠，十指相扣，掌心翘起，手指离开胸壁，双臂伸直，上半身前倾，以髋关节为支点，垂直向下、用力、有节奏地按压30次。

c. 按压与放松的时间相等，下压深度5～6cm，放松时保证胸壁完全复位，按压频率100次/min左右。正常成人脉搏60～100次/min。

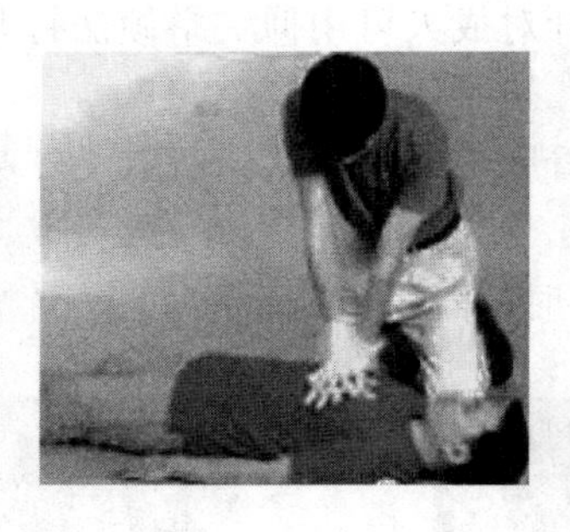

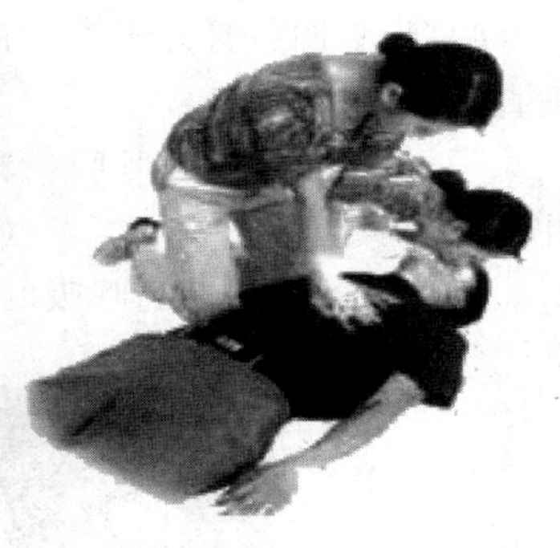

图2-27 心肺复苏操作过程示意图（四）

重要提示：按压与通气之比为30∶2，做5个循环后可以观察一下伤病员的呼吸和脉搏。

如果心肺复苏成功了，那么其有效指征如下：伤病员面色、口唇由苍白、青紫变红润；恢复自主呼吸及脉搏搏动；眼球活动，手足抽动，呻吟。心肺复苏成功后或无意识但恢复呼吸及心跳的伤病员，要将其翻转为侧卧位。

（3）复原（侧卧）位，步骤如图2-28所示。

1）步骤一：救护员位于伤病员一侧，将靠近自身的伤病员的手臂肘关节屈曲成90°，置于头部侧方。

2）步骤二：另一手肘部弯曲置于胸前。

3）步骤三：将伤病员远离救护员一侧的下肢屈曲，救护员一手抓住伤病员膝部，另一手扶住伤病员肩部，轻轻将伤病员翻转成侧卧姿势。

4）步骤四：将伤病员置于胸前的手掌心向下，放在面颊下方，将气道轻轻打开。

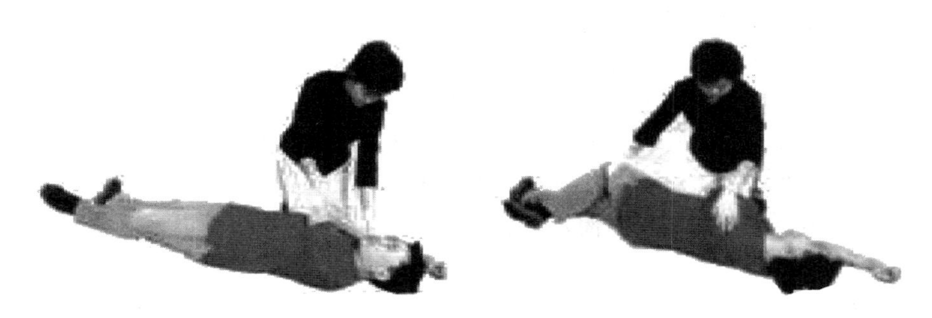

图 2-28　复原（侧卧）位步骤示意图

注意：如果有正常的呼吸，只是昏迷，不要做闭胸心脏按压，否则病人会非常难受。要熟练掌握心肺复苏术，从容应对突发事件，真正做到有备无患。

特别要注意，以上步骤是针对成人进行的心肺复苏，对溺水者和婴儿、儿童并不适用。

如果是溺水者，将其从水里救出后，清理出溺水者鼻腔及口腔里的泥土和其他的异物。有假牙的要取出假牙并将其舌头拉出。一般因为窒息导致呼吸停止，一定要先进行 2 次人工呼吸导入氧气，再做胸外按压 30 次循环。另外给儿童做胸外按压不可以用双手，要单手，力量适当，双手力大容易压断胸骨插入肺部；对婴儿要采用食指和中指两指按压。

在生活中，急性心肌梗死、脑卒中、严重创伤等病例普遍发生，在急救人员赶到现场之前，人们在第一时间的抢救至关重要，抢救生命的黄金时间是 4min，现场及时开展有效的抢救非常重要，所以，我们每一个人都应该掌握心肺复苏术。电力工作者更要参加正规培训，可以与当地红十字会等机构联系，取得紧急救护证书。

五、实训注意事项

（1）确保正确的按压部位，既是保证按压效果的重要条件，又可避免和减少肋骨骨折的发生以及心、肺、肝脏等重要脏器的损伤。

（2）双手重叠，应与胸骨垂直。如果双手交叉放置，则使按压力量不能集中在胸骨上，否则容易造成肋骨骨折。

（3）按压应稳定、有规律地进行。不要忽快忽慢、忽轻忽重，不要间断，以免影响心脏排血量。

（4）不要冲击式地猛压猛放，以免造成胸骨、肋骨骨折或重要脏器的损伤。

（5）放松时要完全，使胸部充分回弹扩张，否则会使回心血量减少。但手掌根部不要离开胸壁，以保证按压位置的准确。

（6）下压与放松的时间要相等，以使心脏能够充分排血和充分充盈。

（7）下压用力要垂直向下，身体不要前后晃动。正确的身体姿势既是保证按压效果的条件之一，又可节省体力。

（8）人工吹气时要清除口鼻异物，不要深呼吸。每次吹气量500mL左右，每次吹气1～2s，吹气时见到患者胸部出现起伏即可。

六、拓展训练与思考

（1）根据实训体验结果，写出本次实训的心得与体会。

（2）学生要掌握在工位上练习闭胸心脏按压急救手法和口对口人工呼吸法的动作和节奏。用心肺复苏模拟人进行心肺复苏训练，根据打印输出的训练结果检查自己急救手法的力度和节奏是否符合要求（若采用的模拟人无打印输出，可由指导教师计时和观察学生的手法以判断其正确性）。该项技能要多练习，课后可以多到实验室进行训练，熟能生巧。

【模块探索】

通过实际训练掌握闭胸心脏按压急救手法和口对口人工呼吸法的动作和节奏。

模块四　外　伤　急　救

【模块导航】

问题一：外伤急救的基本要求有哪些？

问题二：外伤急救有哪些方法？

【模块解析】

2-4

2-5

在电力生产、基建中，除人体触电造成的伤害外，还会发生高空坠落、机械卷轧、交通挤轧、摔跌等意外伤害造成的局部外伤。因此在现场，还应会作适当的外伤处理，以防止细菌侵入，引起严重感染或摔断的骨尖刺破皮肤、周围组织、神经和血管，而引起损伤扩大。及时、正确的救护，才能使伤员转危为安，任何迟疑、拖延或不正确的救护都会给伤员带来危害。下面介绍外伤急救的基本要求和主要方法。

一、外伤急救的基本要求

（1）外伤急救原则上是先抢救，后固定，再搬运，并注意采取措施，防止伤情加重或污染。需要送医院救治的，应立即做好保护伤员措施后送医院救治。

（2）抢救前先使伤员安静平躺，判断全身情况和受伤程度，如有无出血、骨折和休克等。

（3）外部出血立即采取止血措施，防止失血过多而休克。外观无伤，但呈休克状态，神志不清或昏迷者，要考虑胸腹部内脏和脑部受伤的可能性。

（4）为防止伤口感染，应用清洁布片覆盖。救护人员不得直接用手接触伤口，更不得在伤口内填塞任何东西或随便用药。

（5）搬运时应使伤员平躺在担架上，腰部束在担架上，防止跌下。平地搬运时伤员头部在后，上楼、下楼、下坡时头部在上，搬运中应严密观察伤员，防止伤情突变。

二、止血

伤口渗血时，用较伤口稍大的消毒纱布数层覆盖伤口，然后进行包扎。若包扎后仍有较多渗血，可再加绷带适当加压止血，如图 2－29 所示。

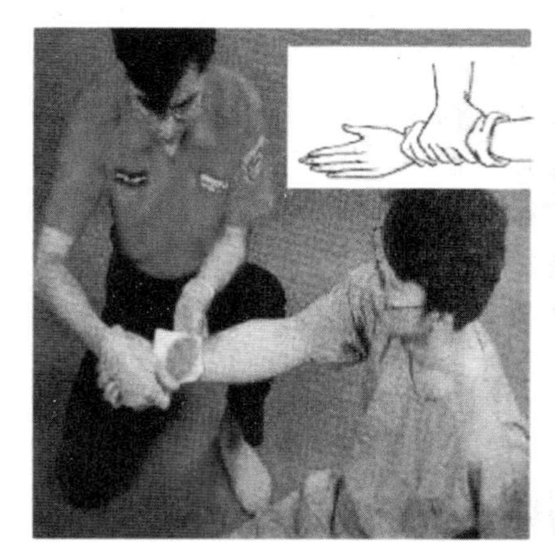

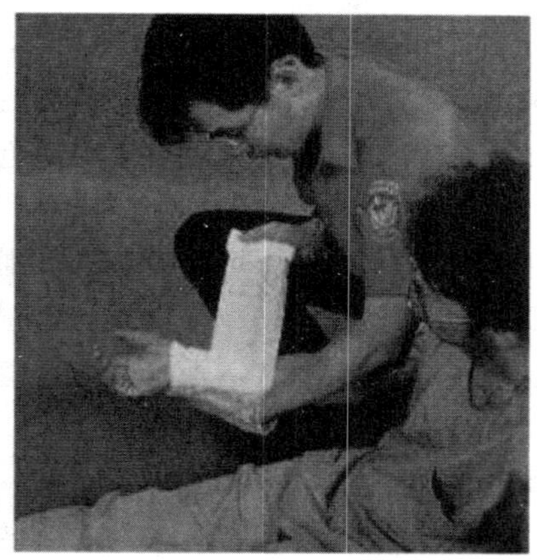

图 2－29　上肢出血加压包扎示意图

伤口出血呈喷射状或鲜红血液涌出时，立即用清洁手指压迫出血点上方（近心脏端），使血流中断，并将出血肢体抬高或举高，以减少出血量，如图 2－30 和图 2－31 所示。

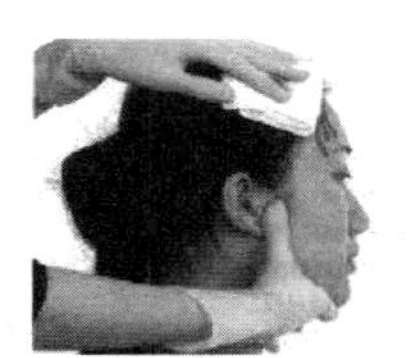

（a）头顶部出血——颞浅动脉（耳前）

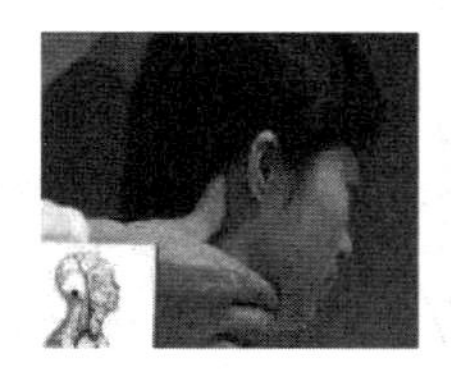

（b）枕部出血——耳后动脉（耳后）

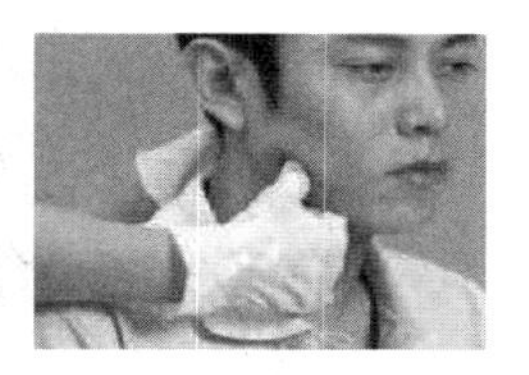

（c）面部出血——面动脉（下颌角）

图 2－30　压迫出血点上方（近心脏端）

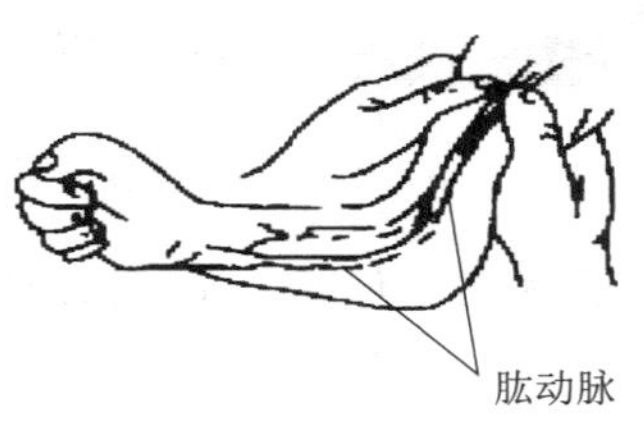

（a）上肢止血点

（b）上臂止血点

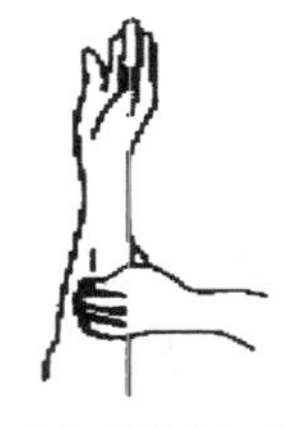

（c）前臂止血点

图 2－31　不同出血部位止血点

当四肢大动脉破裂大出血时，如其他止血方法不能止血时可用止血带止血法。使用止血带时，应先用三角巾、毛巾等平整地垫在伤口处，再结扎止血带。结扎止血带的部位应在伤口近端，上肢结扎在上臂的上 1/3 段，不要结扎在中 1/3 段（以防损伤桡神经），下肢结扎在大腿中段。止血带以橡皮带、布带为宜，禁用无弹性的铁丝、电线、绳子等，止血带的松紧以停止出血或远端动脉搏动消失为度。结扎止血带的时间不宜超过 3h，应每隔 40～50min 松解一次，以暂时恢复远端肢体的供血。如此时仍有出血，应用指压止血法。松解 2～3min 后，应在比原结扎部位稍低的位置重新结扎止血带。结扎好止血带后，应做好标记，并注明结扎止血带的时间。当伤口内有异物存在时，不要在现场处理伤口内异物，应在包扎止血后，迅速送伤者到就近的、有条件的医院进行救治。

高处坠落、撞击、挤压可能有胸腹内脏破裂出血。受伤者外观无出血但常表现面色苍白，脉搏细弱，气促，冷汗淋漓，四肢厥冷，烦躁不安，甚至神志不清等休克状态，应迅速躺平，抬高下肢，保持温暖，速送医院救治。若送院途中时间较长，可给伤员饮用少量糖盐水。

三、骨折急救

骨折主要有闭合性骨折和开放性骨折两种，如图 2－32 所示。

骨折的急救应遵循以下基本原则：

（1）一般处理：凡有骨折可疑的病人，均应按骨折处理，首先抢救生命。闭合性骨折有穿破皮肤，损伤血管、神经的危险时，应尽量消除显著的移位，然后用夹板固定，如图 2－33 所示。

(a) 闭合性骨折　　(b) 开放性骨折

图 2－32　骨折类型　　图 2－33　骨折处理

（2）创口包扎：若骨折端已戳出创口，并已污染，但未压迫血管神经时，不应立即复位，以免将污物带进创口深处。若在包扎创口时骨折端已自行滑回创口内，须向负责医师说明，使其注意。

（3）妥善固定：骨折急救处理时最重要的一项。急救固定的目的包括：①避免骨折端在搬运时移动而更多地损伤软组织、血管、神经或内脏；②骨折固定后即可止痛，有利于防止休克；③便于运输。

（4）迅速运输：经以上现场救护后，应将伤员迅速、安全地转运到医院救治。转运途中要注意动作轻稳，防止震动和碰坏伤肢，以减少伤员的疼痛，注意其保暖和适当的活动，如图 2－34 和图 2－35 所示。

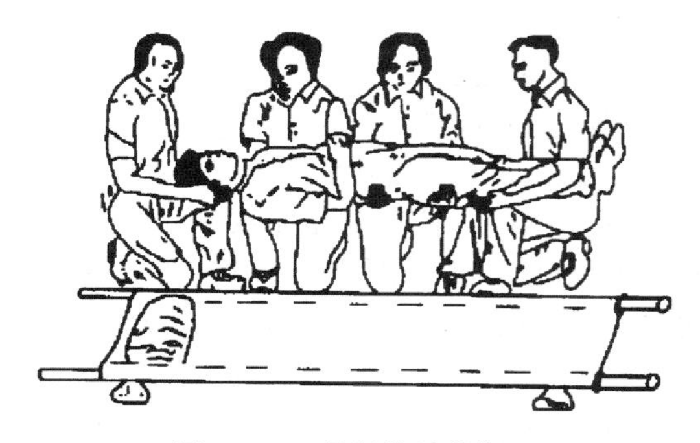
图 2-34　骨折伤员的搬运

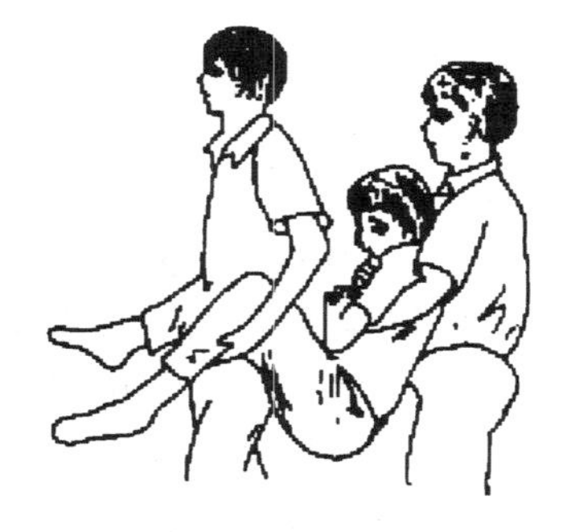
图 2-35　错误的搬运方法

四、颅脑外伤

应使伤员采取平卧位，保持气道通畅，若有呕吐，应扶好头部和身体，使头部和身体同时侧转，防止呕吐物造成窒息。耳鼻有液体流出时，不要用棉花堵塞，只可轻轻拭去，以利降低颅内压力。不可用力拧鼻排除鼻内液体，或将液体再吸入鼻内。

颅脑外伤病情可能复杂多变，禁止给其饮食，速送医院诊治。

五、烧伤急救

电灼伤、火焰烧伤或高温气、水烫伤均应保持伤口清洁。应将伤员的衣服鞋袜用剪刀剪开后除去。伤口全部用清洁布片覆盖，防止污染。四肢烧伤时，先用清洁冷水冲洗，然后用清洁布片或消毒纱布覆盖送医院。

强酸或碱灼伤应立即用大量清水彻底冲洗，迅速将被侵蚀的衣物剪去。为防止酸、碱残留在伤口内，冲洗时间一般不少于 10min。

未经医务人员同意，灼伤部位不宜敷搽任何东西和药物。送医院途中，可给伤员多次少量口服糖盐水。具体急救步骤如图 2-36 所示。

图 2-36　烧烫伤急救 5 步骤

六、冻伤急救

皮肤接触到非常冷的空气或物品，引起血管痉挛、淤血、肿胀，这便是冻伤。手摸到冰箱的冷冻室也能引起冻伤，冻伤严重的可能起水泡，甚至溃烂。

全身冻伤非常危险，几乎所有的病人都会出现发呆、嗜睡等症状。如果让病人睡去，体温便渐渐降低，会就此冻死。

局部冻伤的急救：慢慢地用与体温一样的温水浸泡患部使之升温。如果仅仅是手冻伤，可以把手放在自己的腋下升温。然后用干净纱布包裹患部，去医院治疗。

全身冻伤的急救：体温降到20℃以下就很危险。此时一定不要睡觉，强打精神并振作活动是很重要的。当全身冻伤者出现脉搏、呼吸变慢的情况时，要保证呼吸道畅通，并进行人工呼吸和心脏按压。要渐渐使其身体恢复温度，然后迅速送去医院。

全身冻伤者呼吸和心跳有时十分微弱，不应误认为死亡，应努力抢救。冻伤会使肌肉僵直，严重者深及骨骼，在救护搬运过程中动作要轻柔，不要强使其肢体弯曲活动，以免加重损伤，应使用担架，将伤员平卧并抬至温暖室内救治。将伤员身上潮湿的衣服剪去后用干燥柔软的衣服覆盖，不得烤火或沸水复温（图2－37）。

七、动物咬伤急救

被毒蛇咬伤后，不要惊慌、奔跑、饮酒，以免加速蛇毒在人体内的扩散。咬伤大多在四肢，应迅速从伤口上端向下方反复挤出毒液，然后在伤口上方（近心端）用布带扎紧，将伤肢固定，避免活动，以减少毒液的吸收。有蛇药时可先服用，再送往医院救治。

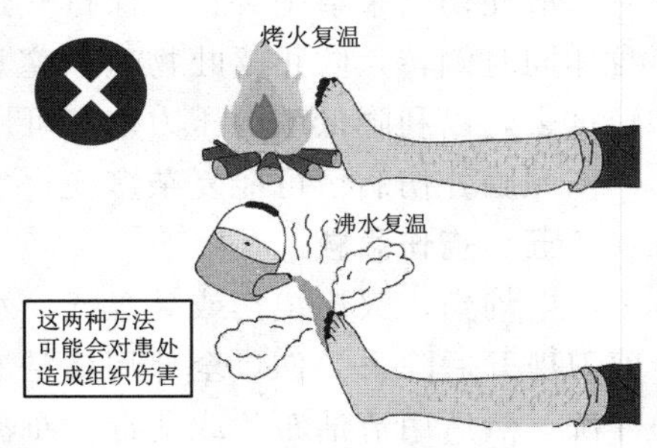

图2－37　冻伤急救错误做法

被犬咬伤后应立即用浓肥皂水冲洗伤口，同时用挤压法自上而下将残留伤口内的唾液挤出，然后再用碘酒涂搽伤口。少量出血时，不要急于止血，也不要包扎或缝合伤口。尽量设法查明该犬是否已注射狂犬疫苗，方便医院制订治疗计划。

八、溺水急救

发现有人溺水应设法迅速将其从水中救出，呼吸心跳停止者用心肺复苏术坚持抢救。曾受过水中抢救训练者在水中即可对其进行抢救。口对口人工呼吸因异物阻塞发生困难，而又无法用手指除去时，可用两手相叠，置于脐部稍上正中线上（远离剑突）迅速向上猛压数次，使异物吐出来，但也不可用力太大（图2－38）。

溺水死亡的主要原因是窒息缺氧。由于淡水在人体内能很快经循环吸收，而气管能容纳的水量很少，因此在抢救溺水者时不应“倒水”而延误时间，更不应仅“倒水”而不用心脏按压法进行抢救。

九、高温中暑急救

烈日直射头部，环境温度过高，饮水过少或出汗过多等可以引起中暑现象，其症状为恶心、呕吐、胸闷、眩晕、嗜睡、虚脱，严重时抽搐、惊厥甚至昏迷。应立即将伤员从高温或日晒环境转移到阴凉通风处休息。用冷水擦浴，湿毛巾覆盖身体，电扇吹风，或在头部置冰袋等方法降温，并及时给伤员口服盐水。严重者送医院治疗（图2－39）。

十、有害气体中毒急救

气体中毒开始时有流泪、眼痛、呛咳、咽部干燥等症状，应引起警惕。稍重时会头痛、气促、胸闷、眩晕。严重时会引起惊厥昏迷。

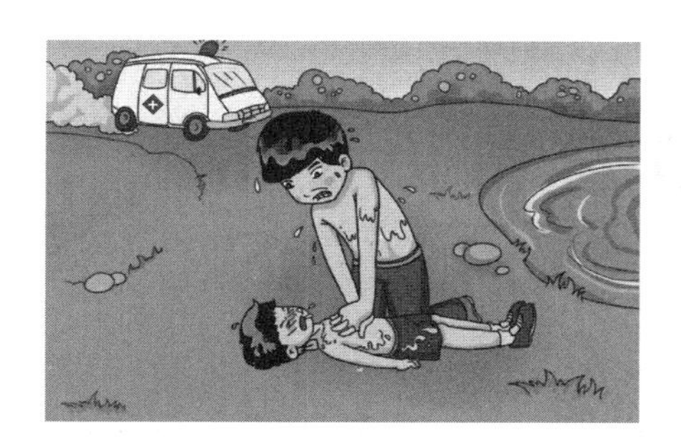

图 2－38 溺水急救场景

图 2－39 中暑急救场景

怀疑可能存在有害气体时，应立即将人员撤离现场，转移到通风良好处休息。抢救人员进入险区必须戴防毒面具。

已昏迷病员应保持气道通畅，有条件时给予氧气吸入。呼吸心跳停止者，按心肺复苏术抢救，并联系医院救治。

迅速查明有害气体的名称，以便对症治疗。

【模块探索】

查找资料，加深对外伤急救的认识，学习外伤急救的方法。

【项目练习】

请扫描二维码，完成项目练习。

项目二练习

项目二练习答案

项目三　用电安全防护技术

【学习目标】

学习单元	能力目标	知识点
模块一　触电防护技术	掌握触电防护技术的相关知识	绝缘防护；屏护；安全间距；安全标志；安全电压；短路保护；漏电保护
模块二　带电剪线体感设备体验实训	掌握正确的剪线方法和如何采取正确的触电防护措施	正确的带电剪线方法
模块三　电气接地	掌握接地的概念、分类等知识点；掌握保护接地的基本原理，了解其应用范围和接地电阻的确定；掌握接零的基本原理，了解其分类、应用范围和要求；掌握保护接地和保护接零的区别，了解重复接地	接地的概念；接地的作用；接地的种类；保护接地与接零的相关知识
模块四　防雷与静电防护	了解防雷、静电防护与电磁场防护的相关知识	雷电的产生及防护措施；静电的产生及防护措施；电磁场的伤害及防护措施
模块五　电气设备防火与防爆	了解电气火灾与爆炸的基本知识及引发原因；掌握电气设备防火与防爆相关知识；掌握扑救电气火灾的常识	电气火灾与爆炸的基本知识；电气火灾与爆炸的引发原因；电气设备防火与防爆；扑救电气火灾的常识
模块六　火灾扑救及灭火器使用实训	掌握火灾扑救的基本原理与基本过程；掌握发生不同类型火灾时使用灭火器种类的选择；掌握干粉灭火器的有效使用与安全操作方法；掌握二氧化碳灭火器的有效使用与安全操作方法；掌握泡沫灭火器的有效使用与安全操作方法	火灾扑救的基本原理与基本过程；灭火器种类的选择；干粉灭火器的有效使用与安全操作方法；二氧化碳灭火器的有效使用与安全操作方法；泡沫灭火器的有效使用与安全操作方法

【思政引导】

余耀南先生，这位电力科学家，其职业生涯充满了对电力科学的热爱和执着。余耀南先生始终坚守在科研的岗位上，用他的智慧和汗水，推动着电力科学的进步和发展。

余耀南先生的贡献不仅仅体现在他的科研成果上，更体现在他对国家深深的热爱和忠诚上。他深知电力是国家的命脉，是国家发展的重要支撑。因此，他始终将国家的利益放在首位，用自己的专业知识和技术，为国家的电力事业作出了巨大的贡献。他的言行举止充满了对国家的热爱和忠诚，他的精神风貌也深深地感染着周围的人。

余先生年逾古稀，远涉重洋，来回奔波于太平洋两岸达 15 个年头，就是因为他心里装着祖国，一心报效祖国，为祖国的电力事业出一份力，发一分光。余先生为我国电力事业的发展，竭尽全力，功不可没。

余耀南先生的事迹告诉我们，作为一名科学家，不仅要有深厚的专业知识和技术，更要有强烈的报国之心和责任感。只有将自己的事业与国家的命运紧密相连，才能在科学的道路上不断前行，为国家的繁荣和发展贡献自己的力量。

模块一　触电防护技术

【模块导航】

问题一：常见的触电防护技术有哪些？

问题二：检修工作中，人体与带电体的安全距离是如何规定的？

问题三：我国国家标准规定的安全电压的额定值有哪几个等级？

【模块解析】

一、绝缘防护

3-1

所谓绝缘防护，是指用绝缘材料把带电体封护或隔离起来，借以隔离带电体或不同电位的导体，使电流能按一定的通路流通，保证电气设备及线路正常工作，防止人身触电事故。绝缘是最基本、最普通的防护措施之一，常用的绝缘材料有瓷、玻璃、云母、橡胶、木材、胶木、塑料、布、纸、矿物油、漆等（图3-1）。良好的绝缘可实现带电体相互之间、带电体与其他物体之间、带电体与人之间的电气隔离。若绝缘下降或绝缘损坏，可造成线路短路，设备漏电而使人触电。

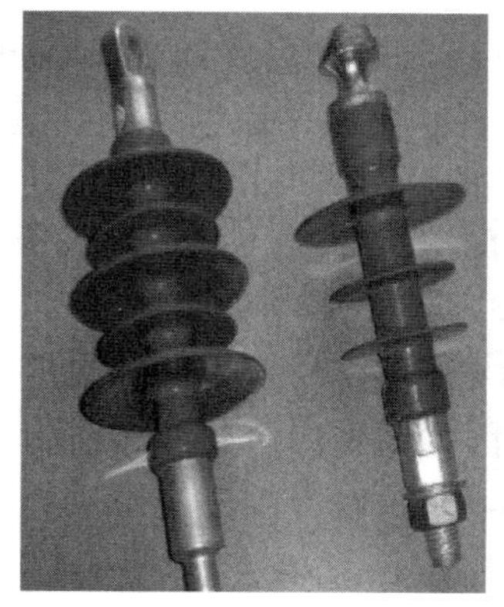
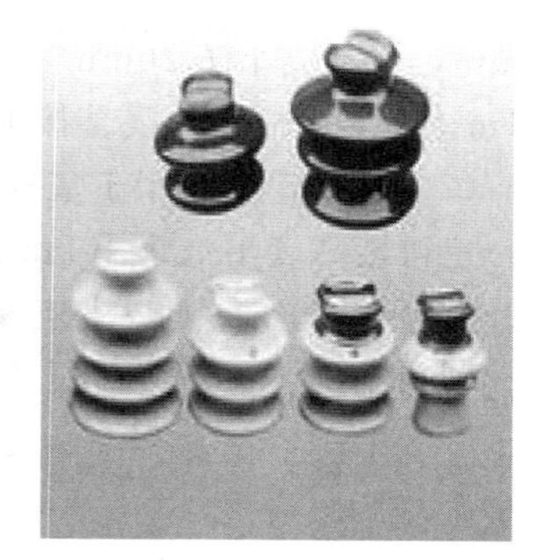

图3-1　绝缘材料举例

绝缘材料在强电场或高压作用下会发生电击穿而丧失绝缘性能，在腐蚀性气体、蒸气、潮气、粉尘或机械损伤下会降低或丧失绝缘性；在正常工作下因受到温度、气候、时间的长期影响会逐渐“老化”而失去绝缘性能。

绝缘材料的性能用绝缘电阻、击穿强度、泄漏电流和介质损耗等指标来衡量，其中绝缘电阻是最基本的绝缘性能指标。不同线路或设备对绝缘电阻的要求不同。线路每伏工作电压绝缘电阻不小于1000Ω；低压设备绝缘电阻不小于0.5MΩ；移动式设备或手持电动工具不小于2MΩ；双重绝缘设备（Ⅱ类设备）绝缘电阻不小于7MΩ。

测量绝缘电阻的方法是采用兆欧表，也称摇表。应当根据被测对象的额定电压等级来选择不同电压的兆欧表进行测量。

1. 引起电气绝缘事故的原因

引起电气设备绝缘事故的原因主要有：

（1）产品制造质量低劣。

（2）在搬运、安装、使用及检修过程中受机械损伤。

（3）由于设计、安装、使用不当，绝缘材料性能与其工作条件不相适应。

2. 预防电气设备绝缘事故的措施

预防电气设备绝缘事故的措施主要有：

（1）按规定安装电气设备和线路。

（2）按工作环境和使用条件科学地选择电气设备。

（3）按技术参数使用电气设备。

（4）正确选用绝缘材料。

（5）定期对电气设备进行绝缘预防性试验。

（6）改善绝缘结构，避免其受机械损伤或受其他因素影响。

二、屏护

配电线路和电气设备的带电部分如果不便于绝缘或者不足以保证安全，可采用屏护措施。用屏护装置（遮栏、护罩、护盖、箱闸等）将带电体与外界隔离开来，以控制不安全因素，这是防止触电、电弧短路或电弧伤人的一种安全措施。常见的屏蔽装置及规格有以下几种，具体如图 3－2 所示。

（1）遮栏。遮栏用于室内高压配电装置，宜做成网状，网孔不应大于 40mm×40mm，也不应小于 20mm×20mm。遮栏高度应不低于 1.7m，底部距地面应不大于 0.1m。金属遮栏必须妥善接地并加锁。

（2）栅栏。栅栏用于室外配电装置时，其高度不应低于 1.5m；若室内场地较开阔，也可装高度不低于 1.2m 的栅栏。栅条间距和最低栏杆至地面的距离都不应大于 200m。金属制作的栅栏也应妥善接地。

（3）围墙。室外落地安装的变配电设施应有完好的围墙，墙的实体部分高度不应低于 2.5m。10kV 及以下落地式变压器台四周须装设遮栏，遮栏与变压器外壳相距不应小于 0.8m。

（4）保护网。保护网有铁丝网和铁板网，当明装裸导线或母线跨越通道时，若对地面的距离不足 2.5m，应在其下方装设保护网，以防止高处坠落物体或碰触事故的发生。

凡用金属材料制成的屏护装置，为了防止屏护装置意外带电造成触电事故，必须将屏护装置接地或接零。

屏护装置应与信号装置和联锁装置配合使用。信号装置一般用灯光或仪表指示有电；联锁装置则采用专门装置，当人体超过屏护装置可能接近带电体时，带电体便被屏护装置自动断电。屏护装置都必须具有足够的机械强度和良好的耐火性能。屏护装置一般不宜随便打开、拆卸或挪移，有时还应装有联锁装置，只有断开电源才能打开。屏护装置与被屏护的带电体之间保持必要的距离，根据屏护对象，在栅栏、遮栏等屏护装置上悬挂“止步　高压危险！”“禁止攀登　高压危险！”“当心触电”等标示牌（图 3－2）。

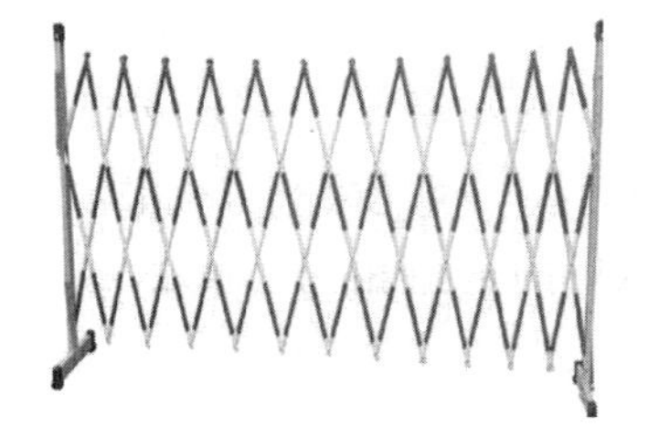

图 3－2　屏护装置举例

三、安全距离

安全距离人与带电体、带电体与带电体、带电体与地面（水面）、带电体与其他设施之间需保持的最小距离，又称安全净距、安全间距（图 3－3）。安全距离应保证在各种可能的最大工作电压或过电压的作用下，不发生闪络放电，还应保证工作人员对电气设备巡视、操作、维护和检修时的绝对安全。各类安全距离在国家颁布的有关规程中均有规定。当实际距离大于安全距离时，人体及设备才安全。安全距离既用于防止人体触及或过分接近带电体而发生触电，也用于防止车辆等物体碰撞或过分接近带电体以及带电体之间发生放电或短路而引起火灾和电气事故。安全距离分为线路安全距离、变配电设备安全距离和检修安全距离。

图 3－3　安全距离

线路安全距离表示导线与地面（水面）、杆塔构件、跨越物（包括电力线路和弱电线路）之间的最小允许距离。变配电设备安全距离表示带电体与其他带电体、接地体、各种遮栏等设施之间的最小允许距离。检修安全距离表示工作人员进行设备维护检修时与设备带电部分间的最小允许距离，具体分为设备不停电时的安全距离、工作员工作中正常活动范围与带电设备的安全距离、带电作业时人体与带电体间的安全距离。

10kV 电力线路与居民区及工矿企业地区的安全距离为 6.5m；非居民区，但是有行人和车辆通过的安全距离为 5.5m；交通困难地区的安全距离为 4.5m；公路路面的安全距离 7m；铁道轨顶的安全距离为 7.5m；通航河道最高水面的安全距离为 6m；不通航的河流、湖泊（冬季水面）的安全距离为 5m，如图 3－4 所示。电力安全规程中的三种安全距离：

(1) 设备不停电时的安全距离。其规定数值如下：10kV 及以下为 0.7m，35kV 为 1.0m，110kV 为 1.5m，220kV 为 3.0m，500kV 为 5.0m。该安全距离规定值是在移开设备遮栏并考虑了工作人员在工作中的正常活动范围的情况下。

（2）工作人员工作中正常活动范围内和带电设备的安全距离。它考虑了工作人员在正常工作中可能活动的最大的空间位置，对带电设备所必须保持的安全距离。其规定数值如下：10kV 及以下为 0.4m，35kV 为 0.6m，110kV 为 1.5m，220kV 为 3.0m，500kV 为 5.0m。

（3）地电位带电作业时，人身与带电体的安全距离。规定数值如下：10kV 及以下为 0.4m，35kV 为 0.6m，110kV 为 1.0m，220kV 为 1.8m（1.6m），500kV 为 3.6m。

提示：第一、二种安全距离中 110kV、220kV、500kV 的数值相同；第二、三种安全距离中的 10kV 及以下、35kV 的数值相同。

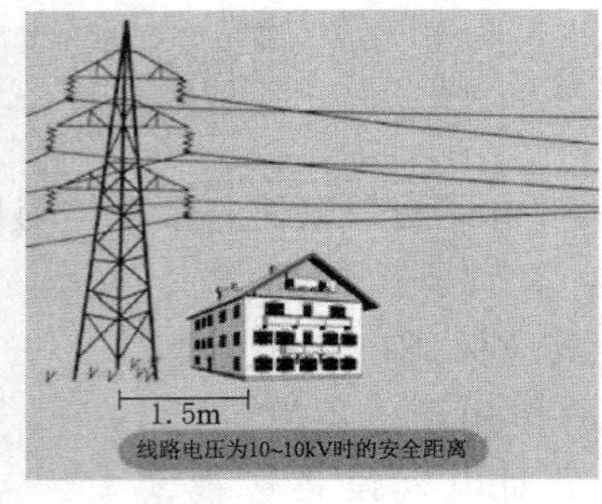

图 3-4　安全距离

四、安全标志

安全标志是指在有触电危险的场所或容易产生误判断、误操作的地方，以及存在不安全因素的现场设置的文字或图形标志。

1. 对安全标志的基本要求

（1）简明扼要，醒目清晰，并有一定的科学性，以便于识别、记忆和管理。为了体现安全生产的严肃性，标志所用的文字最好用正楷。

（2）各发电厂和变电站都应编制统一的设备标志方案。属于调度管辖的设备系统，设备标志方案要送调度审查备案或由调度给予命名。

（3）为了防止错误，开关设备都要采用双重称号：既要有设备名称，又要有编号。如“热化线 251 断路器”等。

（4）编号和名称不能有重复。不仅在一个发电厂或变电站中不能重复，在一个调度管辖范围内的各发电厂和变电站中，属于调度指挥操作的设备也不应有重复。

（5）要为现代化的技术管理创造条件。随着大区电网的联接，全国性的联合电网正在逐步形成。

2. 常见安全标志

（1）安全色。安全色就是用不同的颜色表示不同的信息，其目的是使人们能够迅速发现或分辨安全标志和其他不安全因素，预防事故发生。一般采用的安全色有以下几种：①红色；②黄色；③蓝色；④绿色；⑤黑色。

由于黄色和黑色的条纹交替，视见度较好，一般用来标志存在危险的警告。如吊车上的吊臂、吊钩上的滑轮架以及机器设备的防护栏杆等。为了提高安全色的辨别度，使其更加明显、醒目，采用其他颜色作背景（即对比色）。如红色、蓝色和绿色都用白色作对比色，黄色用黑色作对比色，黑色和白色可以互作对比色等，如图 3－5 所示。

图 3－5　安全标志图
（白底黑字红标）

（2）安全牌。安全牌由不同的几何图形和安全色构成，并加上相应的图像、符号和文字，用以表达特定的安全信息。安全牌的大小尺寸，根据观察距离（即视距）而设计。安全牌根据使用范围可分为禁止、允许和警告三类。

安全标志应设置在光线充足并且醒目的地方，要稍高于人的视线，使人们在接近危险区之前就能看到。不要把安全标志装挂在门、窗等可移动的设备上，以免被遮挡或移走。安全色不宜在大面积上或在同一场所内使用过多，确保引人注目。光线不足的地方应增设照明，并且不能采用有色照明。安全标志应用坚固耐用、不变形、不变色的材料制成，如木板、铁板、塑料板等。也可直接标志在墙壁、设备或机具上。用硬质材料制作的安全牌，应无毛边和孔洞。在裸露带电设备上使用的安全牌，要用绝缘材料做成。安全标志不能有反光现象。

五、安全电压

所谓安全电压，是指为了防止触电事故而由特定电源供电所采用的电压系列。

根据生产和作业场所的特点，采用相应等级的安全电压，是防止发生触电伤亡事故的根本性措施。安全电压应满足以下三个条件：一是标称电压不超过交流 50V、直流 120V；二是由安全隔离变压器供电；三是安全电压电路与供电电路及大地隔离。我国安全电压额定值的等级分为 42V、36V、24V、12V 和 6V，应根据作业场所、操作员条件、使用方式、供电方式、线路状况等因素选用。例如，特别危险环境中使用的手持电动工具应采用 42V 特低电压；有电击危险环境中使用的手持照明灯和局部照明灯应采用 36V 或 24V 特低电压；金属容器内、特别潮湿处等特别危险环境中使用的手持照明灯应采用 12V 特低电压；水下作业等场所应采用 6V 特低电压。

六、短路保护

当线路或设备发生短路时，因短路电流比正常电流大许多倍，会使线路或设备烧坏，引发电气火灾，同时也会使设备带上危险电压而导致触电事故。为此线路必须具有短路保护装置，熔断器是应用最广的短路保护装置（图 3－6）。熔体串在被保护线路中，当发生短路时，因短路电流的热效应将熔体烧断从而切断电源。

为使保护安全可靠，应该正确选择熔体的额定电流，若选择不当，熔断器就会发生误熔断、不熔断或熔断时间过长，起不到保护作用。对于电炉、照明等负载的保护，熔体额定电流应稍大于线路负载的额定电流，此时熔断器兼做过载保护；对于单台电动机负载的短路保护，因考虑到启动时电流较大，为避免熔断器误熔断，熔体的额定电流应选择电动机额定电流的 1.5～2.5 倍；对多台电动机同时保护，熔体的额定电流应等于其中最大一台容量电机额定电流的 1.5～2.5 倍再加上其余电动机额定电流的总和。

熔断器熔断后，必须查明原因并排除故障后方可更换，更换时不得随意变动规格型号，不得使用未注明额定电流的熔体，不得用两股以上熔丝绞合使用，因为这样可

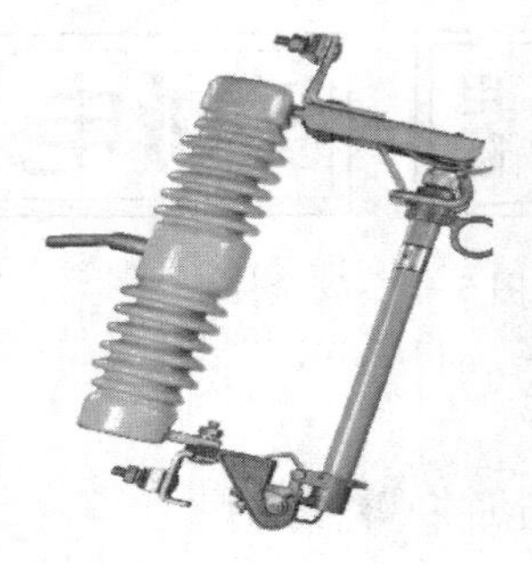

图 3-6 熔断器实物示意图

能在正常时烧断其中一股，在发生短路时也可能只烧断其中一股，其他几股则会陆续烧断，起不到应有的保护作用。严禁用铜丝或铁丝代替熔断器。除容量较小的照明线路外，更换熔体时一般应在停电后进行。

七、漏电保护

漏电保护是指电网的漏电流超过某一设定值时，能自动切断电源或发出报警信号的一种安全保护措施。漏电保护的设定值一般为：低压电网以防止人身触电伤亡为宗旨；高压电网则以设备安全及阻止故障蔓延为目标，在高压电网又称此为单相接地保护。

漏电保护器是一种防止人身触电事故的电气安全防护装置，当发生漏电或触电时，它能够自动切断电源，实践证明，推广使用漏电保护器以后，触电事故大幅度降低，在提高安全用电水平方面，起到十分重要的作用。

选用漏电保护器，应满足保护范围内线路用电设备相（线）数要求。保护单相线路和设备时，应选用单极二线或二级产品，保护三相线路和设备时，可选用三极产品，保护既有三相又有单相的线路和设备时，可选用三极四线或四极产品。如图 3-7 所示。

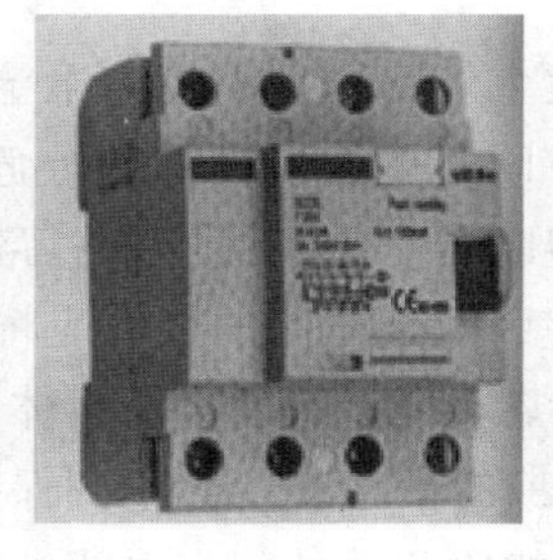

图 3-7 常见的漏电保护器

漏电保护器的动作电流应根据用电环境及用电设备正确选择。居民住宅、办公场所、电动工具移动式电气设备、临时配电线路及无双重绝缘的手持电动工具装设的漏电开关或漏电插座，其动作电流为 30mA，动作时间小于 0.1s。单台容量较大的电气设备，可选用漏电动作电流为 30mA 及以上、100mA 及以下快速动作的漏电保护器。

有多台设备的总保护应选用额定漏电动作电流为100mA及以上快速动作的漏电保护器。在医院、潮湿场所、周围有大面积金属物体等特殊场所应选用额定漏电动作电流为10mA、快速动作的漏电保护器。

安装漏电保护器后，不能撤掉或降低对线路设备的接地或接零保护要求及措施。安装时应注意区分线路的工作零线和保护零线。工作零线应接入漏电保护器并应穿过漏电保护器的零序电流互感器。经过漏电保护器的零线不得作为保护零线，不得重复接地或接设备的外壳，线路的保护零线不得接入漏电保护器。对运行中的漏电保护器应定期进行检查，每月至少一次。

八、其他安全用电防护常识

(1) 用电线路及电气设备的安装与维修必须由经培训合格的专业电工进行，非电工人员不得擅自进行电气作业。

(2) 经常接触和使用的配电箱、闸刀开关、插座、插销以及导线等，必须保持完好、安全，不得有漏电、破损或将带电部分裸露等情况。

(3) 电气线路及设备应建立定期巡视检修制度，若不符合安全要求，应及时处理，不得带故障运行。

(4) 电工人员进行电气作业时，必须严格遵守安全操作规程，不得违章冒险。

(5) 在没有对线路验电之前，应一律视导体为带电体。

(6) 移动式电具应通过开关或插座接取电源，禁止直接在线路上接取，或将导电线芯直接插入插座上使用。

(7) 禁止带电移动电气设备。

(8) 不能用湿手操作开关或插座。

(9) 搬动较长金属物体时，不要碰到电线，尤其是裸导线。

(10) 不要在高压线下钓鱼、放风筝等。

(11) 遇到高压线断裂落地时，不要进入20m以内范围，若已进入，则要单脚或双脚并拢跳出危险区，以防跨步电压触电。

(12) 在带电设备周围严禁使用钢卷尺进行测量工作。

(13) 拆开或断裂的裸露带电接头，必须及时用绝缘物包好并放置在人身不易碰到的地方。

(14) 恶劣天气应远离带电设备和导体，避免触电。如图3-8～图3-11所示。

(15) 极端天气应做好涉电安全防护检查，采取必要的安全措施，如图3-12和图3-13所示。

大风有可能将架空电线刮断，雷击和暴雨容易引起裸线或变压器短路、放电，对人身安全构成威胁，尽量远离电线杆、变压器、配电箱等设备。

图3-8　不可在变压器或架空线下避雨

雨天在外行走时不要接触路灯杆、霓虹灯、电子广告牌等，周围如有积水要绕行，设备遭水浸后会有漏电风险。

图 3-9　不要触碰路灯等公共用电设备

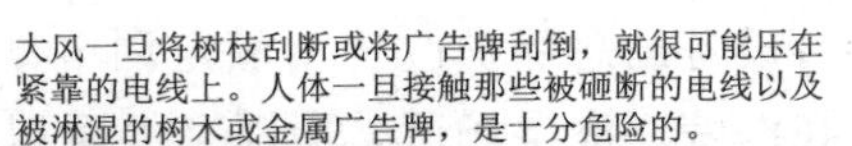
大风一旦将树枝刮断或将广告牌刮倒，就很可能压在紧靠的电线上。人体一旦接触那些被砸断的电线以及被淋湿的树木或金属广告牌，是十分危险的。

图 3-10　不在紧靠供电线路的广告牌下停留

电线附近树木的树冠由于生长较高，很可能会对电线进行包围，加之电线经过长时间的摩擦可能存在绝缘层破损的情况，遇到雷雨大风时，树木和线路之间相互碰撞摩擦，会导致短路、放电，行人触摸树木就会有触电风险。

图 3-11　不要触摸电线附近的树木

在暴雨来临前，一定要做好家中用电线路的检查，并对漏电保护开关进行测试，确保漏电保护能正常动作，如发现问题要联系专业人员进行更换维修。

图 3-12　做好电源检查

如室外积水已经浸入室内，则应立即切断电源。

图 3-13　室外积水浸入要立即切断电源

【模块探索】

查找资料，加深对触电防护技术概念，安全距离、安全电压等知识的理解。

模块二　带电剪线体感设备体验实训

【模块导航】

进行双根（火线、零线）带电剪线时，能否两根同时剪？为什么？

【模块解析】

一、实训概述

3－2

带电剪线体感设备，是应用当前先进的电子网络控制技术、多媒体技术，采用全新的设计理念而开发的一种体感设备，具有操作方便、结构简洁、运行可靠性高等特点。带电剪线体感系统由控制台及体感台两部分组成。控制台可对整套装置的工作模式（体验、展示）控制、急停控制进行操作；体感台为体验者提供三种常见的带电剪线体验。本设备为用户展示火线、零线、地线的不同剪线方式，让体验者直观理解正确和不正确的带电剪线方式，以及认识到不正确带电剪线的严重危害。设备适用于对电力作业部门新入职员工、一线班组员工、带班作业长和安全管理人员，对供电系统基层单位、电力培训部门、大中专、技校、职校的电工专业教学与培训，设备如图3－14所示。

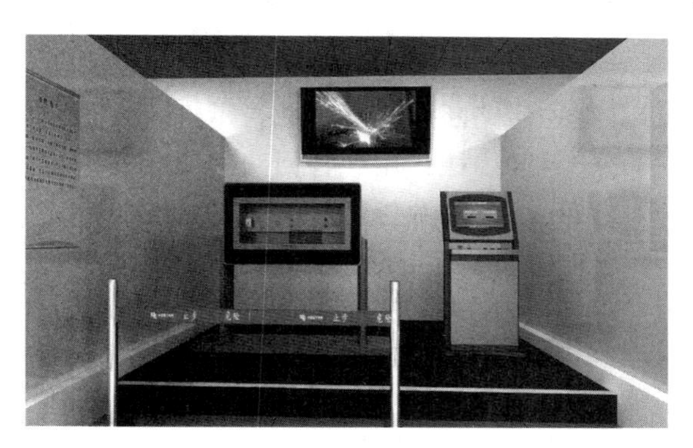

图3－14　带电剪线体感设备

二、实训目的与内容

1．实训目的

该设备通过亲身体验不同方式的带电剪线所产生的现象，让学员明白错误操作带来的危害，掌握正确的带电剪线方法，以及进行电气作业时佩戴绝缘工具的重要性。学员通过亲自用剪线工具把电线剪断，体验正确剪线和错误剪线所带来的两种截然不同的结果，掌握正确的剪线方法和如何采取正确的触电防护措施。

2．实训内容

（1）进行单根带电剪线体验。

（2）进行双根（火线、零线）带电剪线体验。

（3）进行双根（火线、地线）带电剪线体验。

（4）利用触摸方式操作设备功能。

三、带电剪线体感设备

1．控制台结构

带电剪线体感设备控制台与人体触电设备控制台相同。

3－3

2．体感台结构

体感台为体验者提供火线、零线、地线三种不同剪线方式。体感台结构如图3－15

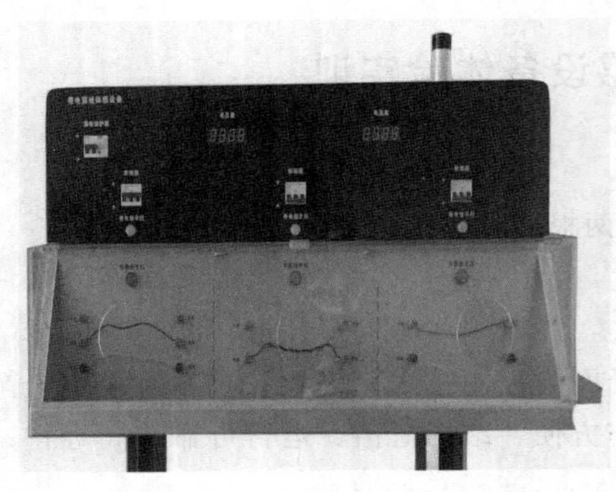

图 3-15 体感台结构示意图

所示。

体感台面板分为回路一、回路二、回路三、配件存放四个区域。器件包括以下部分：

(1) 总开关：总电源开关，带漏电保护功能。

(2) 回路漏电保护器：剪线端子供电开关，带漏电保护功能。

(3) 断路器一：控制回路一是否通电。

(4) 断路器指示灯：某回路断路器合闸时，则该回路断路器指示灯亮起。

(5) 负载指示灯：回路接通时，负载指示灯亮；回路断开时，负载指示灯灭。

(6) 接线柱：用于各回路剪线导线接线。

(7) 设备电源指示灯：体感台电源接通后，电源指示灯亮起。

(8) 电流表：实时显示负载电流大小。

(9) 电压表：实时显示电压大小。

(10) 断路器二：控制回路二是否通电。

(11) 断路器三：控制回路三是否通电。

(12) 配件存放槽：用于存放更换导线。

(13) 接线槽：导线剪断后，存放废料槽。

(14) 剪线孔：剪线钳经过剪线孔，剪断导线，防止火花飞溅。

四、实训操作步骤

1. 系统上电及控制台开机

合上电源箱内的总开关，系统上电；控制台插头接入电源插座，合上控制台背面底部的电源开关按钮，并点击控制台启动/关机按钮，控制台启动并开始运行。

2. 实训功能体验

操作人员打开控制台桌面上的带电剪线体感控制软件，进入操作系统，选择相应的回路，并开始体验。

(1) 打开软件，软件自动启动，进入人体触电体感控制软件主界面，如图 3-16 所示。

(2) 点击“体感实训”按钮，进入带电剪线体感模块，如图 3-17 所示。体验模式设置，用户可以点击选择回路一、回路二和回路三分别对应的单根剪线，火线、零线双根剪线和火线地线双根剪线三种体验模式。选择对应回路后将体感台对应回路的空开置于合闸位置即可进行带电剪线体验。

(3) 软件操作界面上选择点击“回路一”，点击“开始体验”，前往体感台把“回路一”对应的断路器合上，穿戴好绝缘手套进行单根导线带电剪线，选择火线或者零线单根剪线时出现电火花较小，单根剪地线不出现火花。

(4) 软件操作界面上选择点击“回路二”，点击“开始体验”，前往体感台把“回路二”对应的断路器合上，穿戴好绝缘手套进行火线、零线双根导线带电剪线，出现火花较大，且对应回路断路器开关跳闸。

图 3-16　带电剪线体感控制软件主界面

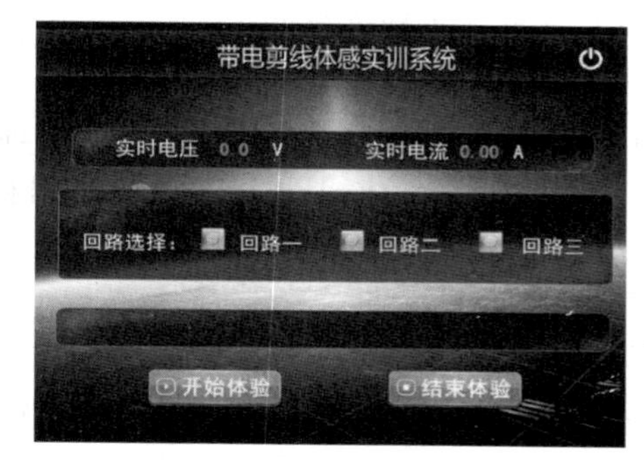

图 3-17　带电剪线体感控制软件功能选择界面

（5）软件操作界面上选择点击“回路三”，点击“开始体验”，前往体感台把“回路三”对应的断路器合上，穿戴好绝缘手套进行火线、地线双根导线带电剪线，漏电保护器开关跳闸。

注意：每回体验时将体验回路断路器合闸，其余两路断路器置于分闸状态。

（6）体验结束后再次体验时，请更换导线。更换导线时请注意把对应回路断路器进行分闸再更换导线。

（7）界面跳转至视频播放开始界面。学员可以观看相应教学视频课件，视频播放完后，点击“返回”即可回到带电剪线体感控制软件主界面。

3. 系统断电及控制台关机

按下控制台的启动/关机按钮，控制台自动关机，断开控制台电源开关按钮，拔掉控制台电源插头，控制台处于断电状态，断开电源箱内的总电源开关，系统断电。

五、实训注意事项

（1）设备通电前首先检查所有器件是否完好，设备电源线、通信线、接地线是否连接可靠。

（2）操作设备应设置操作人员和监护人员各一名，操作人员、监护人员应熟悉电气安全知识，熟练掌握设备的操作流程，以免因使用不当造成设备损坏。

（3）体验过程中，禁止任何人员随意进入危险区域。

（4）学员在观看演示现象前，务必确认站在指定区域观察。

（5）学员禁止对设备进行任何操作，严禁私自拆装连接线和设备元器件。

（6）操作人员有权拒绝违章指挥和冒险操作，在发现危及人身和设备安全的紧急情况时，有权停止操作或者在采取可能的紧急措施后撤离操作场所，并立即报告。

（7）操作过程中发现异常情况应及时拍下急停按钮并切断主电源，查清问题并妥善处理后，才能重新上电操作。

（8）实训完毕后，确保设备所有开关处于断开状态，关闭主电源，并锁紧玻璃门。

六、常见故障及处理方法

（1）当合上总电源空开，点击启动按钮后，如果一直无法启动电源，检查插接端子是否有松动或者脱落现象、接插座是否接触好、急停按钮是否正常。

（2）当通信连接失败时，请检查控制线是否松动，接触是否良好；关闭电源5s后，开启电源，重新进行连接。

七、拓展训练与思考

（1）根据实训体验结果，写出本次实训的心得与体会。

（2）分析一次剪断一根导线体验过程和同时剪断两根导线体验过程，以及如何正确地剪线和采取正确的触电防护措施。

【模块探索】

体验火线、零线、地线的不同剪线方式，让体验者直观理解正确和不正确的带电剪线方式，以及认识到不正确带电剪线的严重危害。

模块三 电 气 接 地

【模块导航】

问题一：什么是保护接地？保护接地的保护原理及适用范围是什么？

问题二：什么是保护接零？保护接零的原理是什么？

问题三：保护接地与保护接零有什么不同？

【模块解析】

一、接地概述

3-4

（一）接地定义

接地是指为防止触电或保护设备的安全，把电力电讯等设备的金属底盘或外壳接上地线，利用大地作电流回路。在电力系统中，将设备和用电装置的中性点、外壳或支架与接地装置用导体作良好的电气连接叫接地，接地标志如图3-18所示。

图3-18 接地标志

（二）接地的作用

接地可防止人身遭受电击，还可以防止设备和线路遭受损坏、预防火灾、防止雷击、防止静电损害、保证电力系统的正常运行。

1. 防止电击

人体阻抗和所处环境的状况有极大的关系，环境越潮湿，人体的阻抗越低，也越容易遭受电击。例如，自装过交流收音机的人几乎都受到过电击，但几乎都能摆脱电源，因为此时人所处的环境干燥，皮肤也较干燥。电气设备通过接地装置接地后，使电气设备的电位接近地电位。由于接地电阻的存在，电气设备对地电位总是存在的，电气设备的接地电阻越大，发生故障时，电气设备的对地电位也越大，人触及时的危险性也越大。但是，如果不设置接地装置，故障设备外壳的电压就和相线对地电压相同，比接地电压高出很多，因此危险性也相应增加。

2. 保证电力系统正常运行

电力系统的接地，又称工作接地，一般在变电站或变电所对中性点进行接地。工作接地的接地电阻要求很小，大型的变电站要有接地网，保证接地电阻小而且可靠。工作接地的目的是使电网的中性点与地之间的电位接近于零。低压配电系统无法避免相线碰壳或相线断裂后碰地，如果中性点对地绝缘，就会使其他两相的对地电压升高到3倍的相电压，可能把工作电压为220V的电气设备烧坏。对中性点接地的系统，即使一相与地短路，另外两相仍可接近相电压，从而避免接于其他两相的电气设备损坏。同时还可防止系统振荡，电气设备和线路只需要按相电压考虑其绝缘水平。

3. 防止雷击和静电危害

雷电发生时，除了直接雷外，还会生产感应雷，感应雷又分为静电感应雷和电磁感应雷。所有防雷措施中最主要的方法是接地。

（三）接地种类

常见的接地种类有重复接地、保护接地、工作接地、防雷接地、屏蔽接地、防静电接地等，如图3-19所示。

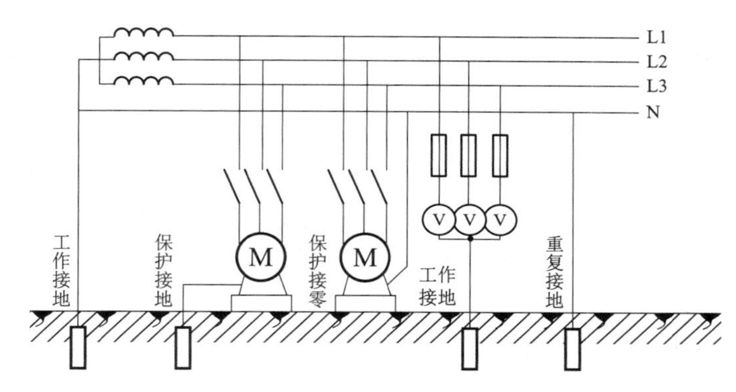

图3-19 接地种类示意图

1. 重复接地

重复接地就是在中性点直接接地的系统中，在零干线的一处或多处用金属导线连接接地装置。在低压三相四线制中性点直接接地线路中，施工单位在安装时，应将配电线路的零干线和分支线的终端接地，零干线上每隔1km做一次接地。对于距接地点超过50m的配电线路，接入用户处的零线仍应重复接地，重复接地电阻应不大于10Ω。

2. 保护接地

电气设备在正常情况下不带电的金属外壳及金属支架与大地作电气连接，称为保护接地。保护接地主要应用在中性点不接地的供电系统中。

倘若不采用保护接地措施，人体触及带电外壳时，由于输电线和大地之间存在分布电容而构成回路，会使人体有电流通过而发生触电事故。当电气设备采用了保护接地措施，人体触及带电外壳时，人体与保护接地装置的电阻并联，由于接地电阻小于人体电阻，因而通过人体的电流很小，可以认为电流几乎不通过人体，因而能够避免触电事故。

3. 工作接地

工作接地是为了使系统以及与之相连的仪表可靠运行并保证测量和控制精度而设的接地。它分为机器逻辑地、信号回路接地、屏蔽接地，在石化和其他防爆系统中还有本安接地。

4. 防雷接地

防雷接地是组成防雷措施的一部分，其作用是把雷电流引入大地。建筑物和电气设备的防雷主要是使用避雷器（包括避雷针、避雷带、避雷网和消雷装置等）。避雷器的一端与被保护设备相接，另一端连接地装置。当发生直击雷时，避雷器将雷电引向自身，雷电流经过引下线和接地装置进入大地。

此外，由于雷电引起静电感应副效应，为了防止造成间接损害（如房屋起火或触电等），通常也要将建筑物内的金属设备、金属管道和钢筋结构等接地。雷电波会沿着低压架空线、电视天线侵入房屋，引起屋内电工设备的绝缘击穿，从而造成火灾或人身触电伤亡事故，所以还要将线路上和进屋前的绝缘瓷瓶铁脚接地。

5. 屏蔽接地

屏蔽接地是消除电磁场对人体危害的有效措施，也是防止电磁干扰的有效措施。高频技术在电热、医疗、无线电广播、通信、电视台、导航和雷达等方面得到了广泛应用。人体在电磁场作用下，吸收的辐射能量将发生生物学作用，造成伤害，如手指轻微颤抖、皮肤划痕、视力减退等。对产生磁场的设备外壳设屏蔽装置，并将屏蔽体接地，不仅可以降低屏蔽体以外的电磁场强度，减轻或消除电磁场对人体危害，也可以保护屏蔽接地体内的设备免受外界电磁场的干扰影响。

6. 防静电接地

为防止静电危害影响并将其泄放，是静电防护最重要的一环。

（四）接地装置

接地装置由接地线和接地体组成。

（1）接地线如图 3-20 所示。家用电器设备由于绝缘性能不好或使用环境潮湿，会导致其外壳带有一定静电，严重时会发生触电事故。为了避免出现事故，可在电器的金属外壳上面连接一根电线，将电线的另一端接入大地，一旦电器发生漏电时，接地线会把静电带入大地释放掉。比如：电器维修人员在使用电烙铁焊接电路时，有时会因为电烙铁带电而击穿损坏电器中的集成电路，可对电烙铁外壳接地防止这种事故发生。使用电脑有时也会忽略主机壳接地，而给电脑主机壳接根地线，在一定程度上可以防止死机现象的出现。

在电力系统中，接地线是为了在已停电的设备和线路上意外地出现电压时保证工作人员的重要工具。按规定，接地线必须由 $25mm^2$ 以上的裸铜软线制成。

在电器中，接地线就是接在电气设备外壳等部位及时地将因各种原因产生的不安全的电荷或者漏电电流导出的线路。

（2）接地体。接地体是一根或一组与大地土壤密切接触并提供与大地之间电气连接的导体，如图 3-21 所示。

（五）接地方式

现代化的电力系统本身就是强烈的电磁干扰源，主要通过辐射方式干扰该频段内的通信设备。为抑制外部高压输电线路的干扰影响，采用接地措施。常用的接地方式有两种。

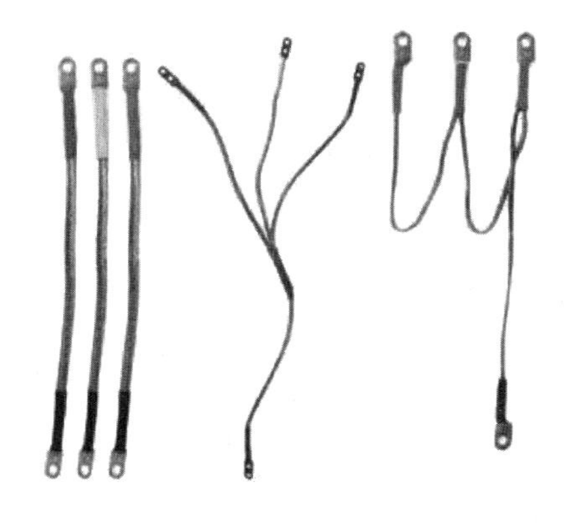

图 3-20　接地线

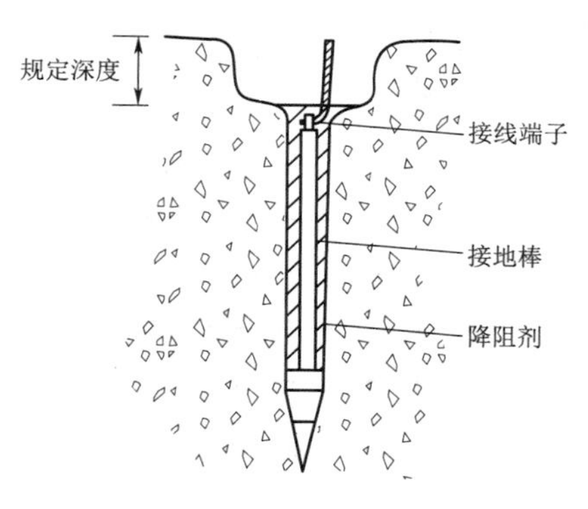

图 3-21　接地体

1. 分散接地方式

外壳接地电路接地就是将通信大楼的防雷接地、电源系统接地、通信设备的各类接地以及其他设备的接地分别接入相互分离的接地系统，由于地线系统不断增多，地线间潜在的耦合影响往往难以避免，分散接地反而容易引起干扰。同时主体建筑物的高度不断增加，这种接地方式的不安全因素也越来越大。当某一设施被雷击中，容易形成地下反击，损坏其他设备。

2. 联合接地方式

联合接地方式也称单点接地方式，即所有接地系统共用一个共同的“地”。联合接地有以下特点：

（1）整个大楼的接地系统组成一个笼式均压体，对于直击雷，楼内同一层各点位比较均匀；对于感应雷，笼式均压体和大楼的框架式结构对外来电磁场干扰也可提供10～40dB 的屏蔽效果。

（2）一般联合接地方式的接地电阻非常小，不存在各种接地体之间的耦合影响，有利于减少干扰。

（3）节省金属材料，占地少。

不难看出，采用联合接地方式可以有效抑制外部高压输电线路的干扰。

防静电接地的接地线应串联一个 1MΩ 的限流电阻，即通过限流电阻与接地装置相连。计算机接地是以接地电流易于流动为目标，要求接地电阻越小越好。计算中心的接地应尽量减少噪声引起的电位变动，同时应注意信号电路与电源电路、高电平电路与低电平电路不能使用同一共地回路。对传输带宽要求较高的网络布线，应采用隔离式屏蔽接地，以防止静电感应产生干扰。在设计上力求简单、经济和实效。接地如能和屏蔽有效地结合起来，将可以更好地解决干扰，抑制噪声。

（六）接地线接法

直流地的接法可以分为 3 种类型：串联接地、并联接地和网状接地。

1. 串联接地

设备直流地线以串联的方式接在直流地线的铜皮上，此种接法在简单的接地系统中应用较多。其缺点是在要求较高配置时不能满足安全需求，此外因串联接地，各串联的电阻使得各点电位产生偏差，容易产生噪声。

2. 并联接地

此方法中各电路的地电位只与本电路的地电流和地线阻抗有关，各点间的电位差较平衡，可获得较好的低频接地效果，因此应用得较广泛。由于计算机的直流电压较低，各机架之间的地电流不容易形成耦合，但这种连接方式需要很多根地线，布线较繁杂。

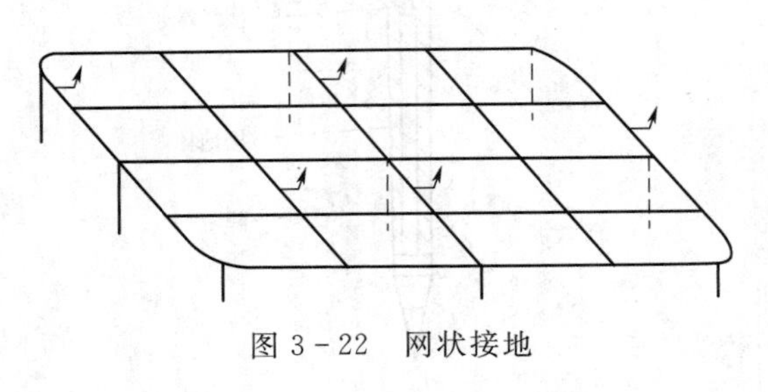
图 3-22 网状接地

3. 网状接地

在变电站大型机房中，需要均压，对地要求相对严格，目前广泛使用网状地线作为直流地，称为网状地。直流网状地是用一定截面积的铜带在活动地板下面交叉排列成 600mm×600mm 的方格，其交叉点与活动地板支撑点的位置交错排列，脚点处用锡焊焊接或压接在一起，如图 3-22 所示。

为了使直流网状地和大地绝缘，在铜带下面应垫 2～3mm 厚的绝缘胶皮或聚氯乙烯板等绝缘材料，要求对地电阻在 10MΩ 以上。直流网状地系统不仅有助于更好地保证逻辑电路电位参考点的一致，而且大大提高了机器内部和外部抗干扰能力。但是网状地系统比较庞大，施工复杂，且费用较高。

（七）在处理共地的地线时需要注意问题

（1）接地电阻——共用接地地桩的接地电阻应满足各种接地中最小接地电阻的要求。

（2）为防止接地系统的相互干扰，确保对建筑物的绝缘，接地母线应使用带有绝缘外皮的屏蔽线，屏蔽套的一端应进行接地。

（3）直流地、交流地和安全地虽然最后都接在地桩上，但并不意味着各种地之间可以随意连接，也应按照上述要求在其未接入同一地桩之前彼此应保持严格的绝缘。

（4）在直流地与机壳安全地分开接地的计算机设备中，因其直流地与机架严格绝缘，各自分别接系统地桩，但有些计算机的机壳与直流地在电器上是接在一起的，其交流设备的工作地与机壳是严格绝缘的。

（八）电气设备接地技术原则

（1）为保证人身和设备安全，各种电气设备均应根据国家标准《系统接地的形式及安全技术要求》（GB 14050—2008）进行保护接地。保护接地线除用以实现规定的工作接地或保护接地的要求外，不应作其他用途。

（2）不同用途和不同电压的电气设备，除有特殊要求外，一般应使用一个总的接地体，按等电位连接要求，应将建筑物金属构件、金属管道（输送易燃易爆物的金属管道除外）与总接地体相连接。

（3）人工总接地体不宜设在建筑物内，总接地体的接地电阻应满足各种接地中最小的接地电阻要求。

（九）接地装置的技术要求

1. 变（配）电站的电气设备接地

（1）变（配）电站的接地装置的接地体应水平敷设。其接地体采用长度为2.5m、直径不小于12mm的圆钢或厚度不小于4mm的角钢，或厚度不小于4mm的钢管，并用截面不小于25mm×4mm的扁钢相连为闭合环形，外缘各角要做成弧形。

（2）接地体应埋设在变（配）电站墙外，距离不小于3m，接地网的埋设深度应超过当地冻土层厚度，最小埋设深度不得小于0.6m。

（3）变（配）电站的主变压器，其工作接地和保护接地，要分别与人工接地网连接。

（4）避雷针（线）宜设独立的接地装置。

2. 易燃易爆场所的电气设备的保护接地

（1）易燃易爆场所的电气设备、机械设备、金属管道和建筑物的金属结构均应接地，并在管道接头处敷设跨接线。

（2）在1kV以下中性点接地线路中，当线路过电流保护为熔断器时，其保护装置的动作安全系数不小于4，为断路器时，动作安全系数不小于2。

（3）接地干线与接地体的连接点不得少于2个，并在建筑物两端分别与接地体相连。

（4）为防止测量接地电阻时产生火花引起事故，需要在无爆炸危险的地方进行测量，或将测量用的端钮引至易燃易爆场所以外的地方进行。

3. 直流设备的接地

由于直流电流的作用，对金属腐蚀严重，使接触电阻增大，因此在直流线路上装设接地装置时，必须认真考虑以下措施：

（1）对直流设备的接地，不能利用自然接地体作为PE线或重复接地的接地体和接地线，且不能与自然接地体相连。

（2）直流系统的人工接地体，其厚度不应小于5mm，并要定期检查侵蚀情况。

二、保护接地

所谓保护接地是指电气设备的导体部分或者外壳用足够容量的金属导线或导体可靠地与大地连接，当人体触及带电外壳时，人体相当于接地电阻的一条并联支路，由于人体电阻远远大于接地电阻，所以通过人体的电流将会很小，避免了人身触电事故。也就是将一切电气设备的金属外壳或平时不带电但可以导电的设备，用导体与接地体可靠连接起来的一种保护接线方式。当用电设备发生漏电或相线接触设备外壳时，造成设备外壳带电，而保护接地就是限制设备漏电后的对地电压，使之不超过安全范围。

3-5

1. 保护接地的工作原理

（1）在中性点不接地的系统中，如果电气设备没有保护接地，当设备某一部分的绝缘损坏，同时，人体触及此绝缘损坏的设备外壳时，将有触电的危险。对电气设备实行保护接地后，接地短路电流将同时沿接地体和人体两条通路流通，如图3-23所示。

（2）基本原理。在中性点不接地系统中，当电气设备绝缘损坏发生一相碰壳故障时，设备外壳电位将上升为相电压，如果有人体接触设备，故障电流I_{jd}将全部通过人体流入地中，这显然是很危险的。若此时电气设备外壳经电阻 R_d 接地，R_d 与人体电阻 R_r 形成并联电路，则流过人体的电流将是 I_{jd} 的一部分，如图 3-23 所示。接地电流 I_{jd} 通过人体、接地体和电网对地绝缘阻抗 Z_C 形成回路，流过每一条并联支路的电流与电阻大小成反比，即为

$$\frac{I_r}{I_{jd}}=\frac{R_d}{R_r}$$

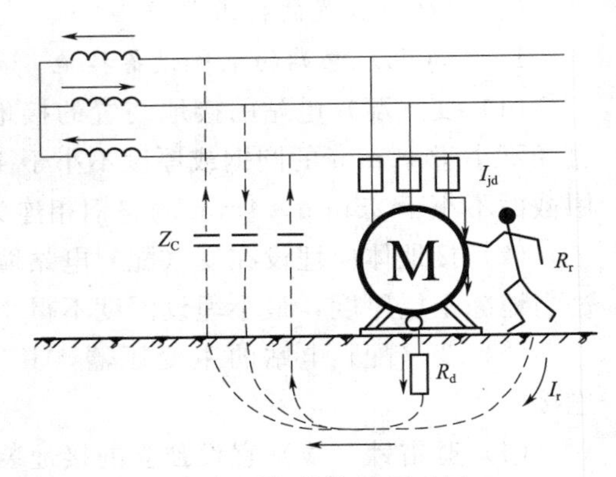

图 3-23 保护接地原理图

式中 I_r——流经人体的电流，A；

I_{jd}——流经接地体的电流，A；

R_d——接地体的接地电阻，Ω；

R_r——人体的电阻，Ω。

从上式可知，接地体的接地电阻 R_d 越小，流经人体的电流也就越小。此时漏电设备对地电压主要决定于接地体电阻 R_d 的大小。由于 R_d 和 R_r 并联，且 $R_d \ll R_r$，故可以认为漏电设备外壳对地电压为

$$U_d=\frac{3U_\varphi R_d}{3R_d+Z_C}=I_{jd}R_d$$

式中 U_d——漏电设备外壳对地电压，V；

U_φ——电网的相电压，V；

Z_C——电网对地绝缘阻抗，由电网对地绝缘电阻和对地分布电容组成，Ω。

又因 $R_d < Z_C$，所以漏电设备对地电压大为下降，只要适当控制 R_d 的大小（一般不大于 4Ω），就可以避免人体触电的危险，起到保护的作用。

（3）危害性分析。

1）在中性点不接地系统中：当人体触及电气设备的导体部分或者外壳时，人体相当于一个与接地电阻并联支路的一个大电阻。若按人体电阻值 1000Ω（通常人体电阻值为 1000～2000Ω）计算，设备外壳所带电压为 220V 时，那么无保护接地时流经人体的电流为：$I_r=220/R_r=220\text{mA}$（人体可以承受的最大交流电流/交流摆脱电流为 10mA），这时会造成触电伤亡事故，如图 3-24 和图 3-25 所示。

2）在中性点接地系统中：在 380V/220V 三相四线制电源中性点直接接地的配电系统中，只能采用保护接零，采用保护接地则不能有效地防止人身触电事故的发生。若采用保护接地，电流中性点接地电阻按 4Ω 考虑，而电源电压为 220V，那么当电气设备的绝缘损坏使电气设备的外壳带电时，则中性点接地电阻与接地电阻之间的电流为：$I_r=220/(R_0+R_d)=220/(4+4)=27.5$（A）。熔断器的额定电流是根据电气设备的要求选定的，如果设备的容量较大，为了保证设备在正常情况下的运行。所选熔体的额定电流将会随之增大。如果在 27.5A 的接地短路电流作用下保护不动作，外壳带电的电气设备不能立即脱离电源，设备导体或者金属外壳会长期存在对地电压 $U_d=27.5\times4=110$（V），如图 3-26 所示。

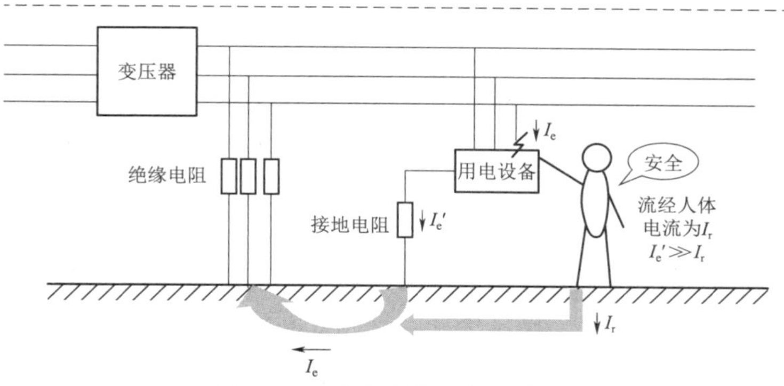

图 3-24　有保护接地触电演示图

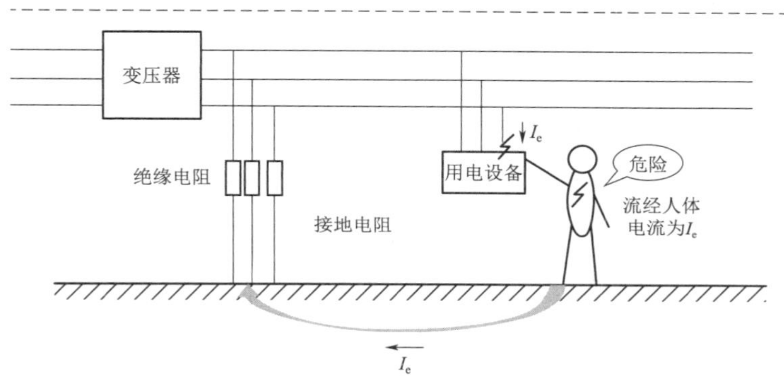

图 3-25　无保护接地触电演示图

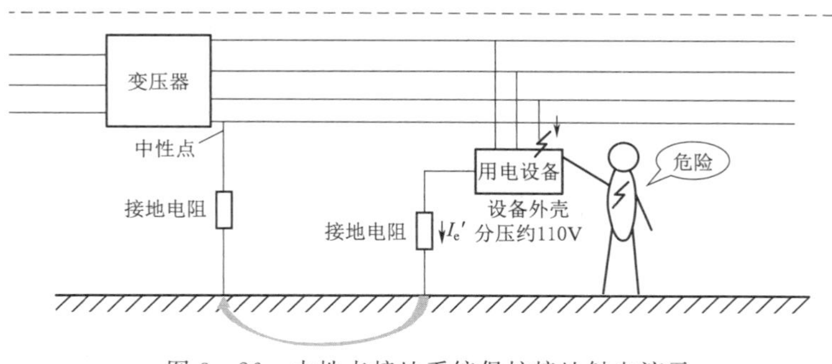

图 3-26　中性点接地系统保护接地触电演示

2. 保护接地应用范围

保护接地适用于各种不接地电网，包括交流不接地电网和直流不接地电网，也包括低压不接地电网和高压不接地电网等。在这类电网中，凡由于绝缘破坏或其他原因可能呈现危险对地电压的金属部分，除另有规定外，均应接地，把设备上的故障电压限制在安全范围内。

三、保护接零

在大部分供电系统都是采用中性点直接接地系统即接地电网，接地电网中若电气设备某相碰壳则使外壳对地电压达到相电压，当人体触及设备外壳时比不接地电网的

3-6

触电危险性更大。

若采用保护接地，设备漏电时，因电流流过设备接地电阻、系统的工作接地电阻形成回路。此时设备外壳电压比不接地有所降低，但不能降到安全范围内，仍有触电危险。因此采用保护接地不足以保证安全，接地电网中的设备应采用保护接零。

（一）保护接零的原理

保护接零是指电气设备在正常情况下，不带电的金属部分与零线做良好的金属或者导体连接。当某一相绝缘损坏致使电源相线碰壳，电气设备的外壳及导体部分带电时，因为外壳及导体部分采取了接零措施，该相线和零线构成回路。通过设备外壳形成该相对零线的单相短路（即碰壳短路），由于单相短路电流很大，能促使线路上的过电流保护装置迅速动作，使线路保护的熔断器熔断。从而使设备与电源断开，避免了人身触电伤害的可能性，如图 3-27 所示。

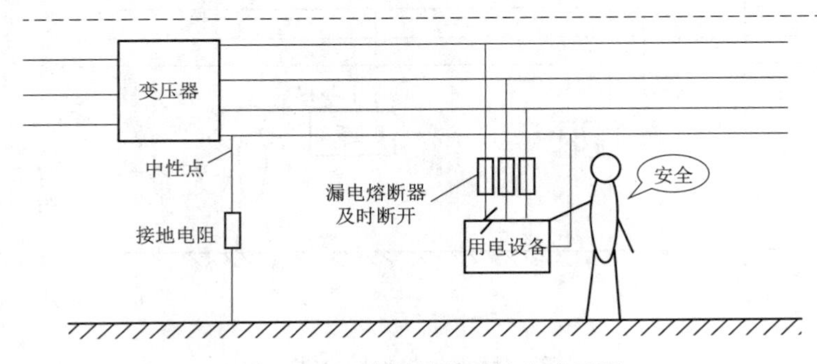

图 3-27　有保护接零触电演示图

（二）保护接零的分类

从安全用电等方面考虑，配电系统有三种接地形式：IT 系统、TT 系统、TN 系统。保护接零属于 TN 系统，TN 系统又分为 TN-S 系统、TN-C 系统、TN-C-S 系统三种形式。在三相四线电网中，应当区别工作零线和保护零线。前者即中性线，通常用 N 表示；后者即保护导体，用 PE 表示。如果一根线既是工作零线又是保护零线，则用 PEN 表示。

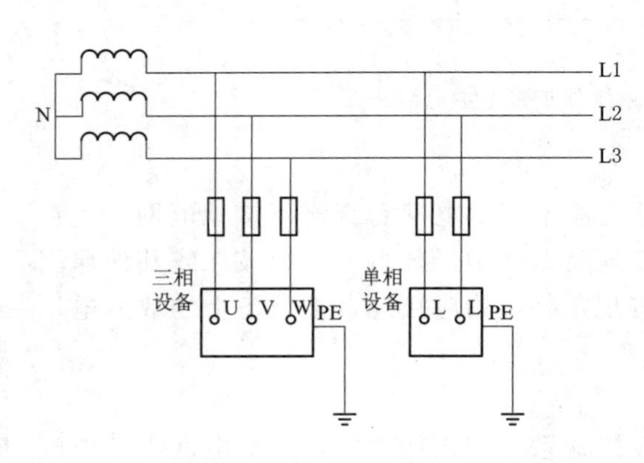

图 3-28　IT 系统接地

1. IT 系统

IT 系统就是电源中性点不接地、用电设备外壳直接接地的系统，如图 3-28 所示。IT 系统中，连接设备外壳可导电部分和接地体的导线，就是 PE 线。

2. TT 系统

TT 系统就是电源中性点直接接地、用电设备外壳也直接接地的系统，如图 3-29 所示。通常将电源中性点的接地叫作工作接地，而设备外壳接地叫作保护接地。TT 系统中，这两个接地必须是相互独立的。设备接地可以是每一设备都有各自独立的接地装置，也可以若干设备共用一个接地装置，图 3－29 中单相设备和单相插座就是共用接地装置的。

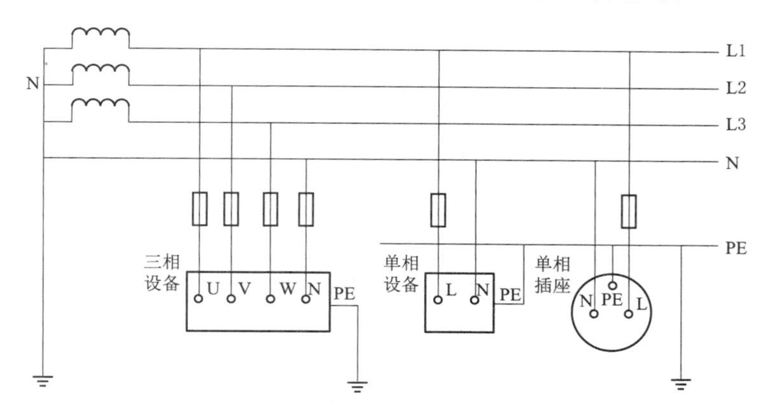

图 3－29 TT 系统接地

3. TN 系统

TN 系统即电源中性点直接接地、设备外壳等可导电部分与电源中性点有直接电气连接的系统，它有三种形式，分述如下。

（1）TN－S 系统。TN－S 系统如图 3－30 所示，中性线 N 与 TT 系统相同，在电源中性点工作接地，而用电设备外壳等可导电部分通过专门设置的保护线 PE 连接到电源中性点上。在这种系统中，中性线 N 和保护线 PE 是分开的。TN－S 系统的最大特征是 N 线与 PE 线在系统中性点分开后，不能再有任何电气连接，因此保护可靠性较高。TN－S 系统是我国现在应用最为广泛的一种系统（又称三相五线制）。新楼宇大多采用此系统。

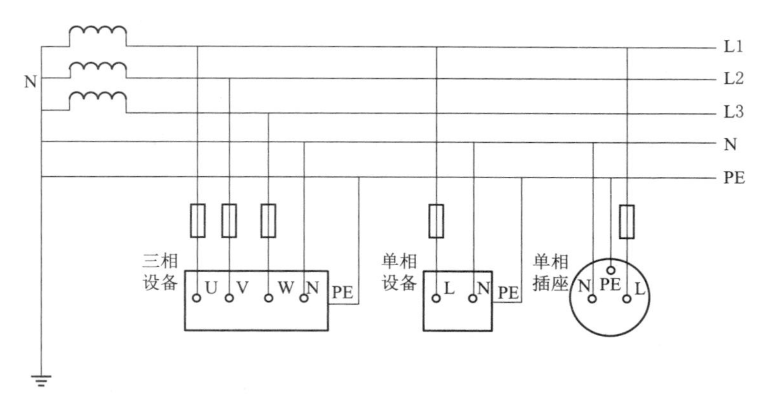

图 3－30 TN－S 系统接地

（2）TN－C 系统。TN－C 系统如图 3－31 所示，它将 PE 线和 N 线的功能综合起来，由一根保护中性线 PEN 同时承担保护和中性线两者的功能。在用电设备处，PEN 线既连接到负荷中性点上，又连接到设备外壳等可导电部分。此时注意火线（L）与零线（N）要接对，否则外壳会带电。

TN－C系统现在已很少采用，尤其是在民用配电中已基本上不允许采用TN－C系统。

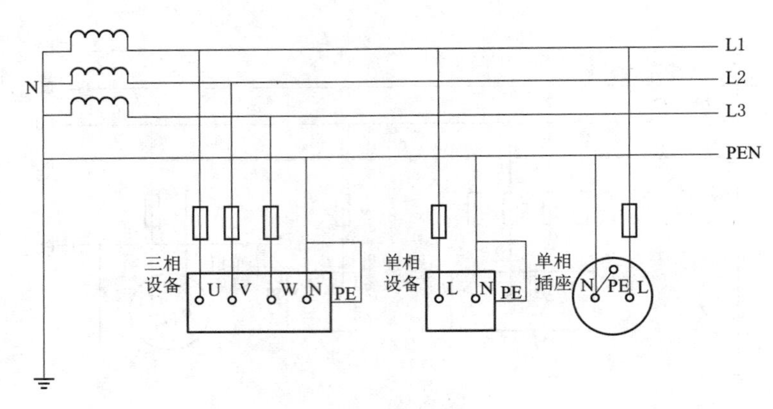

图3－31　TN－C系统接地

(3) TN－C－S系统。TN－C－S系统是TN－C系统和TN－S系统的结合形式，如图3－32所示。TN－C－S系统中，从电源出来的一段采用TN－C系统，只起能量的传输作用，到用电负荷附近某一点处，将PEN线分开成单独的N线和PE线，从这一点开始，系统相当于TN－S系统。TN－C－S系统也是现在应用比较广泛的一种系统。这里采用了重复接地这一技术。此系统在旧楼改造中适用。

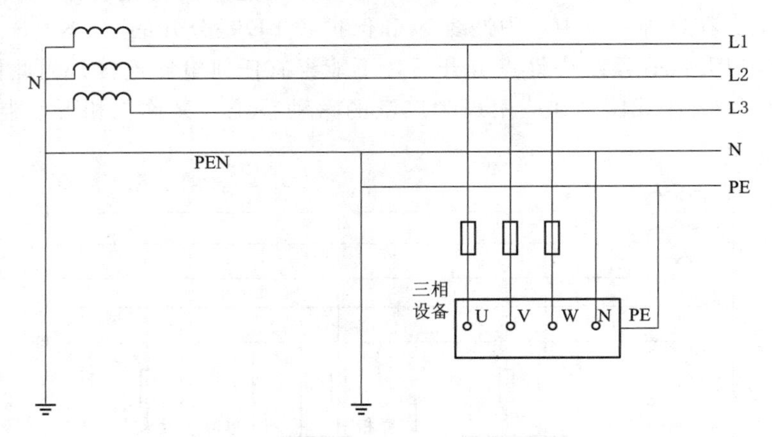

图3－32　TN－C－S系统接地

（三）保护接零的应用范围

适用于低压中性点直接接地、电压380V/220V的三相四线制电网。在这种电网中，凡由于绝缘破坏或其他原因而可能呈现危险电压的金属部分，除另有规定外，均应接零。应接零的设备或部位与保护接地所列的项目大致相同。

（四）保护接零的要求

采用保护接零时，必须注意以下注意事项：

(1) 在保护接零的电气系统中。零线起着至关重要的作用。一旦零线断开，接在断线处后面的一段线路的电气设备相当于没有了保护接零和保护接地，若在零线断处后面有电气设备外壳漏电则不构成短路回路，而使熔体熔断。这种情况下，不但该台设备外壳带有电压，而且使得断线处后面的所有设备的外壳都存在接近电源相电压的对地电压，触电危险性将扩大。所有电气设备接保护接零线均应以并联方式接在电源零线上，不允许串联，并用螺栓压紧，牢固可靠，接触良好。在零线上，禁止安装保险和单独开关。在特殊的环境中，零线做防腐处理的必要性也就不言而喻了。

（2）在中性点不接地的三相四线制配电系统中，不允许用保护接零，只能用保护接地。系统中任意一相发生接地，整个系统仍照常运行，但大地与接地线等电位，则接在零线上的用电设备外壳对地电压降等于接地的相线从接地点到中性点的电压值，是十分危险的。

（3）在采用保护接零系统中还要在电源中性点进行工作接地和零线一定间隔距离及终端进行重复接地。在中性点接地的系统中除将变压器中性点做接地外，沿零线走向的一处或者多处再次将零线接地叫重复接地。其作用是当电气设备外壳漏电时可以降低对地电压，当零线断时减轻触电危险。当电气设备外壳漏电时，经相线、零线构成短路回路，短路电流将熔断保险。设备外壳随之断电，不会出现触电危险。但是保险熔断之前设备带电，对人体还是有危险的。若在接近设备处再加接地装置，即实行重复接地，则带电设备的导体部分对地电压降低。

（4）保护接零必须有可靠灵敏的短路保护装置来配合，因此，熔断丝严禁用铜丝等金属材料来代替符合要求的金属熔断丝，否则接零保护将失去其保护作用。

（5）系统的工作接地可靠，接地电阻不大于 4Ω。工作零线、保护零线应重复接地，重复接地的接地电阻不大于 10Ω，接地次数不少于 3 处。

四、保护接地与保护接零的区别

所谓的保护接地和保护接零，都是出于三相四线制和三相五线制系统中，对触电防护的考虑。设计者在力所能及的情况下，应该使设备漏电时施加于触电者的接触电压尽量小，故障持续时间尽量短。而我们常常纠结的是三相系统中，保护接地和保护接零的方案取舍和性能比较。保护接地与保护接零的区别主要从以下三方面来说明：

（1）保护原理不同。保护接地是限制设备漏电后的对地电压，使之不超过安全范围；保护接零是借助接零线路使设备形成短路，促使线路上的保护装置动作，以切断故障设备的电源。

（2）适用范围不同。保护接地既适用于中性点不接地的三相电源系统中，也适用于采取了其他安全措施（如装设漏电保护器）的低压电网；保护接零适用于中性点接地的三相电源系统中（一些民用三相四线中性点接地系统也采用保护接地，但必须是配合带有漏电保护的开关使用）。

（3）线路结构不同。如果采取保护接地措施，电网中可以无工作零线，只设保护接地线；如果采取保护接零措施，则必须设工作零线，利用工作零线做接零保护。保护零线不应接开关、熔断器。当在工作零线上装设熔断器等时，还必须另装保护接地线或接零线。

需要注意的是，这个接零接地保护指的是同一电气设备。而同一配电回路的不同设备不能有的做接零保护，有的做接地保护，两者不能混用。

【模块探索】

查找资料，加深对保护接地、保护接零等知识的理解。

模块四　防雷与静电防护

【模块导航】

问题一：在日常生活工作中，如何防止人受雷害？

问题二：如何消除静电？

【模块解析】

3-7

一、防雷

（一）雷电常识

1. 雷电的产生

雷电是一种自然现象。天空中的云受到气流吹袭时，云中的水滴分解成带正电荷的大水滴和带负电荷的小水滴，随着雷云聚集的电荷越来越多，电位越来越高，当带有不同电荷的雷云相互接近时，就会击穿空气发生强烈的放电现象，伴随着巨大的闪光与声响，这就是雷电现象。带电积云是构成雷电的基本条件，当带电积云与大地凸出物接近到一定距离时，发生强烈的放电，发出耀眼的闪光。放电温度20000℃，空气受热急剧膨胀，发出爆炸的轰鸣声，这就是闪电和雷鸣，如图3-33所示。

图3-33　雷电现象

2. 雷电的特点

当雷云较低时，与地面凸出物产生静电感应，感应电荷与雷云电荷相反而发生放电形成雷击。

雷电的冲击电压很高，一般为几十到几千千伏；雷电电流幅值很大，一般为几十千安，最大可达几百千安；雷电放电时间很短，一般为十几微秒，最大为500ms。

3. 雷电的危害

雷击有很强的破坏作用，建筑物、构筑物受雷击后将现遭到毁灭性破坏，发生倒塌、崩裂。雷电的高电压使电气设备或线路的绝缘击穿，造成停电、短路和爆炸。雷电流产生的高温会产生火灾与爆炸，特别是对易燃易爆物品。当雷电流通过人体时，人将因雷击而死亡，如图3-34和图3-35所示。

4. 常见的防雷措施

防雷装置包括接闪器、引下线和接地装置三部分。其中接闪器的作用是将雷电引至本身，沿引下线经接地装置流入大地，使被保护物免遭雷击的破坏，常用的防雷装置有避雷针、避雷线、避雷网、避雷带、避雷器和保护间隙等。避雷针主要用来保护

图 3 - 34　雷击建筑物

图 3 - 35　雷击架空线路

高耸孤立的建筑物或构筑物及其周围的设施，也常用来保护室外的变配电装置。避雷线常与架空线路同杆架设，用来保护架空线路。避雷网主要用来保护面积较大的建筑物。避雷带常用来保护高层建筑的侧面。避雷器是专用防雷设备，常与设备线路连接，用来保护线路、电气设备及其他电气设施。保护间隙是一种简易的防雷装置，主要用来保护线路和电气设备。

防雷装置必须按规定正确选用与安装。通常采用独立的接地装置，接地电阻一般不大于 10Ω。接地装置应远离通道 3m 以上，并尽可能避开行人来往之处，以防雷电流入地时产生的接触电压或跨步电压的伤害。为防止雷电反击，在避雷针下的构架上严禁架设各种线路和无线电天线。

（二）防止人身受雷伤害的常识

雷电灾害已被联合国列为“最严重的十种自然灾害之一”，被中国相关权威部门称作“电子时代的一大公害”。我国雷暴活动主要集中在每年的 6—8 月，中国国际防雷论坛透露，据不完全统计，中国每年因雷击造成的人员伤亡达 3000～4000 人。因此，雷雨天气，以下这些防雷击常识要牢记：

（1）应该留在室内并关好门窗；在室外工作的人应躲入建筑物内。

（2）不宜使用无防雷措施或防雷措施不足的电视、音响等电器，不宜使用水龙头。

（3）切勿接触天线、水管、铁丝网、金属门窗、建筑物外墙，远离电线等带电设备或其他类似金属装置。

（4）减少使用电话和手机。雨中用耳机听歌也是有危险的（图 3－36）。

图 3－36　雷雨天气请勿打手机

（5）切勿从事户外游泳或其他水上运动，不宜进行室外球类运动，离开水面以及其他空旷场地，寻找地方躲避。在河边洗衣服、钓鱼、玩耍等都是很危险的。

（6）切勿站立于山顶、楼顶或接近其他导电性高的物体。如果来不及离开高大物体时，应马上找些干燥的绝缘物放在地上，并将双脚合拢坐在上面，切勿将脚放在绝缘物以外的地面上，切勿处理开口容器盛载的易燃物品。

（7）在旷野无法躲入有防雷设施的建筑物内时，也不能进入孤立的棚屋、岗亭、大树下避雨，如万不得已，则须与树干保持 5m 距离，下蹲并双腿靠拢。

（8）在空旷场地不宜打伞，不宜把高尔夫球棍等扛在肩上。

（9）雷雨中最好不要奔跑，不宜骑摩托车、自行车。在雷雨中快速移动容易遭雷击。

（10）行雷闪电时不宜淋浴洗澡，因水管与防雷接地相连。住高层的，还要注意关闭门窗，预防雷电直击室内或者防止侧击雷和球雷的侵入。告诫孩子不要把头或手伸出户外，更不要用手触摸窗户的金属架。

（11）远离金属物质。在雨中走时，不能撑铁柄雨伞，金属类的玩具最好收起来。在雷雨天气赤脚行走或避雨，会加大被雷击的可能性。应该立即穿上鞋子，或者在脚底垫上塑料等绝缘体。

（12）当在户外看见闪电几秒钟内就听见雷声，或头、颈、手处有蚂蚁爬走感时，说明正处在靠近雷暴的危险环境，这时应该停止一切行动，并且应迅速躲入有防雷设施保护的建筑物内，或有金属顶的车辆及有金属壳体的船舱内。如无处躲避，严禁奔跑，不要张嘴，应立即双膝下蹲，同时双手抱膝，胸口紧贴膝盖，尽量低下头，曲成一个球状，把自己高度降低，不让自己成为雷电放电点。如果自己高度还是太高了，应赶紧趴在地上，并除去身上佩戴的金属饰品，这样可以减少遭雷击的危险，如图 3－37 所示。

（13）如果在户外看到高压线遭雷击断裂，应尽量远离。因为高压线断点附近存在跨步电压（跨步越大，两脚之间电压越大，也越容易伤人），身处附近的人千万不要跑动，应双脚并拢跳离。

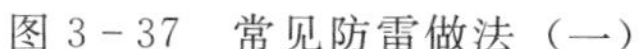

图 3－37　常见防雷做法（一）

图 3－38　常见防雷做法（二）

（14）如果在野外遇到球形雷，不要动，可拾起身边的石块使劲向外扔去，将球形雷引开。雷电通常会选择最近的“路线”，躲避时需要与石壁和突出部分保持距离，如图 3－38 所示。

当有人被雷击时，旁人应立即将病人送往医院。如果当时呼吸、心跳已经停止，应立即实施口对口人工呼吸和闭胸心脏按压，积极进行现场抢救。千万不可因急着运送去医院而不做抢救。送往医院的途中也不应停止抢救措施。此外，要注意给病人保温，若有狂躁不安、痉挛抽搐等症状时，还要为其作头部冷敷。对电灼伤的局部，在急救条件下，只需保持干燥或包扎即可。

二、静电防护

（一）静电的产生及危害

1. 静电的产生

3－8

静电是由两种不同的物体（物质）互相摩擦，或物体与物体紧密接触后又分离而产生的。静电是相对静止的电荷。静电现象是一种常见的带电现象，在固体物质的摩擦、粉碎、研磨过程中，高电阻液体在管中流动，液体注入容器发生冲击、冲刷或飞溅时，都极易发生电子的转移而产生静电，尤其是在石油化工、塑料、化纤、橡胶、纺织等行业经常发生。

2. 静电的特点

静电的特点是：电压很高，可达数万伏，而电压能量很小，只不过数毫焦。绝缘体对其上面的电荷束缚力很强使静电消散很慢；静电带电体周围发生静电感应现象及尖端放电，产生放电火花与电弧。

3. 静电的危害

（1）爆炸和火灾。引起爆炸和火灾是静电最大的危害。静电能量虽然不大，但因其电压很高而容易发生放电。当带电体与不带电或静电电位低的物体互相接近时，如果电位差达到 300V 以上，就会出现火花放电。静电放电的火花能量，若已达到周围可燃物的最小着火能量，而且可燃物在空气中的浓度达到爆炸极限，就会立即发生燃烧或爆炸。

案例：2014 年 3 月 31 日，某炼油厂油品车间当班操作人员倒错流程，使用调和喷嘴流程转油，喷嘴出口流速过快（19.0m/s），产生静电聚集，导致闪爆。未造成人员伤亡，如图 3－39 所示。

图 3－39　静电引发爆炸现场

（2）静电电击对人体的危害。静电电击只发生在瞬间，通过人体的电流为瞬时冲击电流，其危害主要表现在 3 个方面：直接伤害、二次伤害、精神紧张。人体遭受电击时，会精神紧张，发生误操作、高空坠落、摔伤或触碰机械造成伤害等后果。

（3）静电对产品的产量和质量、设备以及生产环境等的危害。静电可以使生产中的粉体沉积，堵塞管道、筛孔等，造成输送不畅引起系统憋压，导致设备破裂。储运塑料等产品过程中，静电放电会导致产品熔融、黏结、变色甚至分解变质、报废等。静电放电能量可能导致计算机、生产控制仪表、安全控制系统中的硅元件损坏，引起误动而酿成事故。

（二）静电防护措施

消除静电危害的主要措施有如下几种：

（1）工艺控制法：限制输送速度，限制静电的产生；加快静电电荷的逸散，使大部分电荷在较短时间里逸散；消除产生静电的附加源；选用合适的材料来消除静电；适当安排物料的投入顺序。

（2）静电屏蔽法：静电屏蔽，即将屏蔽导体靠近带静电体放置，以减轻静电放电的危险和防止静电感应的作用。

（3）静电泄漏法：静电泄漏法就是把静电泄掉。泄漏法包括接地、增湿、加抗静电剂、涂导电涂料等方法。

（4）静电消除器：静电消除器是有效防止绝缘体带电的设备，分为放射线式、外接电源式、自感应式 3 种类型。

对于可能引起事故的静电带电体，最有效、最简单的办法就是通过接地将静电荷及时泄漏，从而消除静电的危害，防静电接地电阻不超过 100Ω 即可。有些场合采用导电性地面，导走设备和人体的静电，其道理与防静电接地相同。在火灾和爆炸危险场所，为避免静电火花造成事故，接地要求如下：

凡用来加工、储存、运输各种易燃性气体、液体和粉尘性材料的设备都必须接地。运输汽油的汽车，应带金属链条或导电橡皮拖在地上，装卸油之前，应先将油槽车与储油罐相连并接地。容积大于 $50m^3$ 的储油罐接地点应设 2 处以上。输送原油、天然气的管道在转弯、变径、分岔、进户处、直管段每隔 100～200m 处都应接地。

消除绝缘体静电危害还普遍采用增湿和加抗静电剂。增湿就是提高空气的湿度，一般可装空调设备并设喷雾器或挂湿布片，增湿主要是增加静电沿绝缘体表面的泄漏，为消除静电危害，保持空气相对湿度为70%以上为宜。加抗静电剂是在易产生静电的绝缘材料，如化纤、橡胶、石油中加入少量的抗静电剂，能降低材料的电阻值，加速静电泄漏。

工艺控制也是常用限制静电的产生与积累的措施，如材料及设备尽量选用导电性的工具及材料；限制油品在管道中的流速；往箱或油罐内注油时尽量从底部压入，若从顶部注油应将注管插到底部以减小飞溅；消除油罐及管道内杂质与积水等，都可以减少静电的产生。

另外，因为人在行走、穿衣服时也会产生静电，为预防人身静电的危害，在轻油泵房或液化气站等具有较高浓度烃蒸气的场所，工作人员应严格穿特制的防静电服和导电橡胶做的防静电鞋。

三、电磁场的防护

在电气技术应用给人类带来生活便利性及生产效率提升的同时，与之相伴的电磁辐射正成为新的污染来源。由于人类生活作业环境中电磁辐射的普遍程度不断加深，世界各国越来越重视电磁环境，重视电磁辐射对人体伤害的研究；电磁辐射对人类健康的影响及其防护已经成为一个迅速发展的科学新领域。针对电磁辐射的国际性合作研究也已展开：世界卫生组织在全球范围内发起了“国际电磁场计划”，旨在针对 0～300GHz 的电磁辐射对人体带来的健康影响进行研究。该计划自启动以来，吸引了世界范围内的科学家与职业健康安全专家参与，推动了人类对电磁辐射危害的了解。

1. 电磁场对人体的伤害

电磁场对人体的主要影响形式可以归纳为以下几种：

（1）热效应：电磁场作用于人体（细胞和生物介质），引起组织温度升高。

（2）非热效应：电磁场通过使人体温度升高以外的方式改变生理生化过程。

（3）累积效应：热效应和非热效应作用于人体后，人体遭受的伤害未得到自我修复（通常所说的人体承受力——内抗力）前，再次受到电磁波辐射，伤害就会发生累积。

长期接触电磁辐射的人群，即使接触功率很小，频率很低，也可能受累积效应影响，产生不同程度的健康危害。受电磁辐射影响，易产生损伤的机体系统包括：中枢神经系统、内分泌系统、心血管系统、免疫系统、造血系统、生殖系统、视觉系统。

暴露在高强度电磁场中对人体健康造成的不良影响早已被确认，而越来越多的研究揭示，长期暴露在低频或低强度电磁辐射中，也会损害人体健康。电磁辐射环境中的作业人员同时受到这两类不同强度的电磁场威胁：一般作业时处于低强度辐射环境中，在某些特殊情况下有接受高频高强辐射的危险（进行设备抢修等需要靠近强电磁源的时候）。对这些作业人员来说，电磁辐射造成的影响与普通人相比更加严重。由于电磁辐射的不可见性，很多作业者并不清楚其对人体的危害，安全意识淡薄。随着人类对电磁辐射及其对人体负面生理作用的认识不断加深，电磁环境作业人员防护的紧迫性和重要性应被给予应有的重视。

2. 电磁场的防护措施

减少电磁辐射的伤害，主要从两方面入手：

（1）降低辐射源的辐射强度。如在辐射源周围铺设特殊材料，材料受电磁场作用产生感应电流，由电流热效应将辐射能量转换为热能。

（2）被动屏蔽法。无法有效降低辐射源辐射强度时，多采用被动屏蔽法，即配备电磁辐射防护装备。

由于电磁辐射特性的复杂性，难以单纯通过对辐射源屏蔽的合理设计消除其危害。配备防护装备，对确保作业者的安全健康是十分必要的。电磁辐射防护服装对电磁辐射具有屏蔽作用，能降低其对人体的伤害，是电磁辐射作业场所应用的主要防护装备。

【模块探索】

查找资料，加深对雷电防护、静电防护及电磁场防护等知识的理解。

模块五 电气设备防火与防爆

【模块导航】

问题一：什么是火灾？什么是爆炸？产生的条件是什么？

问题二：引起电气火灾和爆炸的原因有哪些？应采取哪些防护措施？

问题三：常用的灭火器有哪几种？可用于带电灭火的有哪些？

【模块解析】

一、火灾与爆炸的基本知识

3－9

电气装置在运行过程中不可避免地存在许多引起火灾和爆炸的因素。例如，电气设备的绝缘大多数是采用易燃物质组成的（如绝缘纸、绝缘油等），它们在导体经过电流时的发热、开关产生的电弧及系统故障时产生的火花等因素作用下，发生火灾甚至爆炸。若不采取切实的预防措施及正确的扑救方法，则会酿成严重的后果甚至灾难。

火灾是指失去控制并对财产和人身造成损害的燃烧现象，也可以表述为在时间或空间上失去控制的燃烧所造成的灾害。爆炸是指物质在瞬间以机械功的形式释放出大量气体和能量的现象。由电气方面的原因引起的火灾和爆炸事故，称为电气火灾和爆炸，如图 3－40 所示。

二、引发电气火灾和爆炸的原因

1. 电气线路和设备过热

正确设计、正确施工、正确运行的电气设备，在稳定运行时，发热与散热是平衡的，其最高温度和最高温升都不会超过某一允许范围。但当电气设备的正常运行遭到

图 3-40　电气火灾和爆炸场景

破坏时，发热量增加，温度升高，在一定条件下可能引起火灾。短路、过载、接触不良、铁芯发热、散热不良以及漏电等都可能引起电气设备过度发热，产生危险的温度，从而引发电气火灾和爆炸。

2. 电火花和电弧

电火花是电极间的击穿放电，电弧是由大量的火花汇集成的。一般电火花的温度很高，特别是电弧，温度可达 3000～6000℃，电火花和电弧不仅能引起可燃物燃烧，还可能使金属熔化、飞溅，构成危险的火源。在有爆炸危险的场所，电火花和电弧是十分危险的因素。

3. 静电放电

静电放电，如输油管道中油流与管壁摩擦；皮带与皮带轮间、传送带与物料间互相摩擦产生的静电火花，都可能引起火灾和爆炸。

4. 电热和照明设备使用不当

电灯、电热等电气设备使用时不遵守安全技术要求也是引起火灾和爆炸的原因之一。

三、电气防火与防爆措施

发生电气火灾和爆炸要具备两个条件：一是环境中存在足够数量和浓度的易燃易爆物质，即危险源；二是有引燃条件。在生产场所的动力、照明、控制、保护、测量等系统和生活场所中的各种电气设备和线路，在正常工作或事故中常常会产生电弧、火花和危险的高温，这就具备了引燃条件。

1. 排除易燃易爆物质的措施

(1) 保持良好的通风，以便把可燃易爆气体、蒸汽、粉尘和纤维的浓度降低至爆炸浓度下限之下。

(2) 加强保存易燃易爆物质的生产设备、容器、管道和阀门等的密封管理。

2. 排除电气火源的措施

(1) 在正常运行时能够产生火花、电弧和高温的非防爆电气装置应安装在危险场所之外。

(2) 在危险场所，应尽量不用或少用携带式电气设备。根据危险场所的级别合理选用电气设备的类型并严格按规范安装和使用。在爆炸危险场所必须使用防爆电气设备。按有关制造规程生产的防爆电气设备的类型及其特征有以下几种：①隔爆型；②增安型；③本质安全型；④通风充气型；⑤充油型；⑥充砂型；⑦特殊型。

（3）危险场所电气线路应满足防火防爆要求。电气线路的敷设方式、路径应符合设计规定，当设计无明确规定时，应符合下列要求：

1）电气线路应在爆炸危险性较小的环境或远离释放源的地方敷设。

2）当易燃物质比空气重时，电气线路应在较高处敷设；当易燃物质比空气轻时，电气线路宜在较低处或电缆沟敷设。

3）当电气线路沿输送可燃气体或易燃液体的管道栈桥敷设时，管道内的易燃物质比空气重时，电气线路应敷设在管道的上方；管道内的易燃物质比空气轻时，电气线路应敷设在管道的正下方两侧。

4）敷设电气线路时宜避开可能受到机械损伤、震动、腐蚀以及可能受热的地方；当不能避开时，应采取预防措施。

5）爆炸危险环境内采用的低压电缆和绝缘导线，其额定电压必须高于线路的工作电压，且不得低于500V，铝线截面面积不小于2.5mm^2，绝缘导线必须敷设于钢管内。电气工作中性线绝缘层的额定电压，应与相线电压相同，并应在同一护套或钢管内敷设。

6）电气线路使用的接线盒、分线盒、活接头、隔离密封件等连接件的选型，应符合《爆炸和火灾危险环境电力装置设计规范》（GB 50058—2014）的规定。

7）导线或电缆的连接，应采用有防松措施的螺栓固定，或压接、钎焊、熔焊，但不得绕接。铝芯与电气设备的连接，应有可靠的铜铝过渡接头等措施。

8）正确选用保护信号装置和连锁装置，保证在电气设备和线路过负荷或短路时，及时可靠地报警或切断电源。危险场所的电气设备运行时，不带电的金属外壳应可靠接地或接零。

3. 消除和防止静电火花的措施

（1）静电接地。油品生产和储运设施、管道及加油辅助工具等应采取静电接地。当它们与防雷、电气保护接地系统可以共用时，不再采用单独静电接地措施。

（2）改善工艺操作条件或采用工艺控制法控制静电产生。

（3）采用静电消除器、抗静电添加剂、缓和剂、静电中和器等方法防止静电荷积累。

4. 在土建方面的防火防爆措施

（1）建筑采用耐火材料。

（2）充油设备间应保持一定的防火距离。

（3）装设储油和排油设施以阻止火势蔓延。

（4）电工建筑或设施应尽量远离危险场所。

3-10

四、常用电气设备的防火防爆

（一）变压器的防火防爆

变压器是变配电站最重要的电气设备，一旦发生火灾或者爆炸，不仅会造成变压器损坏，还会造成变电所停电及系统大面积停电，带来巨大的经济损失。

1．变压器火灾的危险性

当变压器内部发生短路放电时，高温电弧可能使变压器油迅速分解汽化，在变压器油箱中形成很高的压力，当压力超过油箱的机械强度时即产生爆炸；或分解出来的油气混合物与变压器油一起从变压器的防爆管大量喷出，可能造成火灾。

2．油浸变压器发生火灾和爆炸的主要原因

（1）绕组绝缘老化或损坏产生短路。

（2）线圈接触不良产生高温或电火花。

（3）套管损坏爆裂起火。

（4）变压器油老化变质引起绝缘击穿。

（5）雷击、外部短路及外界火源等其他原因也可能引起火灾和爆炸。

3．预防变压器火灾和爆炸的措施

（1）预防变压器绝缘击穿。

（2）预防铁芯多点接地及短路。

（3）预防套管闪络爆炸。

（4）预防引线及分接开关事故。

（5）加强油务管理和监督。

除了从技术角度防止变压器发生火灾和爆炸外，还应从组织的角度做好变压器常规的防火防爆工作，其措施如下：

（1）加强变压器的运行监视。

（2）保证变压器的保护装置可靠运行。

（3）保持变压器的良好通风。

（4）设置事故蓄油坑。

（5）建防火隔墙或防火防爆建筑。

（6）设置消防设备。

（二）油浸纸介质电容器的防火防爆

1．油浸纸介质电容器发生火灾和爆炸的原因

油浸纸介质电容器的火灾危险一般都是由电容器爆炸引起的。油浸纸介质电容器最常见的故障是元件极间或对外壳绝缘的击穿，其原因大都是由于电容器真空度不高、不清洁、对地绝缘不良、运行环境温度过高等造成的故障发展过程一般为先出现热击穿，逐步发展到电击穿。

2．防止电容器爆炸、火灾的措施

（1）完善电容器内部故障的保护，选用有熔丝保护的高低压电容器。

（2）加强电容补偿装置的运行管理与维护。

（3）电容器室应符合防火要求。

（4）应备有防火设施。

（5）结合电网设备改造逐步淘汰油浸纸介质电容器，而采用塑膜式干式电容器，以防止产生电容器火灾。

（三）电力电缆的防火防爆

1. 电力电缆爆炸起火的原因

（1）绝缘损坏引起短路故障。

（2）电缆长时间过载运行。

（3）油浸电缆因高度差发生淌、漏油。

（4）中间接头盒绝缘击穿。

（5）电缆头燃烧。

（6）外界火源和热源导致电缆火灾。

2. 电缆防火防爆措施

（1）选用满足热稳定要求的电缆。

（2）防止运行过负载。

（3）遵守电缆敷设的有关规定。

（4）定期巡视检查。

（5）严密封闭电缆孔、洞和设置防火门及隔墙。

（6）剥去非直埋电缆外表黄麻外保护层。

（7）保持电缆隧道的清洁和适当通风。

（8）保持电缆隧道或沟道有良好的照明。

（9）防止火种进入电缆沟内。

（10）定期进行检修和试验。

（四）低压配电屏和开关的防火措施

（1）低压配电屏（盘、柜、板）应采用耐火材料制成。

（2）配电屏最好装在单独的房间内，并固定在干燥清洁的地方。

（3）配电屏上的设备应根据电压、负载、用电场所和防火要求等选定。其电气设备应安装牢固；总开关和分路开关的容量应满足总负载和各分路负载的需要。

（4）配电屏中的配线应采用绝缘线，破损导线要及时更换。敷线应连接口可靠、排列整齐，尽量做到横平竖直、绑扎成束，且用线卡固定在板面上；尽量避免导线相互交叉，必须交叉时应加绝缘套管。

（5）定期测量配电屏线路的绝缘电阻；不合格时应及时更换，或采取其他有关措施解决。

（6）配电屏金属支架及电气设备的金属外壳，必须实行可靠的接地或接零保护。

（五）低压开关的防火措施

（1）选用开关应与环境的防火要求相适应。

（2）闸刀开关应安装在耐热、不易燃烧的材料上。

（3）导线与开关接头处的连接要牢固，接触要良好。

（4）容量较小的负载，可采用胶盖瓷底闸刀开关；潮湿、多尘等危险场所应用铁壳开关；容量较大的负载要采用自动空气开关。

（5）开关的额定电压应与实际电源电压等级相符；其额定电流要与负载需要相适

应；断流容量要满足系统短路容量的要求。

（6）自动开关运行中要常检查、勤清扫。

（7）在中性点接地的低压配电系统中，单极开关一定要接在火线上，否则开关虽断，电气设备仍然带电，一旦火线接地，便有发生接地短路而引起火灾的危险。

（8）防爆开关在使用前必须将黄油擦除（出厂时为防止锈蚀而涂），然后再涂上机油。因黄油内所含水分等在电弧高温作用下会分解，极易引起爆炸。

（六）电动机的防火与防爆

1. 电动机起火的原因

（1）电动机短路故障。

（2）电动机过负载。

（3）电源电压太低或太高。

（4）电动机启动时间过长或短时间内连续多次启动。

（5）电动机轴承润滑不足或润滑油脏污、轴承损坏卡住转子，导致定子电流增大，使定子绕组过热起火。

（6）电动机吸入纤维、粉尘而堵塞风道，热量不能排放，或转子与静子摩擦，引起绕组温度升高起火。

（7）接线端子接触电阻过大，电流通过产生高温，或接头松动产生电火花起火。

2. 电动机的防火措施

（1）根据电动机的工作环境，对电动机进行防潮、防腐、防尘、防爆处理，安装时要符合防火要求。

（2）电动机周围不得堆放杂物，电动机及其启动装置与可燃物之间应保持适当距离，以免引起火灾。

（3）检修后及停电超过 7d 以上的电动机，启动前应测量其绝缘电阻合格，以防投入运行后，因绝缘受潮发生相间短路或对地击穿而烧坏电动机。

（4）电动机启动应严格执行规定的启动次数和间隔时间，尽量避免频繁启动，以免定子绕组热积累导致过热起火。

（5）加强运行监视。

（6）发现缺相运行时，应立即切断电源，防止电动机缺相运行引起过载发热起火。

（七）防止照明灯具引起火灾的措施

造成照明灯具火灾的主要原因是选型错误、使用不当、电灯线短路及接头冒火、周围环境有易燃或可燃物等，防止照明灯具起火的具体措施如下。

（1）正确选用合乎要求的灯具类型。

（2）照明线路的导线及其敷设，应符合规定与实际照明负载的需要。

（3）照明灯泡与可燃物之间应保持一定距离，在灯泡正下方不可存放可燃物，以防灯泡破碎时掉落火花引起燃烧。

（4）高压水银荧光灯的表面温度与白炽灯相近；卤钨灯的石英管表面温度极高，

1000W的卤钨灯可达500～800℃，故存放可燃、易燃物的库房不宜使用。

（5）要注意灯泡的散热通风。

（6）使用36V的安全灯具时，其电源导线必须有足够大的截面，否则会导致电线过热起火。

（7）荧光灯和高压水银灯的镇流器不应安装在可燃性的建筑构件上，以免镇流器过热烤着可燃物；灯具应牢固地悬挂在规定的高度上，以防掉落或被碰落引着可燃物。

（8）更换防爆型灯具的灯泡时，不应换上比标明瓦数大的灯泡，更不可随意或临时用普通白炽灯泡代替。

（9）发现灯具及其配件有缺陷时应及时修理，切勿将就使用；各种灯具，尤其是大功率灯具，当不需要使用时，都应该随手关掉。

（八）开关、插座和熔断器的防火措施

1. 防止开关与插座引发电气火灾的措施

（1）正确选型。

（2）单极开关要接在火线上。

（3）开关与插座的额定电流和电压均应与实际电路相适应。

（4）开关与插座应安装在清洁、干燥的场所。

（5）开关与插座损坏后，应及时修理或更换，不可将就着使用。

2. 防止熔断器引发电气火灾的措施

（1）熔体选用要恰当。

（2）正确选型。

（3）一般应在电源进线、线路分支线和用电设备上安装熔断器。

（4）大电流熔断器应安装在耐热的基座上，其密封保护壳应用瓷质或铁质材料，不准用硬纸或木质夹板等可燃物。

（5）熔断器周围不要有影响其工作的杂物。

（九）防止电热器具引起火灾的措施

（1）在有电热器具或设备的车间、班组等场所，应装设总电源开关与熔断器；大功率电热器具要使用单独的开关和熔断器，避免用电气插销，因其插拔时容易引起闪弧或短路。

（2）电热器具的导线的安全载流量一定要能满足电热器具的容量要求，且不可使用胶质线作为电源线。

（3）电热器具应放置在泥砖、石棉板等不可燃材料基座上。切不可直接放在桌子或台板上，以免烤燃起火，同时应远离易燃或可燃物。在有可燃气体、易燃液体蒸汽和可燃粉尘等场所，均不应装设或使用电热器具。

（4）使用电热器具时必须有人看管，不可中途离开，必须离开时应先切断电源；对必须连续使用的电热器具，下班时也应指定专人看护及负责切断电源。

（5）日常应加强对电热器具的维护管理。使用前须检查是否完好，若发现其导线绝缘损坏、老化或开关、插销及熔断器不完整时，不准勉强使用，必须更换合格器件。

五、扑救电气火灾的常识

3-11

无论是电业部门、城乡工厂企业，还是居民区或者农户住宅，一旦发生了电气火灾，由于通常是带电燃烧，蔓延很快，故扑救均较为困难且危害极大。为了能尽快地扑灭电气火灾，必须了解电气火灾的特点及熟悉切断电源的方法，在平时就要严格执行好消防安全制度，使灭火准备常备不懈。

电气灭火有两个特点：一是着火后电气设备可能带电，如不注意可能引起触电事故；二是有些电气设备（如电力变压器、多油断路器等）本身充有大量的油，可能发生喷油甚至爆炸事故，造成火势蔓延，扩大火灾范围。

（一）扑救电气火灾

1. 灭火前电源处理

发生电气火灾时，应尽可能先切断电源，然后再采用相应的灭火器材进行灭火，以加强灭火效果和防止救火人员在灭火时发生触电。切断电源的方法及注意事项如下：

(1) 火灾发生后，由于受潮或烟熏，开关设备绝缘能力降低。因此，拉闸时最好用绝缘工具操作。

(2) 高压应先操作断路器而不应先操作隔离开关切断电源；低压应先操作磁力启动器，而不应先操作闸刀开关切断电源，以免引起弧光短路。

(3) 切断电源的地点要选择适当，防止切断电源后影响灭火工作。

(4) 剪断电线时，不同相电位应在不同部位剪断，以免造成短路；剪断空中电线时，剪断位置应选择在电源方向的支持物附近，以防止电线切断后断落下来造成接地短路和触电事故。

(5) 如果线路带有负载，应尽可能先切除负载，再切断现场电源。

2. 断电灭火

在着火电气设备的电源切断后，扑灭电气火灾的注意事项如下：

(1) 灭火人员应尽可能站在上风侧进行灭火。

(2) 灭火时若发现有毒烟气（如电缆燃烧时），应戴防毒面具。

(3) 若灭火过程中，灭火人员身上着火，应就地打滚或撕脱衣服，不得用灭火器直接向灭火人员身上喷射，可用湿麻袋或湿棉被覆盖在灭火人员身上。

(4) 灭火过程中，应防止全厂（站）停电，以免给灭火带来困难。

(5) 灭火过程中，应防止上部空间可燃物着火落下危害人身和设备安全，在屋顶上灭火时，要防止坠落至附近“火海”中。

(6) 室内着火时，切勿急于打开门窗，以防空气对流而加重火势。

3. 带电灭火

带电灭火时，应使用干式灭火器、二氧化碳灭火器进行灭火，不得使用泡沫灭火剂或用水进行泼救。用水枪灭火时宜采用喷雾水枪，这种水枪通过水柱的泄漏电流较小，带电灭火比较安全，灭火人员需穿戴绝缘手套和绝缘靴或穿均压服操作。

用水灭火时，水枪喷嘴至带电体的距离：电压110kV及以下者不应小于3m；220kV及其以上者不应小于5m。用二氧化碳不导电灭火器灭火时，机体、喷嘴至带电体的最小距离：10kV者不应小于0.1m；36kV者不应小于0.6m。归纳起来需要注意以下几点：

（1）根据火情适当选用灭火剂。

（2）采用喷雾水花灭火。

（3）灭火人员与带电体之间应保持必要的安全距离。

（4）对高空设备灭火时，人体位置与带电体之间的仰角不得超过45°，以防导线断线危及灭火人员人身安全。

（5）若有带电导线落地，应划出一定的警戒区，防止跨步电压触电。

4. 充油设备灭火

充油设备外部着火时，可用不导电灭火剂带电灭火。如果充油设备内部故障起火，则必须立即切断电源，用冷却灭火法和窒息灭火法使火焰熄灭。即使在火焰熄灭后，还应持续喷洒冷却剂，直到设备温度降至绝缘油闪点以下，防止高温使油气重燃造成重大事故。如果油箱已经爆裂，燃油外泄，可用泡沫灭火器或黄沙扑灭地面和蓄油池内的燃油，注意采取措施防止燃油蔓延。

发电机和电动机等旋转电机着火时，为防止轴和轴承变形，应使其慢慢转动，可用二氧化碳、二氟一氯一溴甲烷或蒸汽灭火，也可用喷雾水灭火。用冷却剂灭火时注意使电机均匀冷却，但不宜用干粉、砂土灭火，以免损伤电气设备绝缘和轴承。

（二）常用灭火器

1. 手提式二氧化碳灭火器（图3-41）

3-12

图3-41　手提式二氧化碳灭火器

（1）使用范围：手提式二氧化碳灭火器主要适用于扑灭可燃固体、可燃液体、可燃气体与带电设备的初起火灾；适用于扑灭图书、档案、贵重设备、精密仪器、600V以下电气设备及油类的初起火灾。

（2）使用方法：先拔出保险销，再把压把压合，将喷嘴对准火焰根部喷射。使用时，因二氧化碳气体易使人窒息，人应该站在上风侧，手应握住灭火器手柄，防止与冰接触人体造成冻伤。使用时要尽量防止皮肤因直接接触喷筒和喷射胶管而造成冻伤。扑救电器火灾时，如果电压超过600V，切记要先切断电源后再灭火，如图3-42所示。

（3）报废年限：按照国家相关规范，二氧化碳灭火器的强制报废年限是12年；另外二氧化碳灭火器的灭火剂也有有效期，正常环境温度下储存，有效期是2年，但一般来说灭火剂的更换期为1～2年。

2. 推车式二氧化碳灭火器（图3-43）

（1）适用范围：适用于扑灭可燃固体、可燃液体、可燃气体与带电设备的初起火灾。

（2）使用方法：使用时，一般由两人操作，先将灭火器迅速推拉到火场，在距离

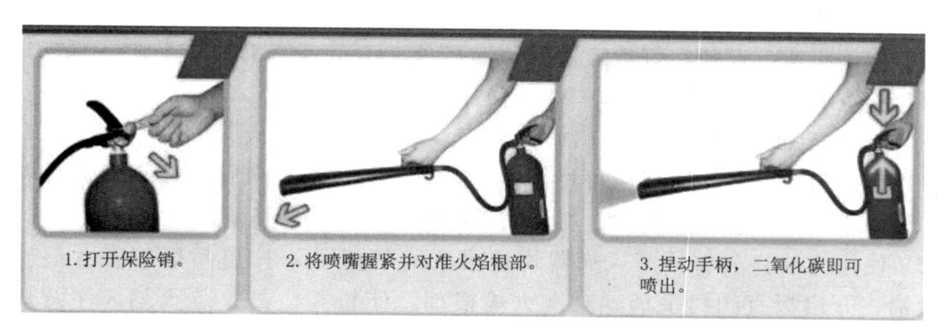

图 3-42　手提式二氧化碳灭火器使用步骤

着火点 1m 左右处停下，由一人施放喷射软管后，双手紧握喷枪并对准燃烧处；另一人则先逆时针方向转动手轮，将螺杆升到最高位置，使瓶盖开足，然后将筒体向后倾倒，使拉杆触地，并将阀门手柄旋转 90°，即可喷射泡沫进行灭火。使用时要尽量防止皮肤因直接接触喷筒和喷射胶管而造成冻伤。扑救电器火灾时，如果电压超过 600V，切记要先切断电源后再灭火。

3. 手提式干粉灭火器（图 3-44）

（1）适用范围：普通的固体物质火灾、液体或可熔化的固体物质火灾、气体火灾，以及带电设备火灾，但是不能扑金属燃烧的火灾。

图 3-43　推车式二氧化碳灭火器

图 3-44　手提式干粉灭火器

（2）使用方法：将灭火器翻转摇动数次，拉出保险销（拉环），在距离火焰 2m 的地方，对准火焰根部，压下压把，干粉喷出。注意：不可倒置使用，不要逆风喷射。如图 3-45 所示。

1. 提起灭火器

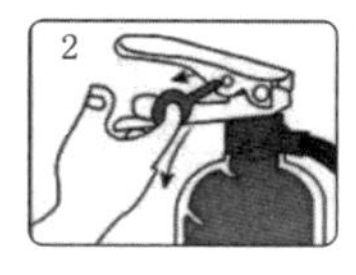

2. 拔下保险销

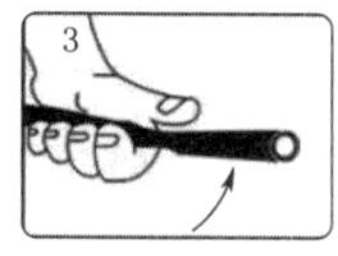

3. 握住软管

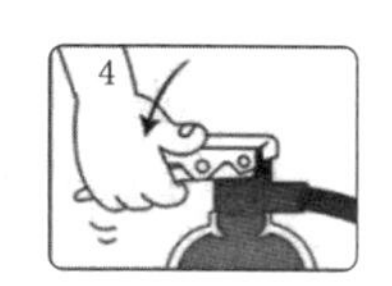

4. 对准火苗根部扫射

图 3-45　手提式干粉灭火器使用方法

（3）报废年限：手提式干粉灭火器的报废年限从灭火器出厂日期算起，达到 8 年年限的，必须报废。要放在好取、干燥、通风处。不可日晒雨淋，严禁高温环境下存放。每年检查两次干粉是否结块，有问题的话要及时更换。

4. 推车式干粉灭火器（图 3－46）

（1）适用范围：适用于扑灭可燃固体、可燃液体、可燃气体与带电设备的初起火灾。广泛用于工厂、仓库、船舶、加油站、配电房、车辆等场所。

（2）使用方法：先将推车灭火器快速推到火源近处，拉出喷射胶管并展直，拔出保险销，开启扳直阀门手柄，对准火焰根部，使粉雾横扫重点火焰，注意切断火源，由近及远向前推进灭火。推车式干粉灭火器一般由两人操作，使用时两人一起将灭火器推或拉到燃烧处，在离燃烧物 10m 左右停下，一人快速取下喇叭筒并展开喷射软管后，握住喇叭筒根部的手柄，另一人快速按逆时针方向旋动手轮，并开到最大位置。

（3）报废年限：推车式干粉灭火器的报废年限从灭火器出厂日期算起，达到 10 年年限的，必须报废。

5. 手提式泡沫灭火器（图 3－47）

（1）适用范围：适用于扑灭可燃固体以及如油制品、油脂的可燃液体的火灾。不能扑救水溶性可燃、易燃液体的火灾，也不能扑救带电设备的火灾。

图 3－46　推车式干粉灭火器

图 3－47　手提式泡沫灭火器

（2）使用方法：在距离着火点 10m 左右，把灭火器颠倒过来呈垂直状态，用劲上下晃动几下，喷嘴对准着火点，然后放开喷嘴。右手抓筒耳，左手抓筒底边缘，把喷嘴朝向燃烧区，站在离火源 8m 的地方喷射，并不断前进，兜围着火焰喷射，直至把火扑灭。注意：使用时，灭火器应始终保持倒置状态，否则会中断喷射；奔赴火场时应注意不得使灭火器过分倾斜，更不可横拿或颠倒，以免两种药剂混合而提前喷出。

（3）报废年限：手提式泡沫灭火器从出厂日期算起，达到 5 年年限的，必须报废。

6. 推车式泡沫灭火器（图 3－48）

（1）适用范围：适用于扑灭可燃固体以及如油制品、油脂等可燃液体的火灾。不能扑救水溶性可燃、易燃液体的火灾，也不能扑救带电设备的火灾。

（2）使用方法：使用时，一般由两人操作，先将灭火器迅速推拉到火场，在距离着火点5m左右处停下，由一人施放喷射软管后，双手紧握喷枪并对准燃烧处；另一人则先逆时针方向转动手轮，将螺杆升到最高位置，使瓶盖开足，然后将筒体向后倾倒，使拉杆触地，并将阀门手柄旋转90°，即可喷射泡沫进行灭火。如阀门装在喷枪处，则由负责操作喷枪者打开阀门。

图3－48　推车式泡沫灭火器

（3）报废年限：推车式泡沫灭火器从出厂日期算起，达到8年年限的，必须报废。

7．其他常见消防器材

（1）灭火毯是由玻璃纤维等材料经过特殊处理编织而成的织物，能起到隔离热源及火焰的作用，可用于扑灭油锅火或者披覆在身上逃生。

（2）消防过滤式自救呼吸器是防止火场有毒气体侵入呼吸道的个人防护用品，由防护头罩、过滤装置和面罩组成，可用于火场浓烟环境下的逃生自救。

（3）救生缓降器是供人员随绳索靠自重从高处缓慢下降的紧急逃生装置，主要由绳索、安全带、安全钩、绳索卷盘等组成，可往复使用。

（4）带声光报警功能的强光手电具有火灾应急照明和紧急呼救功能，可用于火场浓烟以及黑暗环境下人员疏散照明和发出声光呼救信号。

（5）“1211”灭火器的灭火剂“1211”（二氟一氯一溴甲烷）是一种具有高效、低毒、腐蚀性小、灭火后不留痕迹、不导电、使用安全、储存期长的新型优良灭火剂，是卤代烷灭火剂的一种。其灭火作用在于阻止燃烧连锁反应并有一定的冷却窒息效果。特别适用于扑灭油类、电气设备、精密仪表及一般有机溶剂的火灾。

（6）水是一种最常用的灭火剂，具有很好的冷却效果。

（7）干砂的作用是覆盖燃烧物，吸热、降温并使燃烧物与空气隔离。特别适用于扑灭油类和其他易燃液体的火灾，但禁止用于旋转电机灭火，以免损坏电机和轴承。

【模块探索】

查找资料，加深对电气火灾和爆炸相关知识的理解。探索是否有新技术、新设备来提升电气防火和防爆。

模块六　火灾扑救及灭火器使用实训

【模块导航】

问题一：实训的目的是什么？

问题二：如何使用灭火器？

【模块解析】

一、实训概述

火灾扑救是安全培训基础内容，灭火器使用技能是电力专业学生必须掌握的安全

3－13

用电技能之一，该实验紧密配合前面理论课程教学，将火灾扑救知识、灭火器结构与选择，以及灭火器使用实训三部分内容有机结合起来，强化学生对灭火理论知识掌握，突出学生对初起火灾扑救与各类灭火器使用技能的实训，基于多媒体教学与操作实训相结合的模块化教学模式，实践与拓展课程理论知识，系统演示了火灾扑救原理、知识与过程，有效训练了学生火灾扑救与灭火器使用技能，使其火灾扑救知识与技能得到有效的培训与训练。

二、实训目的与内容

（1）掌握火灾扑救的基本原理与基本过程。

（2）掌握发生不同类型火灾时使用灭火器种类的选择。

（3）掌握干粉灭火器的有效使用与安全操作方法。

（4）掌握二氧化碳灭火器的有效使用与安全操作方法。

（5）掌握泡沫灭火器的有效使用与安全操作方法。

三、实训体系

火灾扑救及灭火器使用实验实训模块体系如图3-49所示。

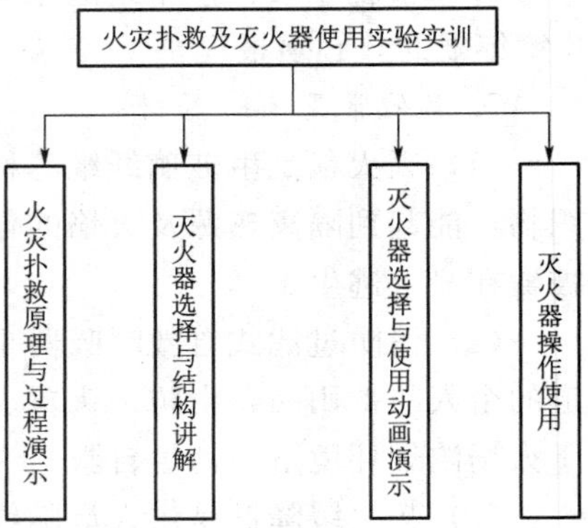

图3-49　火灾扑救及灭火器使用实验实训模块体系

四、实训操作

1. 实验原理

（1）基本原理：消除燃烧条件（可燃物、助燃物与火源）中的任何一条，火就会熄灭。

（2）灭火技术。

1）隔离法。将可燃物与着火源隔离开，如干粉灭火器，隔离等。

2）冷却法。将燃烧温度降至着火点以下，如用水灭火。

3）窒息法。消除燃烧的条件之一：助燃物（空气、氧气或其他氧化剂），使燃烧停止，如二氧化碳灭火。

4）抑制法（化学）。灭火剂与链式反应的中间体自由基反应，从而使燃烧的链式反应中断，卤代烷灭火剂。

（3）灭火器选择原则，按照上一节内容进行选择。

2. 实验步骤与安全事项

（1）实验步骤主要分为以下3个阶段。

1）介绍灭火原理与各种灭火器结构；介绍不同类灭火器选择与使用方法；介绍灭火器使用安全注意事项。

2）灭火器选择与使用视频演示（图3-50）。

3）室外模拟火灾扑救实训。

（2）火灾扑救时，应注意以下安全事项。

图 3-50 车推式灭火器的使用

1）选择火灾模拟室外场地。

2）大致判断风向与风速。

3）在燃烧池中点火（常见油类与固体可燃物火灾）。

4）示范灭火器使用方法。

5）学生分组选择灭火器（干粉灭火器）扑救相应火灾实训。

6）清理模拟火灾扑救现场与整理实验设观察与记录。

五、实训注意事项

1. 二氧化碳灭火器操作与使用注意事项

（1）不适用于空旷地域的灭火。

（2）喷嘴时，人要站在上风处，尽管靠近火源，若空气不流畅，则消防人员喷射后应立即撤出。

（3）定期检查，当二氧化碳重量减少 1/10 时，及时补充装灌。

（4）应放在明显易取的地方，防止温度超过 42℃和日晒。

2. 泡沫灭火器操作与使用注意事项

（1）若喷嘴被堵塞，应将筒身平放在地面上，用铁丝疏通喷嘴，不能打击筒体等。

（2）使用时筒盖与筒底不朝人身，防止意外爆炸飞出伤人。

（3）应放置在明显且易于取用的地方，防止高温和冻结。

（4）使用 3 年后，其筒身应做水压试验，平时加强对喷嘴、螺帽的检查，且每年检查一次药剂是否符合要求。

3. 干粉灭火器操作与使用注意事项

（1）应尽可能靠近火源的地方开始启动。

（2）喷粉要由近而远向前平推，左右横托，不使火焰窜向。

（3）应放在明显易取且通风良好的地方。

（4）每隔半年检查一次干粉质量（是否结块），称一称重量，减少 1/10 以上则应补充二氧化碳，一年做一次水压试验。

六、拓展训练与思考

（1）记录实验过程，总结实验中出现的问题。

（2）根据实验报告要求，撰写实验报告，分析实验中出现的问题，提出各类灭火器操作使用体会。

【模块探索】

通过演示火灾扑救原理、知识与过程，有效训练了学生火灾扑救与灭火器的使用技能，使其火灾扑救知识与技能得到有效培训与训练。

【项目练习】

请扫描二维码，完成项目练习。

项目三练习

项目三练习答案

项目四 电气安全工作技术

【学习目标】

学习单元	能力目标	知识点
模块一　电气工作安全组织措施	掌握电气工作安全组织措施	电气工作安全组织措施的组成；工作票制度；工作许可制度；工作监护制度；工作间断、转移和终结制度
模块二　电气设备检修工作票实施仿真实训	掌握设备巡视、倒闸操作、排查故障的能力	模拟变电站中各种电气设备巡视、倒闸操作；演习各类事故现象及事故处理
模块三　电气工作安全技术措施	掌握电气工作安全技术措施的流程及其注意事项	电气工作安全技术措施的流程；各技术措施的基本要求及注意事项
模块四　电气倒闸操作安全技术	掌握电气设备的四种不同的状态；了解倒闸操作的安全规程；了解操作票制度及其执行	电气设备的四种状态；倒闸操作的安全规程；操作票制度与要求；倒闸操作中重点防止的误操作
模块五　电气倒闸操作仿真实训	掌握倒闸操作的程序与标准，掌握具体操作的步骤与方法	变电站 10kV 开关及线路的倒闸操作仿真实训的预习与准备；高压开关柜断路器操作票填写；完成现场训练
模块六　变电运行管理技术	了解变电运行管理的任务、制度；了解变电所的设备管理；了解变电事故分类及其处理方法	变电运行的任务及内容；变电站的主要制度；变电站的设备管理；变电站事故处理
模块七　10kV 配网故障体感系统实训	了解各种故障现象的特征以及故障对人员和设备造成的危害；掌握正确操作设备的方法；避免安全事故的发生	模拟 10kV 配网线路在实际运行当中出现的各种故障；单相接地、断相以及带负荷分合隔离刀闸恶性事件等故障的演示
模块八　用电设备安全技术	了解常见低压电器、电动机、照明装置、家用电器、钻井机动设备及交流电焊机等的安全技术	低压电器、电动机、照明装置、家用电器、钻井机动设备及交流电焊机等的基本知识
模块九　线路过载体感设备实训	了解过载保护器对线路过载时的保护作用；了解过载保护器和导线容量选择不当时引起的过载拒动作、甚至引起火灾等严重后果	演示导线和开关不匹配产生着火甚至发生火灾的现象；体验设备过载所带来的危害；主动落实安全防护措施，以防止安全事故发生

【思政引导】

电力工匠陈国信，作为一线技能大师和电网“创新达人”，其职业生涯充满了对电力事业的执着追求和不懈创新。

作为高压带电作业领域的专家，陈国信在高压带电作业方面有着深厚的造诣。他所在的班组平均每年开展带电作业200多次，为厦门地区的电网安全稳定运行作出了巨大贡献。荣获全国五一劳动奖章、中华技能大奖、全国技术能手、全国电力行业技术能手等多项荣誉。

陈国信在高压带电作业领域取得了多项创新成果，填补了国内相关领域的空白。他拥有发明专利20项、实用新型专利32项，省部级科技成果奖15项。他创建的陈国信工作室不仅培养了多名优秀人才，还有24个成果获得省级电力科技进步奖。

在疫情防控期间，陈国信坚守岗位，发出倡议书号召全体职工坚决打赢疫情阻击战。他绘制“防疫作战图”，逐一落实防疫指挥部、定点医院、防疫物资厂家等重要客户线路保电方案，为抗击疫情提供了有力的电力保障。

陈国信用他的智慧和汗水书写了一名电力工匠的辉煌篇章。他不仅是电力行业的杰出代表，更是新时代劳动者的楷模和榜样。

电气安全主要包括人身安全与设备安全两个方面。人身安全是指在从事电气工作和电气设备操作使用过程中人员的安全；设备安全是指电气设备及有关其他设备的安全。强化和实施安全工作的技术措施和组织措施，加强电气安全防范，是电力系统人身和设备重要手段。

模块一　电气工作安全组织措施

【模块导航】

问题一：电气工作保证安全的组织措施有哪些？

问题二：工作票的作用是什么？适用于哪些工作范围？对保证电气工作安全有何意义？

【模块解析】

电气工作安全组织措施是指在进行电气作业时，将与检修、试验、调度、运行有关的部门组织起来，加强联系、密切配合，在统一指挥下，共同保证电气作业的安全。

在电气设备上工作，保证安全的电气作业组织措施有：

4-1

（1）工作票制度。

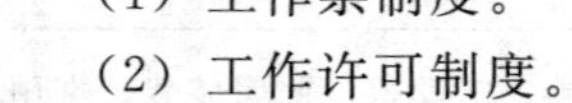

（2）工作许可制度。

（3）工作监护制度。

（4）工作间断、转移和终结制度。

4-2

目前有的企业在线路施工中，除完成国家上述规定的组织措施外，还增加了现场勘查制度的组织措施。

一、工作票制度

将需要检修、试验的设备填写在具有固定格式的书面上，以作为进行工作的书面联系，这种印有电气工作固定格式的书页称为工作票。在电气设备上进行任何电气作业，都必须填用工作票，并依据工作票布置安全措施和办理开工、终结手续，这种制度称为工作票制度。工作票作用如图4-1所示。

（一）工作票种类及适用范围

在电气设备上的工作，应填用工作票或事故应急抢修单，其工作票方式有下列6种：

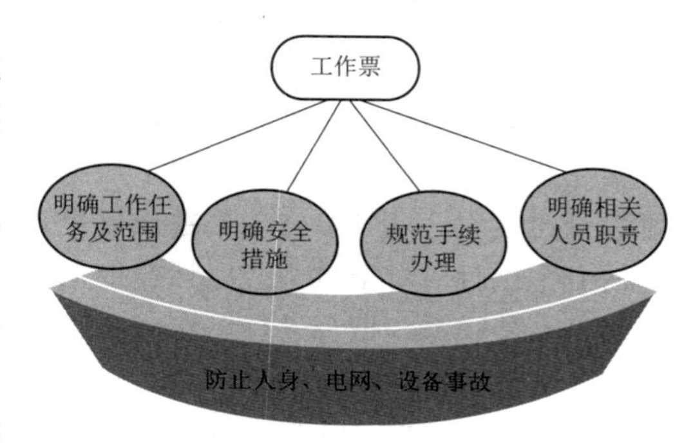

图4-1　工作票作用

1）变电站（发电厂）第一种工作票（见附录A）。

2）电力电缆第一种工作票（见附录B）。

3）变电站（发电厂）第二种工作票（见附录C）。

4）电力电缆第二种工作票（见附录D）。

5）变电站（发电厂）带电作业工作票（见附录E）。

6）变电站（发电厂）事故应急抢修单（见附录F）。

《电力安全工作规程》明确规定不同的工作范围和工作安全措施要求，应填用不同种类的工作票。

（1）填用第一种工作票的工作为：

1）高压设备上工作需要全部停电或部分停电者。

2）二次系统和照明等回路上的工作，需要将高压设备停电者或做安全措施者。

3）高压电力电缆需停电的工作。

4）其他工作需要将高压设备停电或要做安全措施者。

（2）填用第二种工作票的工作为：

1）控制盘和低压配电盘、配电箱、电源干线上的工作。

2）二次系统和照明等回路上的工作，无须将高压设备停电者或做安全措施者。

3）转动中的发电机、同期调相机的励磁回路或高压电动机转子电阻回路上的工作。

4）非运行人员用绝缘棒和电压互感器定相或用钳型电流表测量高压回路的电流。

5）大于表4-1距离的相关场所和带电设备外壳上的工作以及无可能触及带电设备导电部分的工作。

6）高压电力电缆不需停电的工作。

表4-1　设备不停电时的安全距离

电压等级/kV	≤10	20～35	63～110	220	330	500
安全距离/m	0.70	1.00	1.50	3.00	4.00	5.00

注　表中未列电压按高一档电压等级的安全距离。

（3）填用带电作业工作票的工作为：带电作业或与邻近带电设备的距离小于《电力安全工作规程》规定距离的工作。

(4) 填用事故应急抢修单工作时，事故应急抢修可不用工作票，但应使用事故应急抢修单。

对于无须填用工作票的工作，可以通过口头或电话命令的形式向有关人员进行布置和联系，如注油、取油样、测接地电阻、悬挂警告牌、电气值班员按现场规程规定所进行的工作、电气检修人员在低压电动机和照明回路上的工作等，均可根据口头或电话命令执行。对于口头或电话命令的工作，若没得到有关人员的命令，也没有向当班值班人员联系，擅自进行工作，是违反《电力安全工作规程》的。

口头或电话命令，必须清楚正确，值班人员应将发令人、负责人及工作任务详细记人操作记录簿中，并向发令人复诵核对一遍，对重要的口头或电话命令，双方应进行录音。

(二) 工作票正确填写与签发

1. 工作票填写

工作票由签发人填写，也可以由工作负责人填写。工作票要使用钢笔或圆珠笔填写，一式两份，填写应正确清楚，不得任意涂改，如有个别错、漏字需要修改时，允许在错、漏处将两份工作票做同样修改，字迹应清楚。填写工作票时，应查阅电气一次系统图，了解系统的运行方式，对照系统图，填写工作地点及工作内容，填写安全措施和注意事项。

一张工作票只能填写一个工作任务，当设备在运行中发生了故障或严重缺陷需要进行紧急事故抢修时可不使用工作票，但应同样认真履行许可手续和做好安全措施。设备若转入正常事故检修，则仍应按要求填写工作票。下列情况可以只填写一张工作票：

(1) 工作票上所列的工作地点，以一个电气连接部分为限的可填写一张工作票。所谓一个电气连接部分，是指配电装置中的一个电气单元，它通过隔离开关与其他电气部分截然分开。该部分无论延伸到变电站的什么地方，均为一个电气连接部分。一个电气连接部分由连接在同一电气回路中的多个电气元件组成，它是连接在同一电气回路中所有设备的总称。

(2) 若一个电气连接部分或一个配电装置全部停电，则所有不同地点的工作，可以填写一张工作票，但要详细填明主要工作内容。几个班同时进行工作时，在工作票工作负责人栏内填写总负责人的名字，在工作班成员栏内只填明各班的负责人，不必填写全部工作人员名单。

(3) 若检修设备属于同一电压、位于同一楼层、同时停送电，且工作人员不会触及带电导体时，则允许在几个电气连接部分共用一张工作票。开工前应将工作票内的全部安全措施一次做完。

(4) 如果一台主变压器停电检修，其各侧断路器也一起检修，能同时停送电，虽然其不属于同一电压，为简化安全措施，也可共用一张工作票。开工前应将工作票内的全部安全措施一次做完。

(5) 在几个电气连接部分上依次进行不停电的同一类型工作（如对各设备依次进行仪表校验），可填写一张第二种工作票。

（6）对于电力线路上的工作，一条线路或同杆架设且同时停送电的几条线路填写一张第一种工作票；对同一电压等级、同类型工作，可在数条线路上共用一张第二种工作票。

2. 工作票签发

工作票由设备运行管理单位签发，也可由经设备运行管理单位审核且经批准的修试及基建单位签发。修试及基建单位的工作票签发人及工作负责人名单应事先送有关设备运行管理单位备案。工作票的签发人应是熟悉人员技术水平、熟悉设备情况、熟悉《电力安全工作规程》，并具有相关工作经验的生产领导人、技术人员或经本单位主管生产领导批准的人员。工作票签发人员名单应书面公布。

工作票的签发应遵守下述规定：

（1）一张工作票中，工作票签发人、工作负责人和工作许可人三者不得互相兼任。工作负责人可以填写工作票。

（2）外单位在本单位生产设备系统上工作的，工作票由管理该设备的生产部门签发。

（三）工作票的使用和要求

经签发人签发的一式两份的工作票，经工作许可后，一份必须保存在工作地点，由工作负责人收执，以作为进行工作的依据；另一份由值班人员收执，按值移交。在无人值班的设备上工作时，第二份工作票由工作许可人收执。

第一种工作票在工作的前一天交给值班员；若变电站距工区较远或因故更换新工作票，不能在工作前一天将工作票送到，工作票签发人可根据自己填写好的工作票用电话全文传达给变电站值班人员，传达必须清楚，值班员应根据传达做好记录，并复诵核对。若电话联系有困难，也可在进行工作的当天预先将工作票交给值班人员；临时工作可在工作开始以前直接交给值班员。第二种工作票应在进行工作的当天预先交给值班员。

（1）第一、二种工作票和带电作业工作票的有效时间是以批准的检修期为限。第一、二种工作票需办理延期手续，应在工期尚未结束以前由工作负责人向运行值班负责人提出申请（属于调度管辖、许可的检修设备，还应通过值班调度员批准），由运行值班负责人通知工作许可人给予办理。第一、二种工作票只能延期一次。工作票有破损不能继续使用时，应按原票补填签发新的工作票。

（2）工作班中成员变更。需要变更工作班中的成员时，须经工作负责人同意。需要变更工作负责人时，应由工作票签发人将变动情况记录在工作票上。若扩大工作任务，必须由工作负责人通过工作许可人，并在工作票上增填工作项目。若须变更或增设安全措施者，必须填用新的工作票，并重新履行工作许可手续。

（3）工作班的工作负责人，在同一时间内只能接受一项工作任务，接受一张工作票，工作票上所列的工作地点，以一个电气连接部分为限，避免因接受多个工作任务使工作负责人将工作任务、地点、时间弄混乱而引起事故。

（4）几个工作班同时工作且共用一张工作票时，则工作票由总负责人收执。

（5）工作票上的所有签名均应手书或电子签全名，“交任务、交安全确认”栏应由所有工作班成员各自手书签全名，不得由他人代签。

（四）工作票中有关人员安全责任

工作票中的有关人员有：工作票签发人、工作负责人、工作许可人、值班负责人、工作班成员、专责监护人。他们在工作票中负有相应的安全责任，如图4-2所示。

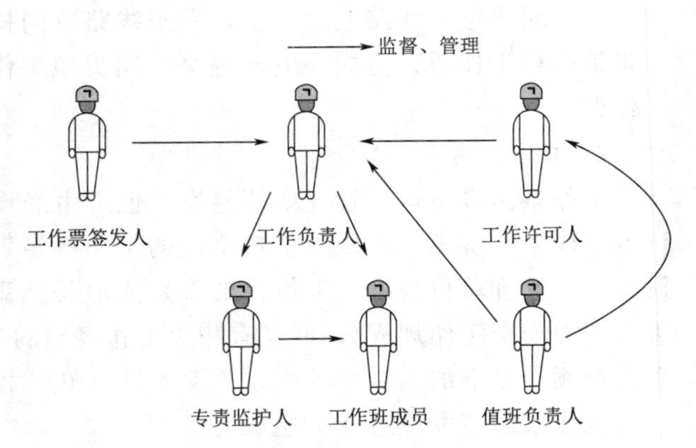

图4-2　工作票中人员责任关系

（五）典型事故案例

2011年6月8日，宁德某供电有限公司生产班班长李某组织4名工作人员对前一天雷击跳闸、单相失地的10kV莪西支线进行故障排查抢修。由于无票工作，未断开可能来电的各侧电源，未在工作地段两端挂设接地线即登杆作业，用户自备发电机向电网倒送电，造成在10号杆接跳线的胡某触电死亡，另一工作班成员赵某轻伤。

事故原因：

（1）10kV停电登杆作业没有断开可能送电到工作地点的所有电源（包括分段刀闸、支线刀闸和配变高压侧刀闸），没有在工作地段两端装设接地线。

（2）杆上作业没有按照《电力安全工作规程（线路部分）》第2.3.2条规定办理工作票，《电力安全工作规程（线路部分）》第3章规定的停电、验电、装设接地线等一系列安全措施一个都没有执行。

（3）故障抢修，尤其是10kV隐蔽性故障查找这样的复杂工作没有开展安全风险辨识分析，没有制定详细的作业方案和安全措施，现场工作组织混乱，分组工作也没有指定小组负责人，导致工作失去监护。

二、工作许可制度

4-3

工作许可制度是指凡在电气设备上进行停电或不停电的工作，事先都必须得到工作许可人的许可，并履行许可手续后方可工作的制度。未经许可人许可，一律不准擅自进行工作。

（一）变电站工作许可制度

工作许可应完成下述工作：

1. 审查工作票

工作许可人对工作负责人送来的工作票应进行认真、细致的全面审查，审查工作票所列安全措施是否正确完备，是否符合现场条件。若对工作票中所列内容即使发生细小疑问，也必须向工作票签发人询问清楚，必要时应要求做详细补充或重新填写。

2. 布置安全措施

工作许可人审查工作票后，确认工作票合格，然后由工作许可人根据票面所列安全措施到现场逐一布置，并确认安全措施布置无误。

3. 检查安全措施

工作许可人应会同工作负责人到工作现场检查所做的安全措施是否完备、可靠，对具体的设备指明实际的隔离措施，证明检修设备确无电压。对工作负责人指明带电设备的位置和注意事项。

4. 签发许可工作

检查工作现场安全措施无误后，双方在工作票上分别确认、签名。至此，工作班方可开始工作。应该指出的是，工作许可手续是逐级许可的，即工作负责人从工作许可人那里得到工作许可后，工作班的工作人员只有得到工作负责人许可工作的命令后方准开始工作。

（二）电力线路工作许可制度

电力线路填用第一种工作票进行工作，工作负责人必须在得到值班调度员或工区值班员的许可后，方可开始工作。严禁约时停、送电。

约时停电是指不履行工作许可手续，工作人员按预先约定的计划停电时间或发现设备失去电压而进行工作；约时送电是指不履行工作终结制度，由值班员或其他人员按预先约定的计划送电时间合闸送电。

由于电网运行方式的改变，往往发生迟停电或不停电；工作班检修工作也有因路途和其他原因提前完成或不能按时完成的情况。约时停、送电就有可能造成电击伤亡事故。因此，电力线路工作人员和有关值班员必须明确：工作票上所列的计划停电时间不能作为开始工作的依据；计划送电时间也不能作为恢复送电的依据，而应严格遵守工作许可、工作终结和恢复送电制度，严禁约时停、送电。

（三）工作许可注意事项

工作负责人、工作许可人任何一方不得擅自变更安全措施，值班人员不得变更有关检修设备的运行接线方式。工作中如有特殊情况需要变更时，应事先取得对方的同意。

（四）典型事故案例

2010年9月26日8时30分，应业扩报装客户某建材有限公司要求，某供电公司客服中心安排客户专责吕某组织对新安装的800kVA箱式变压器进行验收。10时55分，吕某带计量中心人员前往现场。到达现场后，吕某电话联系客户负责人，约定到现场协助验收事宜。后吕某被发现跪倒在箱式变压器高压计量柜前的地上，身上着火死亡。经调查，9月17日施工人员施工完毕并试验合格，因客户要求送电，施工人员请示襄电集团某送变电工程分公司经理薛某同意后，对箱式变压器进行搭火，仅向用户电工进行了告知，未经项目管理部门许可。9月26日，现场验收时计量中心人员独自一人到箱式变压器高压计量柜处（工作地点），没有查验箱式变压器是否带电，强行打开具有带电闭锁功能的高压计量柜门，进行高压计量装置检查，触击计量装置10kV C相桩头。

事故原因及暴露问题：

（1）该供电公司计量中心吕某（死者）对客户设备运行状况不清楚，在未经许可且未认真检查设备是否带电（有带电显示装置）的情况下，强行打开高压计量柜门，造成人身触电，是直接原因。

（2）设备未经验收和管理部门批准，施工单位在用户要求下擅自将箱变高压电缆搭火，造成设备在验收前即已带电，且未告知项目管理部门，是事故的主要原因。

（3）验收组织不力，临时动议安排验收工作，现场未认真交代验收有关注意事项，对验收人员疏于管理，是事故的主要原因之一。

（4）厂家装配的电磁锁不能在设备带电时有效闭锁，是事故的次要原因。

三、工作监护制度

工作监护制度是指工作人员在工作过程中，工作负责人（监护人）必须始终在工作现场，对工作人员的安全认真监护，及时纠正违反安全的行为和动作的制度。

4-4

工作负责人（监护人）在办完工作许可手续之后，在工作班开工之前应向工作班人员交代工作内容、人员分工、带电部位和现场安全措施，指明带电部位和其他注意事项。工作开始以后，工作负责人必须始终在工作现场，对工作人员的安全认真监护。

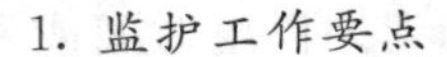

1. 监护工作要点

根据工作现场的具体情况和工作性质（如设备防护装置和标志是否齐全；是室内还是室外工作；是停电工作还是带电工作；是在设备上工作还是在设备附近工作；是进行电气工作还是非电气工作；参加工作的人员是熟练电工还是非熟练电工，或是一般的工作人员等）进行工作监护。监护工作要点如下：

（1）工作监护人要对全体工作人员的安全进行认真监护，发现危及安全的动作立即提出警告和制止，必要时可暂停工作。

（2）监护人因故离开工作现场，应指定一名技术水平高且能胜任监护工作的人代替监护。监护人离开前，应将工作现场向代替监护人交代清楚，并告知全体工作人员。原监护人返回工作地点时，也应履行同样的交代手续。若工作监护人长时间离开工作现场，应由原工作票签发人变更新的工作监护人，新老工作监护人应做好必要的交接。

（3）监护人一般只做监护工作，不兼做其他工作。为了使监护人能集中注意力监护工作人员的一切行动，一般要求监护人只担任监护工作，不兼做其他工作。在全部停电时，工作监护人可以参加工作；在部分停电时，只要安全措施可靠，工作人员集中在一个工作地点，不致误碰导电部分，则工作监护人可一边工作，一边进行监护。

（4）专人监护和被监护人数。对有电击危险、施工复杂、容易发生事故的工作，工作票签发人或工作负责人（监护人）应根据现场的安全条件、施工范围、工作需要等具体情况，增设专人监护并批准被监护的人数。专人监护只对专一的地点、专一的工作和专门的人员进行特殊的监护。专责监护人员不得兼做其他工作。

（5）允许单人在高压室内工作时监护人的职责。为了防止独自行动引起电击事故，一般不允许工作人员（包括工作负责人）单独留在高压室内和室外变电站高压设备区内。若工作需要（如测量极性、回路导通试验等），且现场设备具体情况允许时，可以准许工作班中有实际经验的1人或几人同时独立进行工作，但工作负责人（监护人）应在事前将有关安全注意事项给出详尽的指示。

2. 监护内容

（1）部分停电时，监护所有工作人员的活动范围，使其与带电部分之间保持不小于规定的安全距离。

（2）带电作业时，监护所有工作人员的活动范围，使其与接地部分保持安全距离。

（3）监护所有工作人员工具使用是否正确，工作位置是否安全，操作方法是否得当。

3. 典型事故案例

2013年10月14日，南平市某供电公司发生一起变电人员在35kV高阳变电站巡视检查设备过程中，在没有采取安全技术措施、没人监护情况下，独自登高检查设备，因未与带电设备保持足够的安全距离，导致人身触电。

10月14日上午，公司变电运维站值班人员根据运维站安排，携带《设备巡视卡》《清扫检查作业卡》对35kV高阳变电站进行日常巡视和设备清扫。出发前，副站长单独向主值值班员黄某口头交代，要求查看未投入运行的2号主变压器及其附属设备的铭牌。约11时35分，黄某独自一人将绝缘梯由扩建中未投运的2号主变压器间隔处，搬至35kV高路线3533刀闸构架处（高路线间隔为9月25日投运，与相邻新装未投运的2号主变压器35kV侧刀闸属同一厂家及同一类型。2号主变压器间隔为基建未投运设备，原工作票2号主变压器间隔基础施工已办理工作结束手续，工作票所要求的安全围栏当日已拆除）。黄某误登高路线3533刀闸检查时，因双手与刀闸带电部位安全距离不足，刀闸带电部位对双手背放电，造成人身触电。

事故原因及暴露问题：

（1）作业人员违反设备巡视检查有关规定与要求，在没有采取安全技术措施、没人监护情况下，独自登高检查设备，导致人身与带电部位安全距离不足发生触电。

（2）作业班组违反设备巡视检查有关规定组织现场工作。将本应由两人一同进行的工作布置成两人分别单独开展工作，导致作业现场只有一人在进行工作，工作失去监护，违反了《电力安全工作规程》（变电部分）第2.4.2条规定。

（3）工作班成员相互关心、互相监督不够。对人员的违章指挥、违章行为未提出异议、未予以制止，违反《电力安全工作规程》（变电部分）第1.5条、3.2.10.5条规定。

（4）部门、班组未将查看设备铭牌（信息采集）工作纳入周计划管理，临时布置工作任务且考虑不周，部门对新设备验收投运准备不充分。日常没有及时发现运维工作中存在的违反规定的单人作业行为，对作业现场违章失察。

四、工作间断、转移和终结制度

4－5

工作间断、转移和终结制度是指工作间断、工作转移和工作全部完成后所作的规定。变电站及电力线路的电气工作，根据工作任务、工作时间、工作地点，在工作过程中，一般都要经历工作间断、工作转移和办理工作终结几个环节。所有的电气工作都必须严格遵守“工作间断、转移和终结”的有关规定。

1. 工作间断制度

变电站的电气工作，在当日内工作间断时，工作班人员应从工作现场撤出，所有安全措施保持不动，工作票仍由工作负责人执存。间断后继续工作，无须通过工作许可人许可；隔日工作间断时，当日收工，应清扫工作现场，开放已封闭的通路，并将工作票交回值班员。次日复工时，应得到值班员许可，取回工作票，工作负责人必须事前重新认真检查安全措施，合乎要求后，方可工作。若无工作负责人或监护人带领，工作人员不得进入工作地点。

电力线路上的电气工作，当日内工作间断时，工作地点的全部接地线仍保留不动。如果工作班须暂时离开工作地点，则必须采取安全措施并派人看守，不让人、畜接近挖好的基坑或接近未竖立稳固的杆塔以及负载的起重和牵引机械装置等。恢复工作前，应检查接地线等各项安全措施的完整性；在工作中若遇雷、雨、大风或其他任何情况威胁到工作人员的安全时，工作负责人或监护人可根据情况，临时停止工作；填用数日内工作有效的第一种工作票，每日收工时，如果要将工作地点所装的接地线拆除，次日重新验电装接地线恢复工作，均须得到工作许可人许可后方可进行；如果经调度允许的连续停电，夜间不送电的线路，工作地点的接地线可以不拆除，但次日恢复工作前应派人检查。

2. 工作转移制度

在同一电气连接部分用同一工作票依次在几个工作地点转移工作时，全部安全措施由值班员在开工前一次做完，转移工作时，不需再办理转移手续，但工作负责人在转移工作地点时，应向工作人员交代带电范围、安全措施和注意事项，尤其应该提醒新的工作条件下的特殊注意事项。

3. 工作终结制度

变电站的电气作业全部结束后，工作班应清扫、整理现场，消除工作中各种遗留物件。工作负责人经过周密检查，待全体工作人员撤离工作现场后，再向值班人员讲清检修项目、发现的问题、试验结果和存在的问题等，并在值班处检修记录簿上记载检修情况和结果，然后与值班人员一道，共同检查检修设备状况，有无遗留物件，是否清洁等，必要时做无电压下的操作试验。然后，在工作票（一式两份）上填明工作终结时间，经双方签名后，即认为工作终结。工作终结并不是工作票终结，只有工作票上的临时遮栏已拆除，标示牌已取下，已恢复常设遮栏，未拉开的接地线、接地刀闸已汇报调度，工作票方告终结。由工作许可人（值班负责人）盖“工作票终结”印章。

电力线路工作完工后，工作负责人（包括小组负责人）必须检查线路检修地段的状况及在杆塔上、导线上、绝缘子上有无遗留的工具、材料等，通知并查明全部工作人员确由杆塔上撤下后，再命令拆除接地线（线路上工作地点的接地线由工作班组装拆）。接地线拆除后，即认为线路带电，不准任何人员登杆或进行任何工作。

当接地线已经拆除，而尚未向工作许可人进行工作终结报前，又发现新的缺陷或有遗留问题，必须登杆处理时，可以重新验电装设接地线，做好安全措施，由工作负责人指定人员处理，其他人员均不能再登杆，工作完毕后，要立即拆除接地线。

当工作全部结束，工作负责人已向工作许可人报告工作终结，工作许可人在工作票上记载了终结报告的时间，则认为该工作负责人办理了工作终结手续。之后若需再登杆处理缺陷，则应向工作许可人重新办理许可手续。

检修后的线路必须履行下述手续才能恢复送电：

（1）线路工作结束后，工作负责人应向工作许可人报告，报告的方式为当面亲自报告或用电话报告且经复诵无误。

（2）报告的内容为：工作负责人姓名，某线路上某处（说明起止杆号、分支线名称等）工作已经完工，设备改动情况，工作地点所装设的接地线已全部拆除，线路上已无本班组工作人员，可以送电。

（3）工作许可人在接到所有工作负责人（包括用户）的完工报告后，并确知工作已经完毕，所有工作人员已撤离，接地线已经拆除，并与记录簿核对无误后，拆除发电厂、变电站线路侧的安全措施。

4．典型事故案例

2017年5月7日，江西某送变电公司新建500kV罗坊—抚州Ⅱ回线路181号转角塔，地脚螺栓未安装紧固到位，反向临时拉线与地面角度过大，实施中相导线紧线作业时造成181号转角塔整体倒塌，导致4人死亡和1人受伤。

2017年5月14日，青岛某送变电工程有限公司进行铺集110kV输电工程施工，组立9号铁塔时使用与地脚螺栓不匹配的螺母，紧固力不足。在9号塔进行光缆紧线施工时，铁塔因受朝向内角的水平力产生上拔造成铁塔整体倒塌，导致4人随塔坠落死亡。

暴露问题：

（1）施工转序验收不严格，施工组织及转序管理不到位，铁塔组立后未开展各级检查验收，未及时发现杆塔地脚螺栓螺母型号不匹配等安全隐患。

（2）建设、监理和施工单位安全责任制不落实，施工单位安全生产责任制和相关规章制度不健全，设备物料入库、检查、验收、领用管理混乱。

（3）项目总包单位未正确履行工程的安全生产责任，项目监理单位未正确履行监理职责，项目建设单位未按要求办理开工备案。

（4）业务外包安全管控缺失，分包队伍和人员资质审查不严格，以包代管问题突出。

（5）业务外包人员安全意识淡薄，安全防护技能缺失，冒险开展高空作业。

【模块探索】

掌握电气作业组织措施，思考如何落实组织措施的实施。

模块二　电气设备检修工作票实施仿真实训

【模块导航】

问题一：实训的目的是什么？

问题二：电气设备检修工作票实施仿真的步骤有哪些？

【模块解析】

一、实训概述

220kV综合自动化变电站仿真系统，如图4－3所示。根据国家电网公司220kV标准综合自动化变电站方案三设计，按1∶1比例仿真主要电气设备、主控室、保护室、站用电、综合自动化系统和二次部分等本仿真变电站。本仿真变电站三个额定电压等级为220kV、110kV、10kV。正常运行方式下，两台三绕组变压器并联运行，220kV高压侧采

4－6

图 4-3 变电站仿真软件效果图

用双母线运行代旁路母线（或者双母线运行）的接线方式，110kV 中压侧采用双母线运行的接线方式，10kV 低压侧采用单母线分段运行的接线方式。可实时反映变电站各种正常运行（特殊运行）、异常现象和事故状态。可进行变电站巡视并提示巡视内容、变电站各种设备的倒闸操作、各种事故的处理演练。培养变电站运行人员的安全意识和操作技能，培训变电站运行人员快速准确的判断和处理不正常工作状态和事故的能力，避免变电站各种事故特别是人为误操作事故的发生，提高运行人员的技术水平和管理水平。仿真系统严格遵守《变电站仿真机技术规范》（DL/T 1023—2015）。

二、实训目的与内容

1. 实训目的

通过仿真软件模拟变电站中各种电气设备巡视、倒闸操作、演习各类事故现象及事故处理。让学员通过实训可以在很短的时间内，快速提高设备巡视、倒闸操作、排查故障的能力。培养学员具备电气运行人员岗位技术水平和管理水平，为学员获得变电站值班员职业资格证书提供实训条件。满足教学和专业技能的实践、培训、考核及变电站值班员各等级鉴定需求。

2. 实训内容

（1）进行变电站电气巡视仿真。

（2）进行变电站各种设备的倒闸操作仿真。

（3）进行各种事故的处理演练。

（4）进行变电站安全措施布置仿真。

（5）进行变电站五防系统演练。

三、仿真软件各模块使用

1. 教练员台的程序控制操作

启动程序后进入“教练员台”界面调入工况（教练员机和学员机都有“教练员台”），操作步骤如下：

（1）按启动模型。

（2）按运行模型。

（3）调入工况，正常情况下一般选择“工况 1～50”某种工况。

注：所谓“工况”即变电站运行方式，其中 1～50 为软件编制者设定工况，51～100 可自行设定。

2. 故障设置清单

可设置变电站不同类型的故障和不正常工作状态，用于训练和考核学员。主要操作步骤：主界面→教练员台界面，点击故障图形设置，进入故障设置界面，学员选择不同设备设置各种故障或不正常状态可以进行模拟事故处理。

3. 变电站一次、二次仿真设备

按 1∶1 比例仿真主要电气设备，可进行不同状态的显示、操作，如图 4-4、图 4-5 所示。

（a）主变仿真（2D与3D）

（b）110kV间隔仿真（2D与3D）

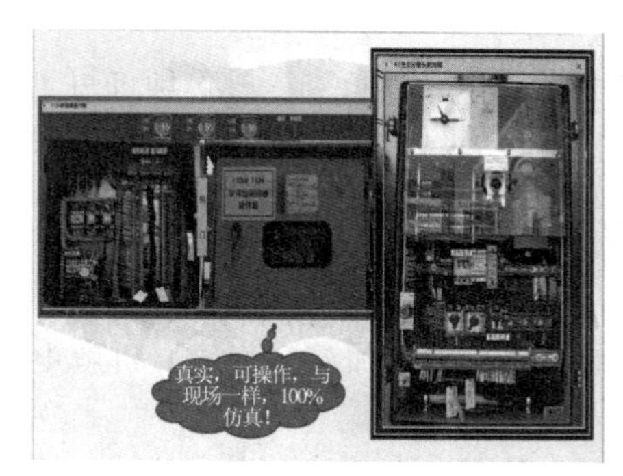

（c）控制箱、操作箱仿真

（d）二次设备仿真

图 4-4　变电站仿真设备

四、实训操作步骤

1. 规范视频展示工作票执行程序

观看福建省电力公司关于变电工作许可的安全工作守则视频，学习工作票实施的标准化作业，规范操作。掌握工作票流程和工作票安全措施的实施。

2. 下达命令票或工作任务单

教师介绍仿真变 110kV 设备情况：110kV 关华一回 161 断路器已经过操作处于停电状态，161 断路器要进行检修工作。下达工作任务单：拟写断路器检修安全工作票并实施。

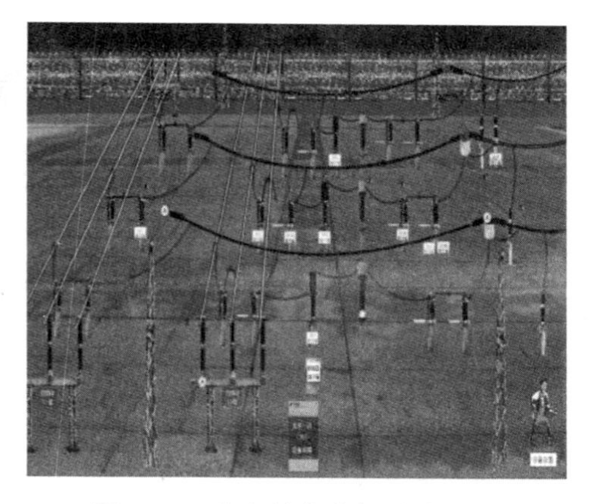

图 4-5　变电站仿真场景效果图

3. 填写工作票

（1）学生扮演工作负责人角色，根据工作

任务单拟写断路器检修工作票，填写工作票时，应查阅电气一次系统图，了解系统的运行方式，对照系统图，填写工作地点及工作内容，填写安全措施和注意事项。

（2）教师扮演工作签发人，检查学生填写的工作票所列安全措施是否正确完备，是否符合现场条件。

4. 现场实施工作票

（1）学生扮演工作许可人，在仿真设备上进行安全措施布置（由教师检查所做的安全措施是否完备、可靠）。接下来进行工作票许可、工作票终结流程演练。

（2）工作许可“三要五步六禁”。

1）“三要”：要有正式公布的工作票签发人、许可人和工作负责人名单；要有合格、齐备的劳动防护用品、安全工器具和安全设施；要有经审核合格并提前送达的工作票。

2）“五步”：审查工作票所列安全措施是否正确完备，是否符合现场实际；根据工作票要求及现场实际布置安全措施；和工作负责人在工作票上分别确认、签名，并填明许可时间；在工作票登记簿上进行登记；会同工作负责人检查现场安全措施，指明检修设备隔离措施、保留带电部位及其他注意事项。

3）“六禁”：严禁无票许可工作；严禁不核对外来工作负责人身份即许可工作；严禁现场安全措施执行不到位的情况下许可工作；严禁擅自变更工作票所列的安全措施；严禁未和工作负责人到现场安全交底即许可工作；严禁将解锁钥匙交由检修人员自行使用。

五、拓展训练与思考

（1）根据各组展示、讨论情况，评估各组成绩。进行加深和指导，讲解电气安全组织措施在实施中的重、难点。

（2）学生借助网络学习平台学习课程资源，巩固课堂学习，查漏补缺，填写实训报告上传至网络学习平台。

【模块探索】

培养变电站运行人员的安全意识和操作技能，提高运行人员的技术水平和管理水平。

模块三　电气工作安全技术措施

【模块导航】

问题一：电气工作安全技术措施有哪些？

问题二：各电气工作安全技术措施的要求是什么？

【模块解析】

电气工作安全技术措施是指工作人员在电气设备上工作时，为了防止停电检修设备突然来电，防止工作人员由于身体或使用的工具接近邻近设备的带电部分而超过允许的安全距离，防止工作人员误走带电间隔和带电设备等而造成电击事故，对于在全部停电或部分停电的设备上作业，必须采取的安全技术措施。

在全部停电和部分停电的电气设备上工作时，必须完成的技术措施有：

（1）停电（断开电源）。

（2）验电。

（3）挂接地线。

（4）装设遮栏和悬挂标示牌。

目前，有的企业在线路施工中，在工作地段如有临近、平行、交叉跨越及同杆塔架设线路，为防止停电检修线路上感应电压伤人，在需要接触或接近导线工作时，除完成国家上述规定的技术措施外，在装设接地线后，还增加了使用个人保安线的技术措施。

一、停电

4－7

（1）停电作业的电气设备和电力线路，除了本身应停电外，影响停电作业的其他带电设备和带电线路也应停电。电气设备停电作业必须停电的设备如下：

1）检修的设备。

2）工作人员在进行工作时，正常活动范围与带电设备的距离小于表 4－2 规定值的设备。

3）在 35kV 及以下的设备上进行工作，工作人员工作中正常活动范围与带电设备的距离大于表 4－2 规定的值，但小于《电力安全工作规程》规定的设备不停电时的安全距离（表 4－3），同时又无安全遮栏措施的设备。

4）带电部分在工作人员的后面或两侧且无可靠安全措施的设备。

5）其他需要停电的设备。

表 4－2　　工作人员工作中正常活动范围与带电设备的安全距离

电压等级/kV	10 及以下	20～35	44	63～110	220	330	500
安全距离/m	0.35	0.60	0.90	1.50	3.00	4.00	5.00

注　表 4－1 中未列电压按高一档电压等级的安全距离。

表 4－3　　设备不停电时的安全距离

电压等级/kV	10 及以下	20～35	44	63～110	220	330	500
安全距离/m	0.70	1.00	1.20	1.50	3.00	4.00	5.00

（2）电气设备停电检修应切断电源，必须把各方面的电源完全断开。具体停电操作要求如下：

1）检修设备停电，其各侧的电源都应切断。除各侧的断路器断开外，还要求各侧的隔离开关也同时拉开，手车开关应拉至试验或检修位置，使各个可能来电的方面有一个明显的断开点，以防止设备在检修过程中，由于断路器误合闸而突然来电。禁止在只经断路器（开关）断开电源的设备上工作。与停电设备有关的变压器和电压互感器，应将设备各侧断开，防止向停电检修设备反送电。

2）检修设备和可能来电侧的断路器（开关）、隔离开关（刀闸）应断开控制电源和合闸电源，防止断路器和隔离开关在工作中由于控制回路发生故障，如直流系统接地、机械传动装置失灵或由于运行人员误操作造成合闸，隔离开关（刀闸）操作把手应锁住，确保不会误送电。

3）对难以做到与电源完全断开的检修设备，可以拆除设备与电源之间的电气连接。

二、验电

1. 验电目的

验证停电作业的电气设备和线路是否确无电压，防止带电装设接地线或带电合接地刀闸等恶性事故的发生。

2. 验电三步骤

（1）验电前，应先将验电器在有电的设备上验电，验证验电器是否良好。无法在有电设备上进行试验时可用高压发生器等确证验电器良好。

（2）在被试设备的进出线各侧按相分别验电，不能只验一相。将验电器慢慢靠近被试设备导电体裸露部分并与之接触，若声光报警，则为有电；反之，为无电。

（3）验明无电压后，再将验电器在带电设备上复核是否良好。

3. 验电注意事项

（1）高压验电应戴绝缘手套，并有人监护。验电器的伸缩式绝缘棒长度应拉足，验电时手应握在手柄处不得超过护环，人体应与验电设备保持安全距离。雨雪天气时不得进行室外直接验电。

（2）使用的验电器，其电压等级与被试设备（线路）的电压等级应一致，且合格。绝不允许用低于被试设备额定电压的验电器进行验电，因为这会造成人身电击；也不能用高于被试设备额定电压的验电器验电和操作杆操作，这是因为验电或操作时，因操作器具几何尺寸过大，可能导致相间距离小于规定值而引起短路故障，造成人员电击事故和设备损坏。

（3）验电时，必须在被试设备的进出线两侧各相上分别验电，对处于断开位置的断路器两侧也要同时按相验电，不允许只验一相无电就认为三相均无电。

（4）线路的验电应逐相进行，对同杆塔架设的多层电力线路进行验电，验电时，必须在被试设备的进出线两侧各相及中性线上分别验电。杆上电力线路验电时，应先验低压、后验高压，先验下层、后验上层，先验近侧、后验远侧。对停电的电缆线路验电时，因电缆线路电容量大，则停电时贮存剩余电荷量较多且不易释放，因此，刚停电时验电，验电器灯泡仍会发亮。此时，要每隔几分钟验电一次，直至验电器灯泡不亮时，才确认该电缆线路已停。

（5）如果在木杆、木梯或木架上验电，不接地线不能指示者，可在验电器上接地线，但必须得到值班员的许可。

（6）对无法进行直接验电的设备，可以进行间接验电。即检查隔离开关（刀闸）的机械指示位置、电气指示、仪表及带电显示装置指示的变化，但至少应有两个及以上的指示或信号已发生对应变化；若进行遥控操作，则应同时检查隔离开关（刀闸）的状态指示、遥测、遥信信号及带电显示装置的指示进行间接验电。

4. 支撑案例

2014 年 4 月 8 日，安徽某供电公司所属集体某工程公司进行某 10kV 线路 39 号杆台区低电压改造工作，在41号杆装设两组高压接地线（其中一组装在同杆架设的废弃线路上，该废弃线路实际带电）。作业人员未对废弃线路验电即挂设接地线，地面监护人同时触及脱落的接地极，造成1人触电死亡。

暴露问题：

（1）作业前未认真开展现场勘查，未明确需检修的线路。

（2）作业人员登杆塔前未认真核对线路名称，导致误登带电杆塔。

（3）未严格执行停电、验电、接地以及装设接地线的操作顺序等保证安全的技术措施。

（4）工作票签发人、工作许可人不掌握现场相邻设备带电的情况，错误签发、许可工作内容及安全措施。

三、装设接地线

当验明设备（线路）确已无电压后，应立即将检修设备（线路）用接地线（或合接地刀闸）三相短路接地。

4-8

1. 接地线作用

接地线（接地刀闸），由三相短路部分和接地部分组成，它的作用如下：

（1）当工作地点突然来电时，能防止工作人员电击伤害。在检修设备的进出线各侧或检修线路工作地段两端装设三相短路的接地线，使检修设备或检修线路工作地段上的电位始终与地电位相同，形成一个等地电位的作业保护区域，防止突然来电时停电设备或检修线路工作地段导线的对地电位升高，从而避免工作地点工作人员因突然来电而受到电击伤害的可能。

（2）当停电设备（或线路）突然来电时，接地线造成突然来电的三相短路，促成保护动作，迅速断开电源，消除突然来电。

（3）泄放停电设备或停电线路由于各种原因产生的电荷。如感应电、雷电等，都可以通过接地线入地，对工作人员起保护作用。

2. 装、拆接地线方法及安全注意事项

（1）装、拆接地线必须由两人进行。若为单人值班，只允许使用接地刀闸接地，或使用绝缘杆合接地刀闸。这是因为如果单人装接地线时，若发生带电装设接地，会出现无人救护的严重后果。同样，为保证人身安全，拆除接地线也必须由两人进行。单人值班合、拉接地刀闸不会出现上述严重情况。

（2）装设接地线时，应先将接地端可靠接地，验明停电设备电压后，立即将接地线的另一端接在设备的导体部分上。这样做可以防止装设接地线人员因设备突然来电或感应电压的电击受到危险。

（3）拆除接地线时，应先拆除设备的导体端，后拆除接地端。按这种顺序拆除接地线，可防止突然来电和感应电压对拆除接地线人员的触电伤害，如图4-6所示。

图4-6　误装设接地线

(4) 装、拆接地线时，应使用绝缘杆和戴绝缘手套，人体不得碰触接地线，以免感应电压或突然来电时的电击。

(5) 装设接地线时，接地线与导体、接地桩必须接触良好。为了使接地线与导体、接地桩接触良好，接地线必须使用线夹固定在导体上，严禁用缠绕的方法接地或短路，在室内配电装置上，接地线应装在该装置已刮去油漆的导电部分（这些地点是室内装接地线的规定地点、且标有黑色记号）。如果不按上述要求装设接地线，则会使接地线与导体、接地桩接触不良，当接地线流过短路电流时，在接触电阻上产生的电压降将施加于停电设备上，使停电设备带上电压，形成隐患。

(6) 接地线的接地点与检修设备之间不得连有断路器、隔离开关或熔断器。

(7) 对带有电容的设备或电缆线路，在装设接地线之前应放电，以防工作人员被电击。

(8) 同杆塔架设的多层电力线路装设接地线时，应先装低压、后装高压，先装下层、后装上层。接地线与带电部分应符合安全距离的规定。

3. 典型事故案例

9月10日11时左右，石狮某电力公司接到用户电工报告：祥农6号配变支路刀闸、海天环境1号配变支路刀闸、协盛协丰2号配变支路刀闸烧损。14时左右，配电部组织人员前往抢修，在未得到调度许可、也未汇报调度情况下，断开电源侧协盛Ⅱ回支路02号杆上K507开关和G5036刀闸。现场验电后，未在工作地段各侧安装接地线。作业班组2人在更换协盛协丰2号配变支路刀闸，安装完两相刀闸后，在第三相刀闸安装过程中突然来电，造成杆上作业人员汪某和陈某触电死亡。

主要原因及暴露问题：

(1) 线路作业，施工地段各侧未视为可能来电侧，断开有关电源（用户自备电源）。

(2) 工作地段各端未装设接地线。

(3) 故障抢修组织管理不到位，值班负责人未按要求履行到岗到位，及时发现存在严重违章行为。

四、悬挂标示牌和装设遮栏

在电源切断后，应立即在有关地点悬挂标示牌和装设临时遮栏。

下列部位和地点应悬挂标示牌和装设遮栏：

(1) 在一经合闸即可送电到工作地点的断路器和隔离开关的操作把手上，均应悬挂“禁止合闸　有人工作”的标示牌。

(2) 凡远方操作的断路器和隔离开关，均应在控制盘的操作把手上悬挂“禁止合闸　有人工作”的标示牌。

(3) 线路上有人工作时，应在线路断路器和隔离开关的操作把手上悬挂“禁止合闸　线路有人工作”的标示牌。

(4) 部分停电的工作，当安全距离小于“设备不停电时的安全距离”时，小于该距离以内的未停电设备，应装设临时遮栏。临时遮栏与带电部分的距离不得小于“工作人员工作中正常活动范围与带电设备的安全距离”，在临时遮栏上悬挂“止步　高压危险”的标示牌。

(5) 在室内高压设备上工作时，应在工作地点两旁间隔的遮栏上、工作地点对面间隔的遮栏上和禁止通行的过道（通道应装临时遮栏）上悬挂“止步　高压危险”的标示牌。

(6) 在室外地面高压设备上工作时，应在工作地点四周用绳子围好围栏，围栏上悬挂适当数量的“止步　高压危险”的标示牌，标示牌有标志的一面必须朝向围栏里面（使工作人员随时可以看见）。

(7) 在工作地点悬挂“在此工作!”的标示牌。

(8) 在室外架构上工作时，应在工作地点邻近带电部分的横梁上，悬挂“止步　高压危险”的标示牌。在工作人员上、下的铁架和梯子上，应悬挂“从此上下”的标示牌。在邻近其他可能误登的带电架构上应悬挂“禁止攀登，高压危险”的标示牌。

【模块探索】

通过电气工作安全技术措施的学习，提升学生技能水平和理论知识；结合新技术、新工艺、新产品、新材料，思考如何提升电气工作安全生产。

模块四　电气倒闸操作安全技术

【模块导航】

问题一：发电厂、变电所电气设备的状态有哪几种?

问题二：发电厂、变电所电气设备操作票制度与要求有哪些?

【模块解析】

一、电气倒闸操作概述

电气倒闸操作是将电气设备从一种状态转换到另一种状态、或改变系统的运行方式而进行的一系列操作（包括一次、二次回路）。

发电厂、变电所电气设备的状态可分为运行、热备用、冷备用和检修四种不同的状态。

(1) 运行状态是指设备的隔离开关及断路器都在合上位置，将电源与电路接通(包括辅助设备，如电压互感器、避雷器等的投入)，电气设备承受额定电压，承担一定的负荷处在运行中的状态［图 4-7 (a)］。

(2) 热备用状态是指设备只靠断路器断开而两侧隔离开关仍在合上位置，其特点是断路器一经合闸，设备即投入运行状态［图 4-7 (b)］。

(3) 冷备用状态是指设备的断路器及两侧隔离开关（如实际接线中存在）都在断开位置，设备处于停运状态，要使设备运行需将两侧隔离开关合闸，而后合上断路器［图 4-7 (c)］。

(4) 检修状态是指设备的所有断路器、隔离开关均在断开位置，合上断路器两侧接地隔离开关或装设临时接地线（包括挂好标示牌、装好临时遮栏等），表示该设备处于“检修状态”［图 4-7 (d)］。

倒闸操作是改变电网运行方式的直接手段。能否正确执行倒闸操作将直接影响电网的安全运行。操作中稍有差错便可能导致设备损坏、人身伤亡或局部甚至大面积停

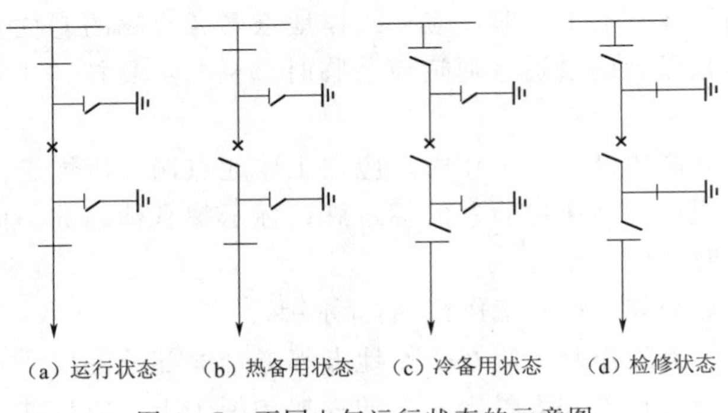

图 4-7　不同电气运行状态的示意图

电，造成严重后果。因此，在倒闸操作过程中应严格遵守规定，按照《电力安全工作规程》的要求执行，以确保操作正确安全。

二、倒闸操作的安全规程

(1) 倒闸操作必须由两人进行（单人值班的变电所可由一人执行，但不能登杆操作及进行重要和特别复杂的工作），其中对设备较为熟悉者做监护、唱票；另一人进行复诵命令、操作。对重要和复杂的倒闸操作，由熟练的运行人员操作，运行值班负责人监护。

4-9

(2) 倒闸操作遵循的最重要的原则是：停电拉闸操作必须按照先拉断路器，后拉负荷侧隔离开关，再拉母线侧隔离开关的顺序依次操作；送电时操作应按与上述相反的顺序进行，防止带负荷拉、合隔离开关。

(3) 操作中发生疑问时，应立即停止操作，并向当值调度员汇报，弄清问题后，再进行操作。不准擅自更改操作票，不准随意解除闭锁装置。

(4) 开始操作前，应先在模拟图（或微机防误装置、微机监控装置）上进行核对性模拟预演，无误后再进行操作。操作前应先核对设备名称、编号和位置，操作中应认真执行监护复诵制度，且全过程录音。

(5) 倒闸操作必须执行操作票制度。操作票是值班人员进行操作的书面命令，是防止误操作的安全组织措施。

(6) 雷雨时禁止进行倒闸操作和更换熔断体。高峰负荷时避免倒闸操作。

(7) 倒闸操作者要使用合格的操作工具和安全用具（如验电器、验电棒、绝缘棒、绝缘手套、绝缘靴、绝缘垫等）。雨天室外操作应穿绝缘鞋，使用绝缘棒和防雨罩。接地网的接地电阻不符合要求时，晴天也要穿绝缘鞋。登高进行操作时，应戴安全帽，使用安全带。

三、操作票制度与要求

（一）操作票制度

对于复杂的操作过程来说，仅靠经验和记忆来完成十几项甚至几十项的操作是不可能的，稍一疏忽、失误，就会造成严重事故。填写操作票是安全正确地进行倒闸操作的根本保证。电气设备改变运行状态时，必须使用操作票进行倒闸操作，严格实施防误操作的组织措施和技术措施。

（1）防误操作的主要组织措施：倒闸操作应根据值班调度员或值班负责人发布的指令（规范的操作术语），正确填写操作票。每张操作票只能填写一个操作任务，明确操作目的和操作顺序，写出操作具体步骤、设备名称、编号等，并实行操作监护制。

（2）防误操作的主要技术措施：高压电气设备都应安装完善的防误操作闭锁装置。防误闭锁装置不得随意退出运行，停用防误闭锁装置应经本单位总工程师批准；短时间退出防误闭锁装置时，应经变电站站长或发电厂当班值长批准，并应按程序尽快投入。

（二）操作票填写要求

（1）操作票应用钢笔或圆珠笔填写，用计算机开出的操作票应与手写格式一致；操作票票面应清楚整洁，不得任意涂改。操作人和监护人应根据模拟图或接线图核对所填写的操作项目，并分别签名，然后经运行值班负责人（检修人员操作时由工作负责人）审核签名。由操作人员填用操作票，操作票应填写设备的双重名称。操作票必须先编号，并按照编号顺序使用。作废的操作票应加盖“作废”印章；已操作的应加盖“已执行”印章；操作项目填写完毕，操作票下方仍有空格时，应盖上“以下空白”印章。

（2）应填入操作票内的操作项目。

1）应拉合的设备［断路器（开关）、隔离开关（刀闸）、接地刀闸等］，验电，装拆接地线，安装或拆除控制回路或电压互感器回路的熔断器，切换保护回路和自动化装置及检验是否确无电压等。

2）拉合设备［断路器（开关）、隔离开关（刀闸）、接地刀闸等］后检查设备的位置。

3）进行停、送电操作时，在拉、合隔离开关（刀闸），手车式开关拉出、推入前，检查断路器（开关）确在分闸位置。

4）在进行倒负荷或解、并列操作前后，检查相关电源运行及负荷分配情况。

5）设备检修后合闸送电前，检查送电范围内接地刀闸已拉开，接地线已拆除。

（3）填写操作票必须使用统一的调度术语和操作术语，操作票常用的技术术语包括：

1）断路器、隔离开关的拉合操作用“拉开”“合上”。

2）检查断路器、隔离开关的实际位置用“确在合位”“确在分位”。

3）拆装接地线用“拆除”“装设”。

4）检查接地线拆除用“确已拆除”。

5）装上、取下控制回路和电压互感器的熔断器用“装上”“取下”。

6）保护压板切换用“启用”“停用”。

7）检查负荷分配用“负荷指示正确”。

8）验电用“三相验电，验明确无电压”。

单人值班的变电所，操作票由发令人用电话向值班员传达。值班员按令填写操作票，并向发令人复诵，经双方核对无误后，将双方姓名填在各自操作票上（“监护人”签名处填发令人姓名）。

（三）倒闸操作步骤

1. 接受预令

接受调度预令，应由值班长（或允许接受调度指令的人员）进行。接受调度预令

4－10

的值班长（或允许接受调度指令的人员）应根据本站运行方式、设备情况分析指令内容，明确操作任务和停送电范围，如果认为该指令不正确时，应向调度员报告，由调度员决定预令是否修改。但当执行该指令将威胁人身、设备安全或直接造成停电事故时，则必须拒绝执行，并将拒绝执行命令的理由，报告调度员和本单位领导。

2. 填写倒闸操作票

操作票由操作人填写。“操作任务”应根据调度指令内容填写。倒闸操作票应参照典型操作票、操作票实施细则的相关规定、运行方式等进行填写。

3. 审票并预演正确

操作票填写完后，应实行三级审核：操作人、监护人、值班负责人。检查操作票的正确性及对操作票的正确性负责，检查操作任务是否与操作预令任务一致，操作票操作项目是否正确，是否与实际运行方式和现场设备状态相符。经共同审核无误后，在模拟操作屏或者五防系统进行模拟操作，模拟操作由监护人按操作票所列步骤逐项下令，由操作人复诵正确后进行模拟操作。模拟操作后应再次核对新运行方式与调度指令是否相符。然后收存在“待执行操作票”文件夹中，等待调度正式下令后再进行操作。

4. 开展危险点分析，制定风险预控措施

值班负责人根据操作人员的技能水平和精神状况、操作任务的重要和复杂程度、设备状况（状态、缺陷及危险点）、场地环境确定危险点并进行分析，制定相应控制措施，操作组人员必须熟悉和掌握。

5. 接受操作指令，记录发令人和发令时间

接受调度指令，应由值班长（值班长不在时由其他允许接受调度指令的人员）进行，接令时主动报出变电站站名和姓名，并问清下令人姓名、下令时间。接令人在预先打印好的操作预令上做好记录（标记好下达的指令、下令人及下令时间），并复诵正确无误，询问下令人“是否可以执行”，应得到下令人“可以操作”的确认，再交由值班负责人确认、批准并签名，并填写下令人、接令人、下令时间等。监护人及操作人再次核对已正式下达的操作指令（可以再次调听录音），确保指令正确无误后，监护人和操作人在倒闸操作票上分别签名。

6. 检查核对设备命名、编号和状态

操作人、操作票由监护人手持带到现场，监护人核对要操作的设备间隔。

7. 按操作票逐项唱票、复诵、监护、操作，确认设备状态变位并按要求打“√”和注明时间

根据操作顺序，核对待要操作设备的名称、编号和位置，操作中认真执行监护、复诵制，唱票和复诵操作指令的声音应洪亮清晰。每进行一项操作，监护人就要按照操作票内容先唱票，然后操作人按照唱票内容核对设备名称、编号及自己所处的位置，手指所要操作的设备，复诵操作命令。监护人听到操作人复诵操作命令后，再次核对设备编号、名称无误后，最后下达“正确，执行”的命令，操作人听到“正确，执行”的命令后方可操作，并密切观察所操作的设备。操作过程中监护人应对操作人进行连续不断的监护，及时纠正操作人不正确的动作。监护人和操作人共同检查操作质量（如设备的机械指示、信号指示、表计变化等是否正确），以确定设备的实际状况。操

作一项后，“复查”该项，检查正常后，监护人在操作票的本步骤前的执行栏处打“√”，并填写操作时间，再进行下步操作内容。操作过程中，监护人员必须密切监视后台是否出现异常信号、负荷变化情况及设备状态是否相应变化。

8. 向调度汇报操作结束及时间

操作完毕并全面检查操作质量后，应在操作票上填入操作终了时间。清理操作现场，收拾操作工用具和钥匙。监护人检查无问题后，应在操作票备注栏上填写“复查正确无误”，并签名，最后在操作票的任务栏中间盖“已执行”章。监护人向值班负责人汇报“操作完毕”，汇报时要求具体说明操作任务及设备目前的状态。之后，值班负责人向调度汇报操作完成，汇报时主动报出变电站站名和姓名，问清对方姓名，操作任务向对方复诵一遍，并得到对方认可，然后询问对方汇报时间，同时应做好录音。

9. 做好记录，并使系统模拟图与设备状态一致，然后签销操作票

完成各种记录填写（接地线记录、运行记录等）。操作人将微机防误系统的钥匙归位，系统确认后，检查所操作设备状态是否正确。值班负责人将已执行的操作票收存到“已执行完毕操作票”文件夹。已执行的操作票要保存一年。

（四）操作票使用中特殊情况处理

（1）由于情况变化已开好的操作票不再执行，应盖“未执行”章。“未执行”章的使用方法同“已执行”章。未执行原因应在首页备注栏中注明。

（2）由于事故或异常情况使执行中的操作票无法执行下去的，应向调度汇报，并在操作票上说明情况、记录时间，归档保存。

（3）在操作进行中，操作人和监护人中任何一个对所进行的操作有疑问、或操作票有错误、或有不利于安全的情况出现时，应立即停止操作，并汇报调度，查明原因且排除风险后，方可继续操作。

四、倒闸操作中应重点防止的误操作事故

50%以上的电气误操作事故发生在10kV及以下系统。以下五种误操作，约占电气误操作事故的80%以上，其性质恶劣，后果严重，是我们日常防止误操作的重点。具体包括：误拉误合断路器或隔离开关；带负荷拉合隔离开关；带电挂接地线或带电合接地刀闸；带地线合闸；非同期并列。其中：前四者的防止误操作与防止误入带电间隔，合称作“电气五防”。

1. 防止误操作技术措施

实践证明，单靠组织措施，还不能最大限度地防止误操作事故的发生，还必须采取有效的防止误操作技术措施。防止误操作技术措施是多方面的，其中最重要是采用防止误操作闭锁装置。

防止误操作闭锁装置有机械闭锁、电气闭锁、电磁闭锁、微机闭锁等几种。

电气一次系统进行倒闸操作时，误操作的对象主要是隔离开关及接地隔离开关，其表现是：①带负荷拉、合隔离开关；②带电合接地隔离开关；③带接地线合隔离开关等。为防止误操作，对于手动操作的隔离开关及接地隔离开关，一般采用电磁锁进行闭锁；对于电动、气动、液压操作的隔离开关，一般采用辅助触头或继电器进行电气闭锁。若隔离开关与接地隔离开关装在一起，则它们之间采用机械闭锁。机械闭锁

是指靠机械制约达到闭锁目的。如两台隔离开关之间装设机械闭锁，当一台隔离开关操作后，另一台隔离开关就不能操作。机械闭锁只能对装在一起的隔离开关与接地隔离开关之间进行闭锁。所以，如需与断路器、其他隔离开关或接地隔离开关之间进行闭锁，则只能采用电气闭锁。电气闭锁靠接通或断开控制电源而达到闭锁目的，当闭锁的两电气元件相距较远或不能采用机械闭锁时，可采用电气闭锁。

目前发展的微机防误闭锁装置能够做到软硬件结合，达到电气操作“五防”功能，减少误操作事故的发生。

2. 防止误操作的具体实施措施

确保设备和人身安全，保障电网安全稳定运行，防止电气误操作的实施措施可从如下几个方面着手：

(1) 加强“安全第一”思想教育，增强运行人员责任心，严格执行运行制度。

(2) 健全完善防止误操作闭锁装置，加强防止误操作闭锁装置的运行管理和维护工作。凡高压电气设备都应加装防误操作闭锁装置。闭锁装置的解锁用具（包括钥匙）应妥善保管，按规定使用，不许乱用。机械锁要一把钥匙开一把锁，钥匙要编号，并妥善保管，方便使用。所有投运的闭锁装置（包括机械锁）不经值班调度员或值班负责人的同意，不得擅自解除闭锁装置（也不能退出保护）进行操作。

(3) 杜绝无票操作。根据规程规定，除事故处理、拉合开关的单一操作、拉开接地隔离开关、拆除全厂（站）仅有的一组接地线外，其他操作一律要填写操作票，凭票操作。

(4) 把好“受令、填票、三级审查”三道关。发令人下达操作命令时，发令应准确、清晰，受令人接受操作命令时，一定要复诵无误并做记录；运行值班人员接受操作命令后，按填票要求，对照系统图，认真填写操作票，确保填写正确；操作票填写好后，一定要经过三级审查，即：填写人自审，监护人复审，值班负责人审查批准。

(5) 操作之前，要全面了解系统运行方式，熟悉设备情况，做好事故预想。

(6) 正式操作前，要先进行模拟操作。模拟操作时，操作人和监护人一起，对照一次系统模拟图，按操作票顺序，唱票复诵进行模拟操作。通过模拟操作，细心核对系统接线，核实操作顺序，确认操作票正确合格。

(7) 严格执行操作监护制度，切实做到操作“四个对照”。倒闸操作时，监护人应认真监护，对每一项操作，都要做到对照设备位置、对照设备名称、对照设备编号、对照设备拉合方向。

(8) 严格执行操作唱票和复诵制度。操作过程中，每执行一项操作，监护人应认真唱票，操作人应认真复诵，结合“四个对照”，完成每项操作，全部操作完毕，进行复查。杜绝依赖思想、无所谓的思想、怕麻烦的思想、经验主义和错误的习惯做法。

(9) 操作过程中，如若发生异常或事故，应按电气运行规程处理原则处理，防止误操作事故扩大。

(10) 凡挂接地线，必须先验电，验明无电后，再挂接地线。防止带电挂接地线或带电合接地刀闸。

(11) 完善现场一次、二次设备及间隔编号，设备标志明显醒目。防止错走带电间隔，防止误操作和发生触电事故。

（12）重大的操作（如倒母线等），运行主任、运行技术人员、安全员均应到场，监督和指导倒闸操作。

（13）加强技术培训，提高运行人员素质和对设备的熟悉程度及操作能力。

（14）开展反事故演习，结合运行方式，做好事故预想，提高运行人员判断和处理事故的能力。

（15）做好运行绝缘工具和操作专用工具的管理及试验。运行绝缘工具应妥善管理并定期进行绝缘试验，使其经常处于完好状态，防止因绝缘工具不正常而发生误操作事故；操作用专用工具（如摇把），在操作使用后，放回指定位置，严禁用后乱丢或用其他物件代替专用工具。

五、典型事故举例

2013年5月29日，福建龙岩某农电服务分公司供电所10kV白岩线停电操作时，工作人员擅自变更操作顺序，跳项执行倒闸操作票，在断开1号塔真空开关后就向调度汇报操作完毕。操作人员苏某准备断开1号塔1G1刀闸时，在操作转移位置过程中失去安全带保护，高空坠落造成1人死亡。

暴露问题：

（1）操作人员自我保护安全意识淡薄，执规能力差，对塔上操作的危险点和预控措施不清楚，没有认真检查所用的安全带防护是否可靠就开始转移位置。

（2）现场监护人未认真履行职责、监护不到位，未及时制止严重违章。

（3）未能严格执行调度纪律和倒闸操作规定，擅自改变操作票从用户端卸负荷停电的操作方式。

（4）对员工的安全教育和培训力度不够。

【模块探索】

通过电气工作安全技术措施的学习，培养学生电气倒闸操作安全技术技能；要培养学生根据实际场景，完成操作票的填写并实施的能力。

模块五　电气倒闸操作仿真实训

【模块导航】

问题一：实训目的？

问题二：实训步骤有哪些？

【模块解析】

一、实训概述

由教师采用变电运行仿真软件，根据实际的操作任务，向学生演示倒闸操作的过程，再由学生分组进行配合训练，通过实景训练，使学生熟知倒闸操作的危险点，掌握倒闸操作的程序与标准，掌握具体操作的步骤与方法。

4-11

二、实训目的与内容

1．实训目的

通过实景训练，加深对电气倒闸操作概念的理解，了解电气设备状态变化的整个过程，使学生明确操作目的，做好危险点分析，掌握倒闸操作的程序与标准，掌握具体操作的步骤与方法。培养动手能力和团队配合能力。

2. 实训内容

（1）两人一组，根据上节所学的电气倒闸操作安全技术知识进行拓展训练，完成变电站10kV开关及线路的倒闸操作仿真实训的预习与准备。

（2）两人一组，根据课前任务，预习高压开关柜实训指导书，完成高压开关柜断路器操作票填写，做好现场训练准备，掌握倒闸操作基本原则，进行操作流程仿真训练。

三、实训操作步骤

（1）倒闸操作票填写。学生根据老师布置的操作任务正确填写操作票，填写结束交由老师审核正确方可进行下一操作项目。

4-12

（2）仿真软件模拟操作。倒闸操作票审核正确后，每组学生按照倒闸操作要求和步骤，应用220kV变电站仿真软件，根据实际任务进行现场倒闸操作仿真练习。仿真场景如图4-8所示。

（3）按照倒闸操作的要求进行仿真操作，操作结束，每小组上传操作事件记录。老师组织学生汇报操作情况，总结操作规范，小组互查，查找错误，投票选举优秀项目组进行总结，查找薄弱环节，进行加深指导，讲解任务实施中的重点和难点。

（4）实际操作准备。做好现场操作准备，包括：合格的操作票，合格齐备的劳动防护用品、安全工器具和安全设施。

（5）制定风险预控措施及现场准备。老师讲解现场操作存在风险，学生制定风险控制措施，让学生认识到倒闸操作以及安全高效操作的重要性。

图4-8　开关柜仿真场景

图4-9　教师演练操作

（6）教师演练，实战教学。按照电气倒闸操作流程，老师邀请学生配合，对高压开关柜断路器倒闸操作进行演示，讲解操作要领。然后同学们按照老师操作的步骤进行学习操作。学生操作过程中遇到问题由老师进行解答或现场指导，如图4-9所示。

（7）学生动手练习，如图4-10所示。

1）学生演练操作流程。开展危险点分析，制定风险预控措施；接受操作指令，记录发令人和发令时间检查核对设备命名、编号和状态；按操作票逐项唱票、复诵、监护、操作，确认设备状态变位并按要求打“√”和注明时间；向调度汇报操作结束及时间；做好记录，并使系统模拟图与设备状态一致，然后签销操作票。

图 4-10　学生现场演练操作

2）开关柜断路器操作要领。停电（检修）操作时先按下断路器分闸按钮，通过断路器手车面板上的分、合指示牌及仪表室面板上分、合闸指示灯判定断路器已处于分闸状态，用手柄将手车从工作位置摇至试验位置，解除辅助回路二次航空插头并将插头扣锁。此时将转运车推至柜前并锁定，将手车解锁并向外拉出。当手车完全进到转运车上并确认与转运车锁定后，解除转运车与柜体的锁定，把转运车向后拉出。如手车要用转运车运输较长距离时，在推动转运小车过程中要格外小心，避免运输过程中发生倾翻等意外。

(8) 任务完成教师指定一组完成较好的上台进行总结汇报，并随机抽取一组讲解任务实施中的困惑。教师对整个操作过程进行评价，讲解任务实施中的重、难点。

四、拓展训练与思考

(1) 如何将所学知识应用到现场实际操作，实现知识到能力的转化？

(2) 学生借助网络学习平台学习课程资源巩固课堂学习，查漏补缺，填写实训报告上传至网络学习平台。

【模块探索】

通过实景训练，使学生熟知倒闸操作的危险点，掌握倒闸操作的程序与标准，掌握具体操作的步骤与方法。

模块六　变电运行管理技术

【模块导航】

问题一：保证变电所（站）工作和运行安全的规章制度主要有哪些？

问题二：常见事故的处理方法有哪些？

【模块解析】

变电运行管理主要是指实施岗位职责和设备分工责任制，严格执行以“两票”“三制”为核心的常规工作制度，加强设备管理（验收、评级、缺陷管理），确保设备运行良好；加强人员培训，提高操作能力与事故处理能力；做好变电运行技术管理和安全管理，确保优质、可靠的供电。

4-13

一、变电运行的任务及内容

变电运行管理的任务是：保证变电站的安全运行，向用户提供安全、可靠、合格的电能。日常的科学性管理主要有以下几项：

（1）建立、健全运行人员岗位责任制，建立正常的工作秩序。

（2）制定、健全和严格执行变电运行管理制度。

（3）加强运行设备的管理维护保养，确保设备处于完好状态，提高设备完好率。

（4）加强变电运行技术管理，创造科学、文明的生产秩序。

（5）加强安全管理，确保电力设备安全运行。

（6）坚持加强职工培训制度，提高职工素质，尤其是职业道德、技术素质和操作管理水平。

二、变电站的主要制度

电气运行管理制度是保障安全生产，维护正常的生产秩序，提高运行水平的重要管理制度。保证变电所（站）工作和运行安全的规章制度主要有：工作票、操作票、交接班制度、设备巡回检查制度、设备定期试验轮换制度，即“两票三制”等。

工作票制度、操作票制度是保证电气工作和电气操作安全的重要组织措施，其作用、要求及执行过程等在前面已经重点介绍。本模块重点介绍交接班制度、设备巡回检查制度、设备定期试验轮换制度。

1. 交接班制度

（1）交接班工作必须严肃认真，做到“交得细致、接得明白”。交班人员应为接班人员创造良好的工作条件。交接班制度的具体内容和要求有以下几个方面：

1）交班前，值班负责人应组织全体人员进行本班工作小结，提前检查各项记录是否及时登记，并将交接班事项填写在运行日志上。

2）值班人员在班前和值班时间内严禁饮酒，并应提前做好交接班的工作。交接班工作应该按照现场交接班制度的规定进行。

3）交班时，应尽量避免倒闸操作和处理事故。在交接班过程中发生事故或异常情况时，原则上由交班人员负责处理，接班人员应主动协助配合，当事故处理告一段落时，可继续进行交接班。

4）接班人员检查设备后，各自汇报检查情况。检查中发现的问题需详细向交班人员询问清楚。双方一致认为交接清楚、没有问题后，分别在运行日志上签字，完成交接班工作。

5）接班后，值班负责人要布置本班工作，对班内倒闸操作进行分工；对预开的操作票，审核其正确性；安排对设备存在的薄弱环节、重要缺陷及重负荷设备加强监视；落实上级领导布置的任务及其他管理工作。

（2）交接班应交清下列内容：

1）本站运行方式。

2）保护和自动装置运行及变化情况。

3）设备异常运行和缺陷、事故处理情况。

4）已进行的倒闸操作及未完成的操作指令。

5）设备检修、试验情况，安全措施的布置、接地线的使用组数编号及位置（包括接地隔离开关的使用情况）。

6）仪器、工具、材料、备件和消防器材完备情况。

7）领导指示与运行有关的其他事项。

2. 巡回检查制度

（1）值班人员必须按时巡视设备，对设备的异常状况要做到及时发现、认真分析、及时处理、做好记录，并向有关领导汇报。

（2）巡视应在本所规定的路线、时间内进行，一般应包括高峰负荷时、交接班时、晚间熄灯时。

（3）值班人员进行巡视后，应将检查情况及巡视时间做好记录。

（4）遇到特殊情况应增加巡视次数和检查的内容，主要包括设备满负荷并显著增加时；设备缺陷近期有发展时；恶劣气候时；事故跳闸或设备运行中有可疑现象时；法定节假日时。

（5）单人巡视必须严格遵守国家电网公司颁布的《电力安全工作规程》有关规定。

（6）生产、技术管理人员和专职技术人员应进行定期巡视，巡视周期根据设备实际运行情况自定。

3. 设备定期试验与切换制度

定期轮换试验是为确保设备可靠运行，及时发现并消除缺陷，提高设备健康水平的重要措施。为了保证运行中设备及备用设备的正常运转，确保故障时能正确投入工作，变电所（站）设备定期切换试验的项目和周期有：

（1）监控系统信号音响试验1次/天。

（2）消防系统报警及启动试验1次/月。

（3）380V站用变备自投切换试验1次/月。

（4）事故照明逆变电源装置轮换试验1次/月。

（5）变压器冷却器轮换、工作电源轮换、双电源自动切换试验1次/月。

（6）充电机交流输入双电源自动切换试验1次/季。

（7）故障录波器启动试验1次/月。

（8）漏电保安器试验检查1次/月。

三、变电站的设备管理

变电设备管理是指掌握设备运行中的技术状况，做好维护保养、设备缺陷管理工作和定期进行设备定级，使设备在良好的状态下运行。

（一）设备管理的基本要求

（1）设备分工负责制度。变电所设备应按设备单元划分运行主值，挂牌运行，职责到人，使每台设备分别落实到有关运行人员进行管理。

（2）设备缺陷管理制度。发现缺陷，及时处理，防止带严重缺陷的设备在运行中突然发展成事故，确保设备处于良好运行状态，并认真做好设备缺陷统计与可靠性数据统计的上报工作。

（3）设备定级制度。定期对变电所设备定级，分析设备运行状况，加强设备修试周期监督，确保设备无超周期运行。

（4）设备验收制度。做好设备的检查、验收工作，建立设备档案资料，并及时收集，定期整理上报。

（二）设备评级管理

设备评级是变电设备运行技术管理的一项基础工作。每季度进行评级，可以全面掌握设备技术状况，及时消除缺陷，对于提高设备良好运行状态具有十分重要的作用。

1. 设备的评级分类

根据运行、检修中发现的缺陷，并结合预防性试验结果进行综合分析，权衡对安全运行的影响程度，考虑绝缘和继电保护、二次设备定级及其技术管理情况，来核定设备的等级具体分为：①一类设备安全接地：比如家用电器里的三孔插头有个接地。②二类设备双重绝缘保护：比如手持电动工具。③三类设备采用安全电压：比如采用24V、12V的电器。一类电气设备事故停电或停运后，会造成人身或设备伤害的，二类电气设备事故停电或停运后，会造成设备损害的。三类设备事故停电或停运后不会造成人身或设备伤害的。

2. 设备的评级方法

（1）一类、二类设备均称为完好设备。完好设备与参加评级设备总数的百分比称为设备完好率。

（2）为了便于统计、衡量、比较，变、配电设备应按配电装置的回路组合划分单元进行评级。每个单元等级一般应按单元中完好性最低的元件确定。

（3）进口或国产的产品规格、性能要按照制造厂商的规定标准执行，但该规定应报上一级主管部门备案，而评级应参照电力主管部门颁布的标准进行。

3. 建立设备技术档案

变电站应建立设备技术档案，其内容包括：

（1）设备制造厂家使用说明书。

（2）出厂试验记录。

（3）安装设备的有关资料。

（4）施工记录及竣工报告。

（5）历年大修及定期预防性试验报告。

（6）设备事故、障碍及运行分析专题报告。

（7）设备发生的严重缺陷及改造记录等。

（三）变电站设备运行维护制度

（1）值班人员除了正常工作外，应定期维护工作项目周期表。

（2）变电站储存备品备件、消耗材料应根据有关的规定，定期进行检查试验；根据工作需要，变电站应配备各种安全用具、仪表、防护用具和急救用品，并定期进行检查试验；现场应配有各种必要的消防用具，全所人员应掌握其使用方法，并定期进行检查及演习。

（3）变电站的锅炉、煤气设施、乙炔、氢气及氧气装置、起重机运输机械和一般工具，均应有登记簿，定期进行检查试验；变电所的易燃、易爆物、有毒物品、放射性物品、酸碱性物品等，应放置在专门场所，并配有专业人员管理，制定措施；检查排水、供电系统、采暖、通风系统，确保厂房及消防设施均在可用状态。

四、变电站事故处理

（一）变电站常见事故类别及起因

整个变配电系统中，由于设备种类繁多，可能发生的故障类别也就较多。一般常见的事故或故障类别及其起因如下。

1. 断路

断路故障大都出现于运行时间较长的变配电设备中，原因是由于受到机械力或电磁力的作用，以及受到热效应或化学效应的作用等，使导体严重氧化而造成断线。断路故障可能发生在中性线或相线上，也会发生在设备或装置内部。

2. 短路

由于绝缘老化、过电压或机械作用等，都可能造成设备及线路的短路故障。因短路可能出现一相对地、相与相之间，以及设备内部匝间短路等故障。

3. 错误接线

错误接线故障绝大多数是由于工作人员过失而造成。在检查、修理、安装、调校等过程中，可能会发生接线错误。所以，在每次接线后都应注意进行仔细核对。常见的错误接线有相序接错、变压器一次侧接反或极性错接等。

4. 错误操作

常见的错误操作，如带负荷拉、合隔离开关；带地线合闸；带电挂接地线（或带电合接地隔离开关）；误拉、合断路器；误入带电间隔等，大都是因为未能严格按照安全规程及措施（包括技术措施及组织措施）操作引起的。

5. 变电站较严重的事故类型

（1）主要电气设备的绝缘损坏事故。

（2）电气误操作事故。

（3）电缆头与绝缘套管的损坏事故。

（4）高压断路器与操作机构的损坏事故。

（5）缺少继电保护装置及自动装置或其误动作或缺少这些必要的装置而造成的事故。

（6）由于绝缘子损坏或脏污所引起的闪络事故。

（7）由于雷电所引起的事故。

（8）电力变压器故障而引发的事故。

（二）处理事故一般原则

（1）发生事故时，值班人员必须沉着、迅速、正确地进行处理。

1）迅速限制事故的发展，寻找并消除事故根源，解除对人身及设备安全的威胁。

2）用一切可能的办法保持设备继续运行，对重要负荷应尽可能做到不停电，对已停电的线路及设备则要能及早地恢复供电。

3）改变运行方式，使供电尽早地恢复正常。

（2）处理事故时，除领导和有关人员以外，其他外来人员不准进入或者逗留在事故现场。

（3）调度管辖范围内的设备发生事故时，值班员应将事故情况及时、扼要而准确地报告调度员，并依照当班调度员的命令进行处理。处理事故的整个过程，值班员应与调度员保持密切联系，并迅速执行命令、做好记录。

(4) 凡解救触电人员、扑灭火灾及挽救危急设备等工作，值班员有权先行果断处理，然后报告有关领导及调度员。

(5) 事故处理过程中，值班人员应有明确分工。处理完毕后要将事故发生的时间、情况和处理的全过程，详细填写在记录簿内。

(6) 交接班时如发生事故，应由交班人员负责处理，接班人要全力协助，待处理完毕、恢复正常后再行交班。如果一时不能恢复，则要经领导同意后才可进行交接班。

(三) 常见事故的处理方法

1. 线路事故处理

(1) 线路跳闸，运行人员应立即查明详细情况，报告上级调度和运行负责人，包括：断路器是否重合、线路是否有电压、动作的继电保护及自动装置等。

(2) 详细检查本所有关线路的一次设备有无明显的故障迹象。

(3) 如断路器三相跳闸后，线路仍有电压，则要注意防止长线路引起的末端电压升高，必要时申请调度断开对侧断路器。

(4) 两端跳闸重合不成功的试送电操作，应按调度员的命令执行。试送时应停用重合闸。

2. 变压器事故处理

(1) 变压器跳闸后若引起其他变压器超负荷时，应尽快投入备用变压器或在规定时间内降低负荷。

(2) 根据继电保护的动作情况及外部现象判断故障原因，在未查明原因并消除故障之前，不得送电。

(3) 当发现变压器运行状态异常，例如：内部有爆裂声、温度不正常且不断上升、油枕或防爆管喷油、油位严重下降、油化验严重超标、套管有严重破损和放电现象等时，应申请停电进行处理。

3. 电气误操作事故处理

(1) 万一发生了错误操作，必须保持冷静，尽快抢救人员和恢复设备的正常运行。

(2) 错误合上断路器，应立即将其断开；错误断开的断路器，应按实际情况重新合上或按调度命令合上。

(3) 带负荷误合隔离开关，严禁重新拉开；必须先断开与此隔离开关直接相连的断路器；带负荷误拉隔离开关，在相连的断路器断开前，不得重新合上。

(4) 误合接地刀闸，应立即重新拉开。

4. 站用交、直流电源故障处理

(1) 若交、直流电源发生故障全部中断时，要尽快投入备用电源，并注意首先恢复重要负荷，以免过大的电流冲击；若在晚上，则要投入必要的事故照明。

(2) 处理过程中，要注意交流、直流电源对设备运行状态的影响，要对设备进行详细检修，恢复一些不能自动恢复的状态。

(3) 直流接地点的查找必须严格按现场规程进行，不得造成另一点接地或直流短路。

(4) 迅速查明故障原因并尽快消除。

5. 全站停电的事故处理

(1) 造成全站停电的几种情况：单电源、单母线运行时发生短路事故；变配电所受电线路故障；上一级系统电源故障；主要电气设备故障；二次继电保护拒动，造成越级跳闸。

(2) 处理方法如下。

1) 上一级电源故障。如果变配电站全站停电是由于上一级电源故障或受电线路故障而造成的，则向用户供电线路的出口断路器均不必切断。电压互感器柜应保持在投入状态，以便根据电压表指示和信号判明是否恢复送电。

2) 变压器故障。由于变压器内部故障使重瓦斯动作，主变压器两侧断路器全部断开，如是单台主变压器运行，即会造成全站停电。这时应将二次侧负荷全部切除，将一次侧刀闸拉开，待主变压器事故处理好后再恢复送电。

3) 越级跳闸。对于断路器拒动或保护失灵造成越级跳闸而使全站停电的事故，要根据断路器的合、分位置和事故征象，准确判断后即向调度汇报。根据调度命令将拒动断路器切除，或暂时停掉误动的继电保护装置，然后恢复送电。

6. 做好事故后处理

对已发生事故的原因进行认真分析，调查处理，做到“四不放过”，预防事故再次发生。其中，“四不放过”是指：事故原因不查清不放过；事故责任者得不到处理不放过；整改措施不落实不放过；教训不吸取不放过。

【模块探索】

通过变电运行管理技术，使学生掌握变电运行的任务及内容；掌握变电站的主要制度等内容；结合所学知识，通过网络查找，提出提升变电运行管理的措施。

模块七　10kV 配网故障体感系统实训

【模块导航】

问题一：实训的目的是什么？

问题二：实训步骤有哪些？

【模块解析】

一、实训概述

10kV 配网故障体感系统如图 4－11 所示。是根据体验式安全教育设备技术特点及《电力安全工作规程》中相关技术要求为设计依据，应用当前先进的电子网络控制技术，创新思维、转变培训理念，而开发的集培训学习、基本理论验证、实操能力提升于一体的多功能安全体感设备。通过建立微型 10kV 模拟线路，以实物展示带负荷拉隔离刀闸产生气隙放电现象、带电挂接地线时产生的放电现象以及安全距离不足产生对人体的影响。让学员认识到电力生产中错误操作对电网设备及作业人员可能造成的

4－14

严重危害，并掌握正确的作业方法，提升作业技能。该设备适用于对电力作业部门新入职员工、一线班组员工、带班作业长和安全管理人员培训，供电系统基层单位、电力培训部门、大中专、技校、职校的电工专业教学。

本设备在设计时参照了以下标准：国家电网公司《电力安全工作规程（变电部分）》、《低压配电设计规范》（GB 50054—2011）、《安全标志及其使用导则》（GB 2894—2008）、《带电作业工具基本技术要求与设计导则》（GB/T 18037—2008）、《配电线路带电作业技术导则》（GB/T 18857—2019）。

图 4-11　10kV 配网故障体感设备效果图

二、实训目的与内容

1. 实训目的

通过模拟 10kV 配网线路在实际运行当中出现的各种故障，单相接地、断相以及带负荷分合隔离刀闸等故障的演示，让学员掌握配网故障的各种现象和特征，提高学员分析故障和查找故障的能力，以及带负荷操作隔离刀闸的危害性。通过演示 10kV 配网线路上出现的各种故障现象，让学员了解各种故障现象的特征以及故障对人员和设备造成的危害，掌握正确操作设备的方法，避免安全事故的发生。

2. 实训内容

（1）演示正确的送电操作流程。

（2）演示正确的停电操作流程。

（3）建立微型 10kV 模拟线路，模拟在带负荷拉隔离刀闸时在开关断口处产生严重拉弧及持续燃弧的现象。

（4）展示 10kV 线路单相接地故障现象以及对线路的影响。

（5）展示 10kV 线路因安全距离不足对模拟人放电现象。

（6）利用电子触摸屏显示组态界面远程控制系统功能。

三、10kV 配网故障体感设备结构认识

1. 控制台

10kV 配网故障体感设备控制台与人体触电体感设备控制台相同。

2. 微型 10kV 模拟线路特点

建立微型 10kV 模拟线路，以实物展示带负荷拉隔离刀闸产生气隙放电现象、

10kV 线路在带电挂接地线、高压线路与人体在安全距离不足时产生的放电现象。让学员认识到电力生产中错误操作步骤对电网设备及人身可能造成的危害，并掌握正确的停电、送电作业方法，图 4－12 为 10kV 配网故障体感系统主接线图。

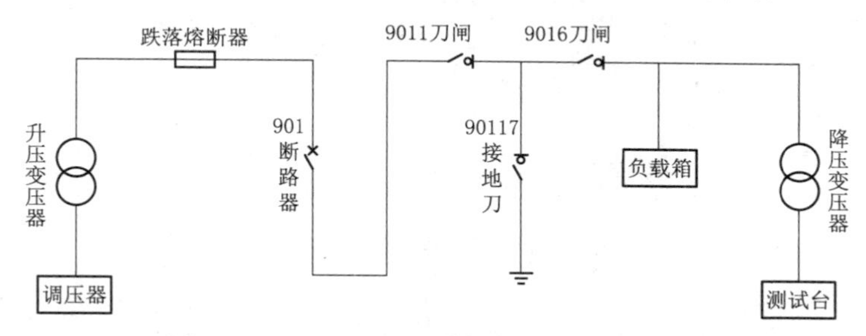

图 4－12　10kV 配网故障体感系统主接线图

四、实训操作步骤

1. 系统上电及控制台开机

合上电源箱内的总开关，系统上电；控制台插头接入电源插座，合上控制台背面底部的电源开关按钮，并点击控制台启动/关机按钮，控制台启动并开始运行。

2. 培训功能体验

培训人员打开控制台桌面的 10kV 配网故障体感系统控制软件，进入组态操作界面，点击相应项目操作界面，按照操作顺序操作，从而产生相应现象完成体验过程。

（1）当打开软件时，会出现如图 4－13 所示界面，系统进入“功能测试”操作主界面。点击“开始项目”按钮，可以测试系统各设备功能及动作是否正常。操作完成后点击“结束项目”按钮，方可进入下个操作界面。

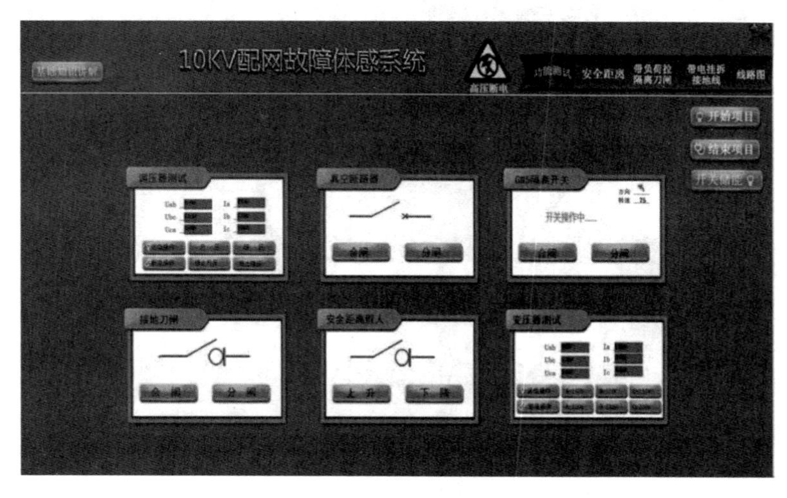

图 4－13　系统软件功能测试界面示意图

（2）点击“安全距离”按钮，进入“安全距离”操作主界面，如图 4－14 所示，点击“开始项目”按钮，按当前界面显示的步骤顺序操作：合上 901 断路器→合上调压器电源开关→升调压器电压至 10kV→假人上升→降调压器电压至 0kV→断开调压器电源开关→断开 901 断路器。操作完成后点击“结束项目”按钮后，方可进入下个操作界面。

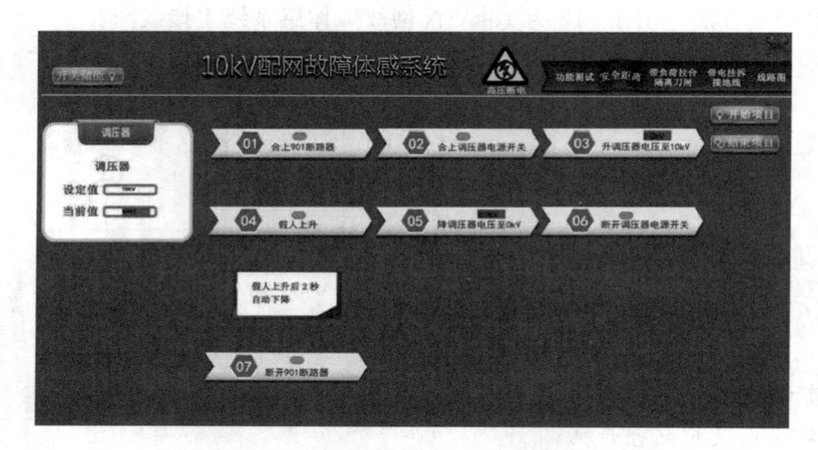

图 4-14　系统软件安全距离体感界面示意图

(3) 点击“带电挂接地线”按钮，进入“带电挂接地线”操作主界面，如图 4-15 所示，点击“开始项目”按钮，按当前界面所示的步骤顺序操作：检查挂接地线装置正常→合上 9011 刀闸→合上 901 断路器→合上调压器电源开关→升调压器电源至 10kV→合上 90117 刀闸→检查 901 断路器分闸正常→降调压器电压至 0kV→断开调压器电源开关→断开 90117 刀闸→检查挂接地线装置恢复正常→带电挂接地线测试项目结束，操作完成后点击“结束项目”按钮后，方可进入下个操作界面。

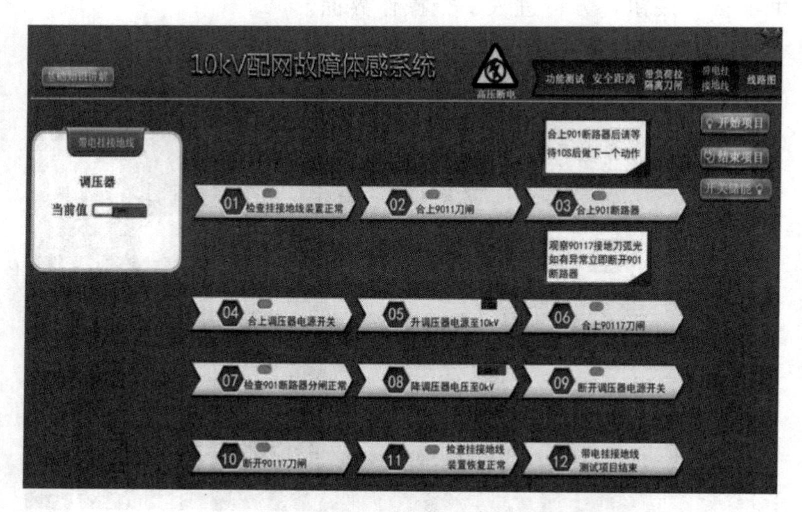

图 4-15　系统软件带电挂接地线体感界面示意图

注意：1）下接地线部分已经连接完成，不需人为的再去挂接，此处是为了演示挂接地线中需要的步骤。

2）点击“90117 隔离开关合闸”按钮时，接地开关动作，合闸，观察接地开关合闸时起弧现象（为了保护设备，在接地开关合闸时，自动强制将真空断路器分闸）；如接地开关合闸后，901 断路器仍处于合闸状态，点击“901 断路器分闸”按钮，断路器动作，分闸。

（4）点击“带负荷拉隔离刀闸”按钮，进入“带负荷拉隔离刀闸”操作主界面，如图 4－16 所示，点击“开始项目”按钮，按当前界面所示的步骤顺序操作：合上 9011 刀闸→合上 901 断路器→合上调压器电源开关→升调压器电压至 10kV→断开 9011 刀闸（拉弧隔离开关动作分闸，观察拉弧隔离开关断开时拉弧现象）→降调压器电压至 0kV→断开 901 断路器→断开调压器电源开关（调压器断电，高压带电指示灯灭，高压线路断电，操作过程中界面实时显示电压和电流）→检查 9011 刀闸分闸位置，操作完成后点击“结束项目”按钮后，方可进入下个操作界面。

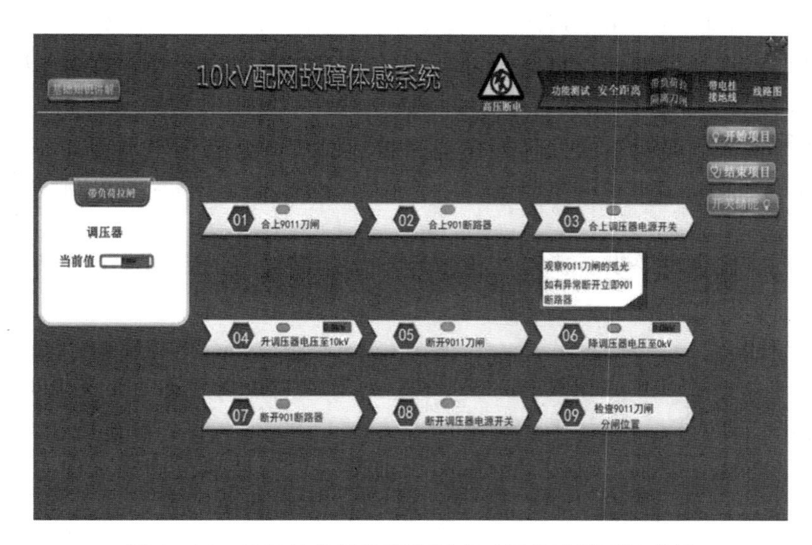

图 4－16　系统软件带负荷拉隔离刀闸体感界面示意图

（5）点击“线路图”按钮，可进入“线路图”显示界面，当前界面可显示系统一次回路图，学员可了解 10kV 配网故障体感系统的系统结构。

（6）点击主界面“基础知识讲解”按钮，系统自动弹出有关配网知识的 PPT 教案。

点击主界面“退出系统”按钮，退出软件功能界面。

3. 系统断电及控制台关机

按下控制台的启动/关机按钮，控制台自动关机，断开控制台电源开关按钮，拔掉控制台电源插头，控制台处于断电状态，断开电源箱内的总电源开关，系统断电。

五、实训注意事项

1. 使用注意事项

（1）设备通电前首先检查所有器件是否完好，设备电源线、通信线、接地线是否连接可靠。

（2）操作设备应设置操作人员和监护人员各一名，操作人员、监护人员应熟悉电气安全知识，熟练掌握设备的操作流程，以免因使用不当造成设备损坏。

(3) 当设备的高压带电指示灯亮时，禁止任何人员进入设备区域。

(4) 学员在观看拉弧现象前，务必确认站在指定区域观察。

(5) 学员禁止对设备进行任何操作，严禁私自拆装连接线和设备元器件。

(6) 操作人员有权拒绝违章指挥和冒险操作，在发现危及人身和设备安全的紧急情况时，有权停止操作或者在采取可能的紧急措施后撤离操作场所，并立即报告。

(7) 操作过程中发现异常情况，应及时拍下急停按钮并切断主电源，查清问题并妥善处理后，才能重新上电操作。

(8) 培训完毕后，确保设备所有开关处于断开状态，关闭主电源，并锁紧玻璃门。

2. 常见故障及处理方法

(1) 当合上总电源空开，点击启动按钮后，如果一直无法启动电源，检查插接端子是否有松动或者脱落现象、接插座是否接触好、急停按钮是否正常。

(2) 当通信连接失败时，请检查控制线是否松动，接触是否良好；关闭电源 5s 后，开启电源，重新进行连接。

六、拓展训练与思考

(1) 记录实验过程，总结配网故障的各种现象和特征，以及带负荷操作隔离刀闸的危害性。

(2) 根据实验报告要求，撰写实验报告，分析正确的送电操作流程和正确的停电操作流程。

【模块探索】

让学员认识到电力生产中错误操作对电网设备及作业人员可能造成的严重危害，并掌握正确的作业方法，提升作业技能。

模块八 用电设备安全技术

【模块导航】

问题一：低压电器安装的一般安全要求有哪些？

问题二：电动机常用的保护措施有哪些？

问题三：照明灯具的接线要求有哪些？

【模块解析】

4－15

低压电器、电动机、照明装置及手持电动工具是工厂和日常生活中最常见的用电设备，不仅电工人员经常接触这些设备，生产操作工人和普通居民也经常使用这些设备。

本模块着重介绍这些常见用电设备的安全技术。

一、常见低压电器的安全技术

1. 刀开关

4－16

刀开关（图 4－17）的主要类型有胶盖刀开关、铁壳开关等。除装有灭弧室的负荷刀开关外，普通刀开关均不允许切断负荷电流。刀开关铭牌上所标的额定电流是开关触头及导电部分允许长期通过的工作电流，而非断路电流，因此，按照工作原理刀开关一般只能做电源隔离开关使用，不应带负荷操作。若刀开关直接控制电动机，必须降低容量使用。胶盖刀开关控制电动机的容量不宜超过5.5kW，其额定电流宜按电动机额定电流的3倍选择。负荷开关（如铁壳开关）可用来直接控制15kW及以下电动机不频繁的全压启动，其额定电流一般也按电动机额定电流的3倍选择。负荷开关分断电流的能力不应超过60A。

在安装刀开关时，应将从电源来的线路接到开关上面的固定触头（上桩头）上，使在拉闸以后除了上面的固定触头带电外，闸刀和其他导电部分都不带电，以减少工作人员碰到有电导体的可能性。

为了保证有足够的绝缘并便于操作，刀开关都装在配电盘上，将固定触头装在上方，闸刀装在下方。这样闸刀在拉开后即使由于振动或其他原因，刀片自动落下时，也不会接通电路使已断电的设备突然来电，而且对熄灭电弧也比较有利。

图4-17　刀开关

图4-18　低压断路器

2. 低压断路器

低压断路器（曾称自动开关，如图4-18所示）是一种不仅可以接通和分断正常负荷电流和过负荷电流，还可以接通和分断短路电流的开关电器。低压断路器在电路中除起控制作用外，还具有一定的保护功能，如过负荷、短路、欠压和漏电保护等。低压断路器的分类方式很多，按使用类别分，有选择型（保护装置参数可调）和非选择型（保护装置参数不可调），按灭弧介质分，有空气式和真空式（目前国产多为空气式）。低压断路器容量范围很大，最小为4A，而最大可达5000A。低压断路器广泛应用于低压配电系统各级馈出线、各种机械设备的电源控制和用电终端的控制和保护。

3. 低压熔断器

低压熔断器（图4-19）是在配电线路、配电装置和各种用电设备上用以防止过载和短路的一种常用保护电器。当电路电流超过预定值时，熔断器的熔件熔断，使电路断开，从而保护线路和用电设备。熔断器的主要

图4-19　低压熔断器

组成部分是熔体、支持熔体的触头和起保护作用的外壳。不同型号的熔断器，这三部分的结构形式和制造材料各不相同，适用场合也不相同。

4. 接触器

接触器（图 4 - 20）是用来接通或断开电路，具有低电压释放保护作用的电器，适用于频繁和远距离控制电动机。

5. 电动机启动电器和控制电器（图 4 - 21）

Y—△启动器的正确接线：电动机顶级绕组为△接法，启动操作时先接成 Y 形，在电动机转速接近运行转速时，再切换为△接法。

6. 低压电器元件安装的一般安全要求

常用低压电器元件（图 4 - 22）。

（1）低压电器元件一般应垂直安放在不易受到震动的地方。

（2）低压电器元件在配电盘、箱、柜内的布局应力求安全和合理，以便接线和检修。

图 4 - 20　接触器

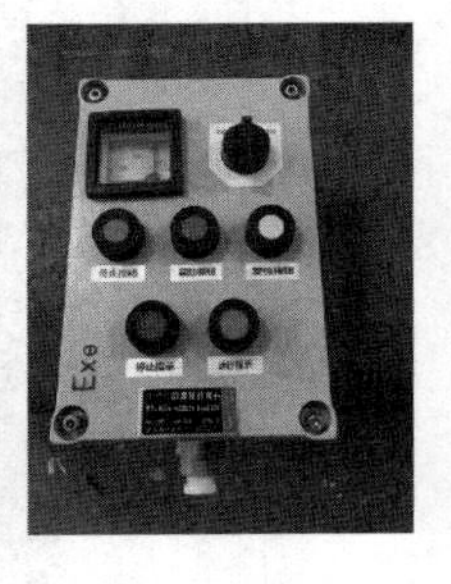

图 4 - 21　启动器

图 4 - 22　低压电器元件

二、电动机运行安全技术

1. 电动机的保护措施

电动机（图 4 - 23）俗称马达，根据使用的电源性质不同，分为交流电动机和直流电动机两大类，其中交流电动机又有异步和同步两种类型，根据转子结构不同，异步电动机又有鼠笼式和绕线式之分。目前，机床、水泵、皮带输送机、潜水泵等设备多使用三相鼠笼式电动机，而手持式电动工具、电风扇等多使用单相鼠笼式电动机。

图 4 - 23　电动机

电动机常用的保护措施有过电流保护、短路保护和失压（欠压）保护。

（1）过电流保护是利用电动机中出现的过电流来切断电源的一种保护。

（2）短路保护是在电动机发生短路时迅速切断电源的一种保护。

（3）失压保护是当电源停电或电压低于某一限度时，能自动使电动机脱离电源的一种保护。

2. 电动机的安全要求

使用电动机，一般有以下安全要求：

（1）电动机的功率必须与生产机械负荷的大小、运行持续时间和间断的规律相适应。

（2）电动机运行时，其电压、电流、温升、振动应符合下列要求：

1）电压波动不能超过额定值的－5％和＋10％。这是因为电动机的转矩与电压的平方成正比，电压波动对转矩的影响很大。

2）三相电压不平衡值一般不得超过额定值的5％，否则电动机会额外发热。

3）当三相电流不平衡时，其最大不平衡电流不得超过额定值的10％。

4）音响和振动不得太大。当电动机的同步转速分别为3000r/min、1500r/min、1000r/min时，其振动值应分别低于0.06mm、0.1mm、0.13mm；当转速低于750r/min时，振动值应不超过0.16mm。

5）电动机在运行时各部件的温度不得超过其允许温升。否则，可能存在缺相运行、内部绕组或铁芯短路、装配或安装不合格等问题隐患。

6）绕线式电动机或直流电动机的电刷与滑环之间应接触良好，火花应在允许标准内。

7）三相电动机严禁缺相运行，否则电动机会很快因过热而损坏。一般采取安装缺相保护器的方法来预防此风险。

8）电动机应保持足够的绝缘强度，对新品或大修后的低压电动机，500～1000V电动机采用1000V兆欧表，1000V以上电动机采用2500V兆欧表，其定子线圈不应低于1000V/MΩ，转子线圈不应低于0.5MΩ。

（3）大功率电动机应严格按操作规程启动、运转和停止，否则极易造成事故。

三、移动式及手持电动工具的安全技术

移动式设备在使用过程中，经常移动，与人体经常接触，而且电源线常受拉、磨等原因使绝缘遭到机械性破坏或电源线连接处脱落使外壳带电，最易造成触电事故。因而对这类设备应加强管理与维护，使用时特别注意安全，常见手持电动工具如图4-24所示。

图4-24　常见手持电动工具

《手持式电动工具的管理、使用检查和维修安全技术规程》中将手持电动工具按触电保护措施的不同分为三类：第一类工具靠基本绝缘外加保护接零（地）来防止触电；第二类工具采用双重绝缘或加强绝缘来防止触电，无保护接零（地）措施；第三类工具采用特低电压供电来防止触电。

对各种移动式或手持式电气设备应加强管理、检查和维修，保管、使用和维修人员必须具备用电安全知识。各种手持式电动工具、重要的移动式或手持式电气设备，必须按照标准和使用说明书的要求及实际使用条件，

制定出相应的安全操作规程。

四、照明装置的安全技术

1. 照明的分类和一般要求

照明系统按照布设的方式，可分为公共照明、局部照明与混合照明三类。公共照明主要是工作场所或车间内的照明；局部照明是仅用在某一工作处所，以便于值班人员监视调整用的照明；混合照明为公共照明与局部照明混合使用的照明。

按照使用的情况分类，照明系统又可分为工作照明与事故照明两类。

2. 照明灯具的选择

照明灯具应根据安装的环境条件来选择，使所采用的灯具不会受到房屋中的潮气、灰尘、腐蚀性气体的影响，同时灯具本身的结构没有引起火灾、爆炸或触电的可能。

3. 照明灯具的接线要求

为了保证安全，照明灯具应按照下列要求接线：

(1) 照明线路一般接在中性点接地的380V三相四线制系统中，采用一根相线(也称火线)和一根工作中性线(也称零线)连接。

(2) 在灯头接线时，将中性线(零线)或已接地的一线接在灯头螺纹部分的接点上，将相线(火线)或未接地的一线接在灯头的接触触点部分的接点上。

(3) 使用金属外壳的灯具、开关或插座时，应有专用的接点予以接地或接零。

(4) 插座和插销是为了供给移动式照明灯或其他电器使用的。

(5) 禁止在带电的情况下更换灯泡。

五、家用电器的安全技术

通常来说，乱拉电线、乱装开关、乱添负荷、不接接地线(或接地线不良)、不按章操作等都容易导致家用电器触电事故的发生。为确保使用家用电器的安全，对其绝缘性能和安全措施要求如下。

1. 常用家用电器的绝缘性能要求

(1) 电饭锅的绝缘性能检查应在断电的情况下进行，用500V兆欧表在其插头端子(通电部分)与电饭锅外漏金属部分之间测其绝缘电阻，其值应在1MΩ以上。

(2) 电取暖器的绝缘性能检查应在通电部分与金属外壳之间，使用500V兆欧表测其绝缘电阻，应在1MΩ以上；使用板式加热器的电暖炉，要用500V直流电充电1min后，再测其绝缘电阻。

(3) 电熨斗的绝缘性能要求更高。

(4) 洗衣机在温升试验后，用500V兆欧表测定绝缘电阻：其带电部分和非带电金属部件间应在2MΩ以上；非带电金属部件和洗衣机部件之间不应小于5MΩ；带电部件和洗衣机部件间不小于7MΩ。此后再做电气强度试验。洗衣机外漏非带电部分与接地端之间的电阻不应大于0.1Ω。

(5) 电冰箱通电部分与不通电部分的金属部分之间，用500V兆欧表测其绝缘电阻，其值应在1MΩ以上；机座的绝缘电阻不应小于10MΩ。电冰箱拔掉电源插头停电，到下次通电之间的时间间隔不得小于5min。

2. 家用电器的安全技术措施

(1) 如果家用电器带有接地线的三芯引线，则其接地线一定要与金属外壳相连牢固，并接在接地装置上，其接地电阻应小于4Ω。

(2) 采用绝缘物增强隔电能力。如在使用电熨斗时，要尽可能地站在干燥的木质支架或木板上，增大人与大地间的绝缘性。

(3) 可在家用电器上加装漏电保护装置，确保使用安全。可设置用电设备的分线漏电保护器及住宅线路的总漏电保护器，以实现分级保护。

六、其他用电设备的安全技术

1. 电热设备

电热设备是用电流通过电阻的热效应来加热的设备。因此，在使用时要注意时间，当温度达到额定温度时，要关闭电源；人不在时，要停止使用。

2. 高频设备

使用高频设备时，一般应注意以下安全问题：

(1) 设置屏蔽装置，减弱高频辐射对人体的影响。根据具体情况，可以采取整体屏蔽，即把整个高频发生器屏蔽起来；也可采取局部屏蔽，即把散发高频电场的主要元件屏蔽起来。除此之外，还可采取把工作人员的操作室屏蔽起来的方法。

(2) 谨慎操作，以防高频触电事故的发生。一般说来，高频设备的工作电压较高，正常操作或维修时，应谨慎小心，要注意先放电，最好安装自动放电的联锁装置。另外，还应注意防止低频电串入高频部分。

(3) 对每种高频设备都应制定各自的具体操作规程，并严格执行。

七、钻井机动设备的安全用电技术

钻井机械系统（图 4-25）中的电气设备，有采用直流电的，也有采用交流电的；有低压 380V 的设备，也有高压 6kV 的设备。为了安全用电，应注意下列事项：

(1) 严格执行有关的电器操作规程和安全措施；每移动迁装一次，投运前必须严格按规定进行试验和检查，合格后经允许方可用电。

图 4-25 钻井机械系统

(2) 井场动力用线和照明用线必须架空；导线绝缘要良好，严禁使用裸导线；井架及钻台上的动力照明线不许使用明线敷设，必须穿进线管敷设或销装电缆敷设，以防对井架等机构漏电或跑电。

(3) 用电设备的不带电金属外壳等应与井架钻台紧固接牢并良好接地；保护接地、保护接零装置完整，接地电阻合格。各种开关必须挂牌、上锁，并有专人保管钥匙。

(4) 严格按照电动机安全运行要求中的规定进行操作。

(5) 电源进线、电缆绝缘应良好；过路时电缆要架高或埋入地下 0.3m 左右；井场电缆要有电缆架，不允许用铝芯电缆。

(6) 在超过安全工作电压 12V 以上的设备上工作时，没有绝缘工具则不准带电作业；电器作业必须两人一起进行，一人操作，一人监护；操作 500V 以上电器，必须带安全防护用具。

(7) 直流串励电动机不允许空载启动、空载运行，不许用皮带传动；以防飞车损坏设备。

(8) 通往井架钻台以及井场的电源，均应在远方电源室中装设开关，射孔后，如发生井喷现象时，应立即把上述电源切断，必要时切断总电源。

(9) 井架在竖立及安装前，必须做好接地；雷电发生时不宜在井架上工作。

八、交流电焊机的安全用电技术

电焊在工业企业应用很广，而且种类很多，其中，用得最多的是接触焊和电弧焊。交流电焊机的主要组成部分是电焊变压器，如图 4-26 所示。这种变压器具有低电压，大电流的特点。接触焊一般是固定设备，变压器二次电压只有 20 多伏，其安全要求与一般电气设备大体相同。在井场上用的电焊机基本上都是弧焊机，其安全技术要求如下：

图 4-26　电焊机

(1) 交流弧焊机一般是单相的，一次电压为 380V，但也有 220V 和 380V 两用的，安装接线时要注意这一点。

(2) 使用新电焊机或长期停用的电焊机时，必须首先按产品说明书或有关技术要求进行检查。

(3) 电焊机一次和二次的绝缘电阻应分别在 0.5 MΩ、0.2 MΩ 以上，若低于此值，应予以干燥处理。

(4) 电焊机的供电回路、焊接回路的接头及电线应符合要求。

(5) 电焊机的活动部分及电流指示器应清洁、灵活，保持无灰尘、锈污。

(6) 与带电体要相距 1.5～3m 的安全距离；焊接时，焊工应穿戴好防护用品，如绝缘手套、绝缘工作鞋，或加垫绝缘物；禁止在带电器材上进行焊接。

(7) 不准在堆有易燃易爆物的场所进行焊接，必须焊接时，一定要在 5m 距离外，并有安全防护措施；雨天禁止露天作业。

(8) 焊接需用局部照明，均应用 12～36V 的安全灯；在金属容器内焊接，必须有人监护。

(9) 连接焊机的电源线，长度不宜超过 5m。如确需加长，则应架空 2.5m 高以上；电焊机外壳和接地线必须要有良好的接地；焊钳的绝缘手柄必须完整。

(10) 电焊收工时，先切断电源再收拾焊线和工具。

【模块探索】

查找资料，加深对用电设备安全技术相关知识的理解，掌握常用电器的安全技术措施。

模块九　线路过载体感设备实训

【模块导航】

问题一：实训的目的是什么？

问题二：实训步骤有哪些？

【模块解析】

一、实训概述

线路过载体感设备如图 4－27 所示，是应用当前先进的电子、网络控制技术、多媒体技术，采用全新的设计理念而开发的一种体感设备，具有操作方便，结构简洁，运行可靠性高等特点。本设备分为控制台、体感台两部分组成，控制台通过网线与体感台通信，完成对体感台的控制；体感台为用户展示通过断路器与导线不匹配时，线路过载后过热甚至烧毁的现象，以展示导线过载损害和必须与过载保护器相匹配的重要性。该设备适用于对电力作业部门新入职员工、一线班组员工、带班作业长和安全管理人员，供电系统基层单位、电力培训部门、大中专、技校、职校的电工专业教学与培训。

4－17

图 4－27　线路过载体感设备

本设备在设计时参照了以下标准：国家电网公司《电力安全工作规程（变电部分）》、《低压配电设计规范》（GB 50054—2011）、《剩余电流动作保护装置的安装和运行》（GB 13955—2017）、《交流电气装置的接地设计规范》（GB/T 50065—2011）。

二、实训目的与内容

1. 实训目的

该设备通过演示线路容量及导线与过载保护器容量不同匹配状况下的线路过载现象，使学员认识过载保护器对线路过载时的保护作用，以及过载保护器和导线容量选择不当时引起的过载拒动作，甚至会引起火灾。通过演示导线和开关不匹配产生着火甚至发生火灾的现象，让学员亲身体验设备过载所带来的危害，主动落实安全防护措施，以防止安全事故发生。

2. 实训内容

（1）展示导线与过载保护器匹配，正确选择断路器。

（2）展示导线与过载保护器不匹配，错误选择断路器。

（3）人体施加电压和触电电流的实时显示。

（4）电路中断路器过载保护动作过程体感。

（5）电路过载熔断导线事故过程体感。

三、线路过载体感设备结构认识

1. 控制台

线路过载体感设备控制台与人体触电体感设备控制台相同。

2. 体感台

体感台面板分为断路器区、线路过载演示作区、红外线测温、配件存放四个区域。断路器控制线路过载是否通电，软件连接成功后，合上断路器，对应指示灯亮起，两个接线柱子连接不同截面积的电缆，作为负载演示区，同时设备顶灯也会由绿灯变为红灯，电压表和电流表实时显示工作电压和电流。体感台结构如图 4-28 所示。

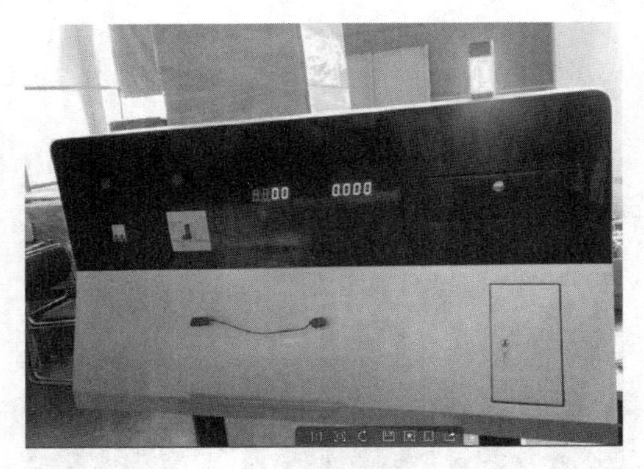

图 4-28　体感台结构示意图

四、实训操作步骤

1. 系统上电及控制台开机

合上电源箱内的总开关，系统上电；控制台插头接入电源插座，合上控制台背面底部的电源开关按钮，并点击控制台启动/关机按钮，控制台启动并开始运行。

2. 实训功能体验

操作人员打开控制台桌面上的线路过载体感控制软件，进入操作系统。选择相应的体验模式，并通过升流和降流操作开始体验。

(1) 打开软件，软件自动启动，进入线路过载体感控制软件主界面，如图 4-29 所示。

(2) 过载保护：首先按照规格把铜导线连接好，再点击“体感实训”按钮，进入线路过载体感系统功能界面，如图 4-30 所示，然后前往体感台上把“断路器一”合闸，对应指示灯亮，然后点击“设备自检”语音提示自检通过，点击“开始体验”，重复点击“升流”按钮直至“断路器一”跳闸（电流超过断路器一额定电流后跳闸）。界面中“实时电流”显示数值即为跳闸电流值大小，点击“结束体验”，电流自动下降。

图 4-29　线路过载体感控制软件主界面

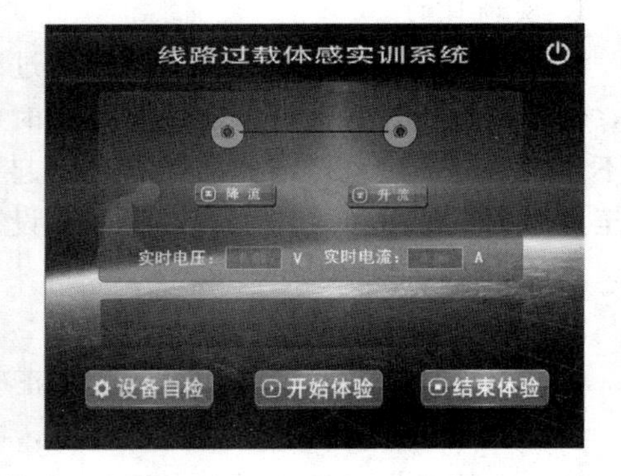

图 4-30　线路过载体感控制软件功能界面

注意：第一次跳闸结束体验后如果还想再次体验“断路器一”跳闸功能，先不要再次合闸“断路器一”，因为此时电流还没降下来，重合闸后仍会跳闸。正确做法是先将“断路器二”合闸，之后点击图 4-30 界面中“结束体验”按钮，把电流降下来再去体验“断路器一”。

(3) 过载保护失效：首先把导线连接好，再点击“体感实训”按钮，进入线路过载体感系统功能界面，如图 4-30 所示，然后前往体感台上把“断路器二”合闸，对应指示灯亮，然后点击“设备自检”，语音提示自检通过后，点击“开始体验”，重复点击“升流”按钮直至导线冒烟，绝缘层融化。界面中“实时电流”所显示数值即为跳闸电流值大小，点击“结束体验”，电流自动下降。

(4) 在体验“断路器一”或“断路器二”时，利用红外测温设备测量导线温度，体验各阶段导线温度的变化情况。

(5) 在图 4-29 所示的线路过载体感控制软件主界面点击“解析课件”按钮，跳转至课件播放界面。学员可以按“上一页”“下一页”按钮浏览学习课件，视频播放完后可点击“返回”，回到线路过载体感控制软件主界面。

3. 系统断电及控制台关机

按下控制台的启动/关机按钮，控制台自动关机，断开控制台电源开关按钮，拔掉控制台电源插头，控制台断电，断开电源箱内的总电源开关，系统断电。

五、实训注意事项

1. 使用注意事项

(1) 设备通电前首先检查所有器件是否完好，设备电源线、通信线、接地线是否连接可靠。

(2) 操作设备应设置操作人员和监护人员各一名，操作人员、监护人员应熟悉电气安全知识，熟练掌握设备的操作流程，以免因使用不当造成设备损坏。

(3) 体验过程中，禁止任何人员随意进入危险区域。

(4) 学员在观看演示现象前，务必确认站在指定区域观察。

(5) 学员禁止对设备进行任何操作，严禁私自拆装连接线和设备元器件。

(6) 操作人员有权拒绝违章指挥和冒险操作，在发现危及人身和设备安全的紧急情况时，有权停止操作或者在采取可能的紧急措施后撤离操作场所，并立即报告。

(7) 操作过程中发现异常情况时，应及时拍下急停按钮并切断主电源，查清问题和妥善处理后，才能重新上电操作。

(8) 实训完毕后，确保设备所有开关处于断开状态，关闭主电源，并锁紧玻璃门。

2. 常见故障及处理方法

(1) 当合上总电源空开，点击启动按钮如果一直无法启动电源，检查插接端子是否有松动或者脱落现象、接插座是否接触好、急停按钮是否正常。

(2) 当通信连接失败时，请检查控制线是否松动，接触是否良好；关闭电源 5s 后，开启电源，重新进行连接。

六、拓展训练与思考

(1) 根据实训体验结果，写出本次实训的心得与体会。

（2）分析体验设备过载所带来的危害，主动落实安全防护措施，以防止安全事故发生。如何正确选用断路器。

【模块探索】

通过演示导线和开关不匹配产生着火甚至发生火灾的现象，让学员亲身体验设备过载所带来的危害，主动落实安全防护措施，以防止安全事故发生。

【项目练习】

请扫描二维码，完成项目练习。

项目四练习

项目四练习答案

项目五　电力安全事故处置与调查处理

【学习目标】

学习单元	能 力 目 标	知 识 点
模块一　电力安全事故等级分类	了解电力安全事故危害；掌握电力安全事故等级划分标准	电力安全事故危害；电力安全事故等级划分
模块二　事故报告与应急处置	了解事故报告、应急处置与事故调查处理基本原则；掌握触电专项应急预案编制过程；熟悉触电现场处置方案与事故应急救援程序；了解负荷级别与供电方式	事故报告、应急处置与事故调查处理原则；触电专项应急预案编制；触电现场处置方案；事故应急救援程序
模块三　电力安全文化	了解电力安全文化的内容	电力安全文化
模块四　电力 VR 体验项目系统实训	模拟带电挂接地线事故体验；模拟误碰带电体触电事故体验；模拟误入带电间隔事故体验	电力误操作后果

【思政引导】

电力科学家鲍国宝先生，被誉为“甘愿干实事的电力巨子”，他的一生对中国电力事业的发展作出了杰出的贡献。

鲍国宝先生长期从事火力发电、水力发电的技术研究及发电厂设计与管理，对中国电力工业的初期建设作出了重要贡献。他亲手筹建的电厂多达七八座，其中包括广州发电厂、福州发电厂、西村新电厂等。在抗战期间和抗战胜利后，他积极参与电力恢复和建设工作，为中国的经济建设和国防建设提供了重要支持。

他曾担任中国电机工程学会第二届副理事长和第二届全国政协委员等职务，为中国电力科技的发展和学术交流作出了贡献。“文化大革命”期间，鲍国宝先生受到诬陷和审查，但他仍然关心国内电力工业和能源发展，撰写了一系列建议文章，为电力工业的发展提供了有价值的参考。1976 年，他被聘为电力部技术委员会顾问，继续为电力工业的发展贡献自己的力量。

鲍国宝先生是一位杰出的电力科学家和电力工程师，他的一生为中国电力事业的发展作出了卓越的贡献。他的精神将永远激励后来者继续为中国的电力事业努力奋斗。

模块一　电力安全事故等级分类

【模块导航】

问题：电力事故分为哪几个等级?

【模块解析】

一、停电事故简述

历史上，停电事故的发生并非罕见，这些事故往往由多种因素引起，包括技术故障、自然灾害等，对当地的社会和经济造成了不同程度的影响。以下是一些历史上著名停电事故的简要概述。

1905 年美国停电：当时电力尚未普及，仅有 5%的家庭安装了电线。这次停电影响了百货商店、大型酒店和纽约证券交易所等主要建筑，显示出当时电力系统的脆弱性。

1936 年纽约停电：由于爱迪生公司的发电厂发生短路，导致布朗克斯、曼哈顿以及西切斯特县的大部分地区停电。这次停电影响了办公室、医院、百货商店和家庭，交通灯暗淡，电梯停止工作，地铁停摆，造成了大量人员滞留。

2008 年中国湖南省大停电：一场 50 年一遇的雪灾对湖南地区的电网设备造成了巨大破坏，导致 450 万人在没有电的情况下生活了两个星期之久。这次事件之后，中国加强了对电力系统状况的监控能力。

2009 年巴西和巴拉圭大停电：由于强降雨和雷电造成三条主要输电线路同时故障，导致伊泰普水电站的 5 条高压电线发生短路，影响了巴西最大的两个城市里约热内卢和圣保罗，以及周边地区，电力供应几乎完全中断。

2015 年美国华盛顿大停电：由于马里兰州南部一座发电厂发生小爆炸，导致首都华盛顿及其郊区许多地区断电，影响了包括白宫、国务院、国会山庄和司法部等政府建筑。

2016 年澳大利亚大停电：一股强台风伴随暴风雨、闪电、冰雹袭击了南澳大利亚州，风电机组大规模脱网等一系列故障最终导致全州大停电。这是世界上第一次由极端天气诱发新能源大规模脱网导致的局部电网大停电事件。

这些停电事故展示了电力系统面临的多种挑战，包括技术故障、自然灾害等，同时也反映了电力系统的脆弱性和需要不断改进的地方。对于这些大停电事故，我国也应该以此为戒、提高警惕。作为电力工作者应进一步加强电网安全管理，定期进行全面的设备隐患排查，发现问题及时整改；加强操作现场风险分析及管控，加大设备运行质量监督力度；加强对一线作业人员的安全培训，全面提高人员安全意识和技能水平。同时，加强对电网运行薄弱环节的分析和治理，滚动分析电网运行风险，制定风险管控措施；贯彻落实国务院《电力安全事故应急处置和调查处理条例》（国务院令第 599 号）及《国家电网公司安全事故调查规程》，梳理运行风险，明确解决措施并确保措施的落实；完善全寿命周期管理的职责和标准，深化供电设施状态评价与状态检修，规范配网运维管理，加强带电作业，全面提升城市供电保障能力和供电可靠性。

二、事故等级划分

5-1

根据事故影响电力系统正常运行和社会正常供电的严重程度、造成人员伤亡的数量或者直接经济损失的数额等情形，事故等级分为特别重大事故、重大事故、较大事故和一般事故。

对于划分事故等级的标准和原则，国家能源局《电力安全事故应急处置和调查处理条例》有关规定见表5-1。

表5-1　　电力安全事故等级划分标准

判定项 事故等级	造成电网减供负荷的比例	造成城市供电用户停电的比例	发电厂或者变电站因安全故障造成全厂（站）对外停电的影响和持续时间	发电机组因安全故障停运的时间和后果	供热机组对外停止供热的时间
特别重大事故	区域性电网减供负荷30%以上； 电网负荷20000MW以上的省、自治区电网，减供负荷30%以上； 电网负荷5000MW以上20000MW以下的省、自治区电网，减供负荷40%以上； 直辖市电网减供负荷50%以上； 电网负荷2000MW以上的省、自治区人民政府所在地城市电网减供负荷60%以上	直辖市60%以上供电用户停电； 电网负荷2000MW以上的省、自治区人民政府所在地城市70%以上供电用户停电			
重大事故	区域性电网减供负荷10%以上30%以下； 电网负荷20000MW以上的省、自治区电网，减供负荷13%以上30%以下； 电网负荷5000MW以上20000MW以下的省、自治区电网，减供负荷16%以上40%以下； 电网负荷1000MW以上5000MW以下的省、自治区电网，减供负荷50%以上； 直辖市电网减供负荷20%以上50%以下； 省、自治区人民政府所在地城市电网减供负荷40%以上（电网负荷2000MW以上的，减供负荷40%以上60%以下）； 电网负荷600MW以上的其他设区的市电网减供负荷60%以上	直辖市30%以上60%以下供电用户停电； 省、自治区人民政府所在地城市50%以上供电用户停电（电网负荷2000MW以上的，50%以上70%以下）； 电网负荷600MW以上的其他设区的市70%以上供电用户停电			

续表

判定项 事故等级	造成电网减供负荷的比例	造成城市供电用户停电的比例	发电厂或者变电站因安全故障造成全厂（站）对外停电的影响和持续时间	发电机组因安全故障停运的时间和后果	供热机组对外停止供热的时间
较大事故	区域性电网减供负荷7%以上10%以下； 电网负荷20000MW以上的省、自治区电网，减供负荷10%以上13%以下； 电网负荷5000MW以上20000MW以下的省、自治区电网，减供负荷12%以上16%以下； 电网负荷1000MW以上5000MW以下的省、自治区电网，减供负荷20%以上50%以下； 电网负荷1000MW以下的省、自治区电网，减供负荷40%以上； 直辖市电网减供负荷10%以上20%以下； 省、自治区人民政府所在地城市电网减供负荷20%以上40%以下； 其他设区的市电网减供负荷40%以上（电网负荷600MW以上的，减供负荷40%以上60%以下）； 电网负荷150MW以上的县级市电网减供负荷60%以上	直辖市15%以上30%以下供电用户停电； 省、自治区人民政府所在地城市30%以上50%以下供电用户停电； 其他设区的市50%以上供电用户停电（电网负荷600MW以上的，50%以上70%以下）； 电网负荷150MW以上的县级市70%以上供电用户停电	发电厂或者220kV以上变电站因安全故障造成全厂（站）对外停电，导致周边电压监视控制点电压低于调度机构规定的电压曲线值20%并且持续时间30min以上，或者导致周边电压监视控制点电压低于调度机构规定的电压曲线值10%并且持续时间1h以上	发电机组因安全故障停止运行超过行业标准规定的大修时间两周，并导致电网减供负荷	供热机组装机容量200MW以上的热电厂，在当地人民政府规定的采暖期内同时发生2台以上供热机组因安全故障停止运行，造成全厂对外停止供热并且持续时间48h以上
一般事故	区域性电网减供负荷4%以上7%以下； 电网负荷20000MW以上的省、自治区电网，减供负荷5%以上10%以下； 电网负荷5000MW以上20000MW以下的省、自治区电网，减供负荷6%以上12%以下； 电网负荷1000MW以上5000MW以下的省、自治区电网，减供负荷10%以上20%以下；	直辖市10%以上15%以下供电用户停电； 省、自治区人民政府所在地城市15%以上30%以下供电用户停电；	发电厂或者220kV以上变电站因安全故障造成全厂（站）对外停电，导致周边电压监视控制点电压低于调度机构规定的电压曲线值5%以上10%以下并且持续时间2h以上	发电机组因安全故障停止运行超过行业标准规定的小修时间两周，并导致电网减供负荷	供热机组装机容量200MW以上的热电厂，在当地人民政府规定的采暖期内同时发生2台以上供热机组因安全故障停止运行，造成

续表

事故等级＼判定项	造成电网减供负荷的比例	造成城市供电用户停电的比例	发电厂或者变电站因安全故障造成全厂（站）对外停电的影响和持续时间	发电机组因安全故障停运的时间和后果	供热机组对外停止供热的时间
一般事故	电网负荷1000MW以下的省、自治区电网，减供负荷25%以上40%以下； 直辖市电网减供负荷5%以上10%以下； 省、自治区人民政府所在地城市电网减供负荷10%以上20%以下； 其他设区的市电网减供负荷20%以上40%以下； 县级市减供负荷40%以上（电网负荷150MW以上的，减供负荷40%以上60%以下）	其他设区的市30%以上50%以下供电用户停电； 县级市50%以上供电用户停电（电网负荷150MW以上的，50%以上70%以下）			全厂对外停止供热并且持续24h以上

注　1. 符合本表所列情形之一的，即构成相应等级的电力安全事故。
2. 本表中所称的“以上”包括本数，“以下”不包括本数。
3. 本表下列用语的含义：
(1) 电网负荷，是指电力调度机构统一调度的电网在事故发生起始时刻的实际负荷。
(2) 电网减供负荷，是指电力调度机构统一调度的电网在事故发生期间的实际负荷最大减少量。
(3) 全厂对外停电，是指发电厂对外有功负荷降到零（虽电网经发电厂母线传送的负荷没有停止，仍视为全厂对外停电）。
(4) 发电机组因安全故障停止运行，是指并网运行的发电机组（包括各种类型的电站锅炉、汽轮机、燃气轮机、水轮机、发电机和主变压器等主要发电设备），在未经电力调度机构允许的情况下，因安全故障需要停止运行的状态。

【模块探索】

了解电力安全事故危害，掌握电力安全事故等级划分标准。

模块二　事故报告与应急处置

【模块导航】

问题1：事故报告包括哪些内容？

问题2：事故处置应该做好哪些工作？

问题3：发生生产安全事故后，生产经营单位应当立即启动生产安全事故应急救援预案，其中包括哪些应急救援措施？

问题4：应急处置的基本原则是什么？

【模块解析】

一、事故报告

事故发生后，事故现场有关人员应当立即向发电厂、变电站运行值班人员、电力调度机构值班人员或者本企业现场负责人报告。有关人员接到报告后，应当立即向上一级电力调度机构和本企业负责人报告。本企业负责人接到报告后，应当立即向国务院电力监管机构设在当地的派出机构（以下称事故发生地电力监管机构）、县级以上人民政府安全生产监督管理部门报告；热电厂事故影响热力正常供应的，还应当向供热管理部门报告；事故涉及水电厂（站）大坝安全的，还应当同时向有管辖权的水行政主管部门或者流域管理机构报告。

5-2

电力企业及其有关人员不得迟报、漏报或者瞒报、谎报事故情况。

事故发生地电力监管机构接到事故报告后，应当立即核实有关情况，向国务院电力监管机构报告；事故造成电力用户停电的，应当同时通报事故发生地县级以上地方人民政府。

对特别重大事故、重大事故，国务院电力监管机构接到事故报告后应当立即报告国务院，并通报国务院安全生产监督管理部门、国务院能源主管部门等有关部门。

事故报告应当包括下列内容：

（1）事故发生的时间、地点（区域）以及事故发生单位。

（2）已知的电力设备、设施损坏情况，停运的发电（供热）机组数量、电网减供负荷或者发电厂减少出力的数值、停电（停热）范围。

（3）事故原因的初步判断。

（4）事故发生后采取的措施、电网运行方式、发电机组运行状况以及事故控制情况。

（5）其他应当报告的情况。

事故报告后出现新情况的，应当及时补报。

事故发生后，有关单位和人员应当妥善保护事故现场以及工作日志、工作票、操作票等相关材料，及时保存故障录波图、电力调度数据、发电机组运行数据和输变电设备运行数据等相关资料，并在事故调查组成立后将相关材料、资料移交事故调查组。

因抢救人员或者采取恢复电力生产、电网运行和电力供应等紧急措施，需要改变事故现场、移动电力设备的，应当做出标记、绘制现场简图，妥善保存重要痕迹、物证，并做出书面记录。任何单位和个人不得故意破坏事故现场，不得伪造、隐匿或者毁灭相关证据。

二、事故应急处置

电力企业应当按照国家有关规定，制定本企业事故应急预案。电力监管机构应当指导电力企业加强电力应急救援队伍建设，完善应急物资储备制度。事故发生后，有关电力企业应当立即采取相应的紧急处置措施，控制事故范围，防止发生电网系统性崩溃和瓦解；事故危及人身和设备安全的，发电厂、变电站运行值班人员可以按照有关规定，立即采取停运发电机组和输变电设备等紧急处置措施。事故造成电力设备、设施损坏的，有关电力企业应当立即组织抢修。

根据事故的具体情况，电力调度机构可以发布开启或者关停发电机组、调整发电机组有功和无功负荷、调整电网运行方式、调整供电调度计划等电力调度命令，发电企业、电力用户应当执行。

事故可能导致破坏电力系统稳定和电网大面积停电的，电力调度机构有权决定采取拉限负荷、解列电网、解列发电机组等必要措施。

事故造成电网大面积停电的，国务院电力监管机构和国务院其他有关部门、有关地方人民政府、电力企业应当按照国家有关规定，启动相应的应急预案，成立应急指挥机构，尽快恢复电网运行和电力供应，防止各种次生灾害的发生。事故造成电网大面积停电的，有关地方人民政府及有关部门应当立即组织开展下列应急处置工作：

（1）加强对停电地区关系国计民生、国家安全和公共安全的重点单位的安全保卫，防范破坏社会秩序的行为，维护社会稳定。

（2）及时排除因停电发生的各种险情。

（3）事故造成重大人员伤亡或者需要紧急转移、安置受困人员的，及时组织实施救治、转移、安置工作。

（4）加强停电地区道路交通指挥和疏导，做好铁路、民航运输以及通信保障工作。

（5）组织应急物资的紧急生产和调用，保证电网恢复运行所需物资和居民基本生活资料的供给。

事故造成重要电力用户供电中断的，重要电力用户应当按照有关技术要求迅速启动自备应急电源；启动自备应急电源无效的，电网企业应当提供必要的支援。

事故造成地铁、机场、高层建筑、商场、影剧院、体育场馆等人员聚集场所停电的，应当迅速启用应急照明，组织人员有序疏散。

恢复电网运行和电力供应，应当优先保证重要电厂厂用电源、重要输变电设备、电力主干网架的恢复，优先恢复重要电力用户、重要城市、重点地区的电力供应。

事故应急指挥机构或者电力监管机构应当按照有关规定，统一、准确、及时发布有关事故影响范围、处置工作进度、预计恢复供电时间等信息。

生产经营单位应当制定本单位生产安全事故应急救援预案，与所在地县级以上地方人民政府组织制定的生产安全事故应急救援预案相衔接，并定期组织演练。

有关地方人民政府和负有安全生产监督管理职责的部门负责人接到生产安全事故报告后，应当按照生产安全事故应急救援预案的要求立即赶到事故现场，组织事故抢救。参与事故抢救的部门和单位应当服从统一指挥，加强协同联动，采取有效的应急救援措施，并根据事故救援的需要采取警戒、疏散等措施，防止事故扩大和次生灾害的发生，减少人员伤亡和财产损失。事故抢救过程中应当采取必要措施，避免或者减少对环境造成的危害。任何单位和个人都应当支持、配合事故抢救，并提供一切便利条件。

三、事故调查处理

1. 事故调查组组成

特别重大事故由国务院或者国务院授权的部门组织事故调查组进行调查。重大事故由国务院电力监管机构组织事故调查组进行调查。较大事故、一般事故由事故发生地电力监管机构组织事故调查组进行调查。国务院电力监管机构认为必要的，可以组织事故调查组对较大事故进行调查。未造成供电用户停电的一般事故，事故发生地电力监管机构也可以委托事故发生单位调查处理。

根据事故的具体情况，事故调查组由电力监管机构、有关地方人民政府、安全生产监督管理部门、负有安全生产监督管理职责的有关部门派人组成；有关人员涉嫌失职、渎职或者涉嫌犯罪的，应当邀请监察机关、公安机关、人民检察院派人参加。

根据事故调查工作的需要，事故调查组可以聘请有关专家协助调查。

事故调查组组长由组织事故调查组的机关指定。

2. 事故调查期限

事故调查组应当按照国家有关规定开展事故调查，并在下列期限内向组织事故调查组的机关提交事故调查报告：

(1) 特别重大事故和重大事故的调查期限为60日；特殊情况下，经组织事故调查组的机关批准，可以适当延长，但延长的期限不得超过60日。

(2) 较大事故和一般事故的调查期限为45日；特殊情况下，经组织事故调查组的机关批准，可以适当延长，但延长的期限不得超过45日。

事故调查期限自事故发生之日起计算。

3. 事故调查报告内容

事故调查报告应当包括下列内容：

(1) 事故发生单位概况和事故发生经过。

(2) 事故造成的直接经济损失和事故对电网运行、电力（热力）正常供应的影响情况。

(3) 事故发生的原因和事故性质。

(4) 事故应急处置和恢复电力生产、电网运行的情况。

(5) 事故责任认定和对事故责任单位、责任人的处理建议。

(6) 事故防范和整改措施。

事故调查报告应当附具有关证据材料和技术分析报告。事故调查组成员应当在事故调查报告上签字。

事故调查报告报经组织事故调查组的机关同意，事故调查工作即告结束；委托事故发生单位调查的一般事故，事故调查报告应当报经事故发生地电力监管机构同意。

有关机关应当依法对事故发生单位和有关人员进行处罚，对负有事故责任的国家工作人员给予处分。事故发生单位应当对本单位负有事故责任的人员进行处理。

事故发生单位和有关人员应当认真吸取事故教训，落实事故防范和整改措施，防止事故再次发生。

电力监管机构、安全生产监督管理部门和负有安全生产监督管理职责的有关部门应当对事故发生单位和有关人员落实事故防范和整改措施的情况进行监督检查。

4. 事故应急救援措施

发生生产安全事故后，生产经营单位应当立即启动生产安全事故应急救援预案，采取下列一项或者多项应急救援措施，并按照国家有关规定报告事故情况：

(1) 迅速控制危险源，组织抢救遇险人员。

(2) 根据事故危害程度，组织现场人员撤离或者采取可能的应急措施后撤离。

(3) 及时通知可能受到事故影响的单位和人员。

(4) 采取必要措施，防止事故危害扩大和次生、衍生灾害发生。

(5) 根据需要请求邻近的应急救援队伍参加救援，并向参加救援的应急救援队伍提供相关技术资料、信息和处置方法。

(6) 维护事故现场秩序，保护事故现场和相关证据。

(7) 法律、法规规定的其他应急救援措施。

事故调查处理应当按照科学严谨、依法依规、实事求是、注重实效的原则，及时、准确地查清事故原因，查明事故性质和责任，总结事故教训，提出整改措施，并对事故责任者提出处理意见。事故调查报告应当依法及时向社会公布。事故调查和处理的具体办法由国务院制定。事故发生单位应当及时全面落实整改措施，负有安全生产监督管理职责的部门应当加强监督检查。

生产经营单位发生生产安全事故，经调查确定为责任事故的，除了应当查明事故单位的责任并依法予以追究外，还应当查明对安全生产的有关事项负有审查批准和监督职责的行政部门的责任，对有失职、渎职行为的，依照法律条例追究法律责任。

四、触电专项应急预案

（一）事故类型和危害程度分析

(1) 触电事故是企业用电的常见事故，也是企业人身伤亡事故的主要类型。

(2) 由于电气设施（设备）故障或绝缘部位老化、员工操作不当，很容易发生触电事故。发生触电事故，会造成人员伤亡、设备毁损、施工中断，因停电影响周边居民生产生活。

（二）触电事故专项应急处置应遵循的基本原则

(1) 迅速行动、灵活应对。处理事故险情时，由项目或项目事故应急救援指挥领导小组启动预案并实施。

(2) 以人为本。险情处理应首先保证人身安全（包括救护人员和遇险人员）。

(3) 强化防护。迅速疏散无关人员，防止次生事故发生。

（三）触电事故专项应急预案应建立的组织机构

1. 应急组织体系

项目部事故应急救援组织体系由项目部行政主管领导和分管安全生产的领导与办公室、工程部、设备部、物资部、安质环保部、财务部、施工单位应急组织机构的负责人组成。

2. 指挥机构及职责

项目部事故应急救援指挥部由救护组、疏导组、保障组、善后组、调查组和现场应急组织机构组成。

事故应急救援指挥部办公室设在安质环保部，值班电话。项目部事故应急自救办公室应设在办公室，明确24h值班、值班人员和固定电话。

抢险组：由安质环保部、工程部、设备部和物资部组成。

救护组：由安质环保部负责人和事故所在地医疗机构组成。

疏导组：由安质环保部负责人和部门人员组成。

保障组：由办公室、工程部、设备部、物资部、财务部负责人组成，必要时邀请技术专家参加。

善后组：由项目办公室、计划部、财务部负责人组成。

调查组：由工程部、设备部、物资部负责人组成。

现场应急组织机构：由现场施工单位有关人员组成。

3. 事故应急救援指挥部职责

总指挥的职责：贯彻国家、地方、行业等上级有关安全应急管理的法律法规、标准和规程；组织实施单位应急预案，掌握单位事故灾害及险情情况，解决应急工作中的重大问题；根据事故现场的情况，下令进入相应级别的应急状态，必要时向上级（相关单位）应急救援机构报告有关情况；确保应急资源配备投入到位，组织项目应急演练。

副总指挥的职责：协助总指挥开展应急指挥工作，总指挥不在位时，代行其职责；组织编制应急预案，监督落实项目应急行动程序，督促检查主管部门搞好培训、演习；进入应急状态时，负责事故现场指挥，并根据险情发展情况，提出改进措施。组织做好善后工作。

应急办公室职责：掌握项目部事故灾害及险情情况，及时向总指挥报告；负责项目部应急处置所需资源的统一调配，传达应急各项指令；根据总指挥指令负责向当地人民政府（相关单位）应急机构报告险情及信息沟通。

救护组职责：负责现场伤员的医疗抢救工作，根据伤员受伤程度做好转运工作。

疏导组职责：维护现场，将获救人员转至安全地带；对危险区域进行有效的隔离。

保障组职责：负责应急救援方案的制订，并保证应急处置的通信、物资、设备和资金及时到位及后勤保障。

善后组职责：妥善安置伤亡人员和接待伤亡人员的家属，按有关规定做好理赔工作。

调查组职责：收集事故资料，掌握事故情况，查明事故原因，评估事故影响程度和损失，分清事故责任并提出相应处理意见，提出防止事故重复发生的意见和建议，写出应急处置报告并做好相关工作的移交。

（四）触电事故的预防与预警

1. 危险源监控

牢固树立安全第一、预防为主的观念，做好日常的预防工作。制定用电管理制度，随时检查和定期检查相结合，掌握供用电情况，对不符合要求的及时整改，建立和完善以预防为主的日常监督检查机制。

根据安全用电“装得安全，拆得彻底，用得正确，修得及时”的基本要求，为防止发生触电事故，在日常施工（生产）用电中要严格执行有关用电的安全要求。

2. 预警行动

当发现电气设施（设备）故障或绝缘部位老化、施工作业点距高压线较近时，要做好警示工作。经常性对员工进行安全用电教育。

（五）信息报告程序

（1）当发生事故时，现场值班人员应立即断电，组织危险区域施工人员撤离，并迅速报告应急自救领导小组，启动现场处置方案，同时上报项目事故应急救援指挥部办公室。

（2）采用喊话或其他方式疏散人员。

（3）事故现场应急救援指挥部应及时与医院、电力部门取得联系，确保24h联络畅通，联络方式采用电话、传真等。

（4）事故现场应急救援指挥部通过上述联络方式向有关部门报警，报警的内容主要是：触电发生的时间、地点，造成的损失（包括人员伤亡数量、触电情况及造成的直接经济损失），已采取的处置措施和需要救助的内容。

（六）应急处置

1. 响应分级

二级触电事故定义为一次可能导致死亡2人以下，直接影响施工，项目部能自己处理的。

一级触电事故定义为一次可能导致死亡3人以上，直接导致施工中断，项目部不能完全自己处理，需上级、地方人民政府救援。

2. 响应程序

项目部应急自救领导小组获取触电的险情报告后，迅速启动现场处置方案，同时报告项目部事故应急救援指挥部，项目部事故应急救援指挥部接到信息后上报项目部事故应急救援指挥部领导，立即对事故进行评估，根据评估结果确定应急响应等级并启动预案。

3. 处置措施

当发生触电事故时，应急自救领导小组启动触电现场应急处置方案，现场人员立即断电，撤离危险地点。

疏导组负责维护现场，将获救人员转至安全地带；对危险区域进行有效的隔离。

救护组负责现场伤员的医疗抢救工作。根据伤员受伤程度，立即对受伤人员进行紧急处理和做好送往就近医院救治转运工作。

保障组保证应急处置的通信、物资、设备和资金及时到位及后勤保障。

善后组妥善安置伤亡人员和接待伤亡人员的家属，按有关规定做好理赔工作。

调查组收集事故资料，掌握事故情况，查明事故原因，评估事故影响程度和损失，分清事故责任并提出相应处理意见，提出防止事故重复发生的意见和建议，写出应急处置报告。

（七）应急物资与装备保障

（1）项目部事故应急救援指挥部安排保障组负责组织项目应急物资、装备的储备管理和应急处置时的调配。

（2）按照平战结合的原则，确定应急物资、设备机具、防护用品的品种、规格和标准，报送需求计划，由相关专业主管部门审核汇总后，根据物资、装备类别报送项目事故应急救援指挥部的保障组，保障组对需求计划再进行审核并组织实施，确保应急所需物资、装备及时供应、补充和更新。

（3）各部门、各单位应根据项目专项应急预案的要求，对应急物资、装备的储备情况进行检查和核实。

五、触电现场处置方案

1. 应急组织与职责

一般应成立应急自救领导小组，组织机构及其岗位职责如下：

（1）组长的职责：执行国家、地方、行业、上级有关安全应急管理的法律法规、标准和应急预案；随时掌握项目现场事故情况；根据事故现场的情况，启动并组织实施项目现场处置方案，向项目部事故应急救援指挥部报告有关情况；确保应急资源配备投入到位，组织项目应急演练，指挥项目应急行动。

（2）副组长的职责：协助组长开展应急指挥工作，组长不在位时，代行其职责；组织编制现场处置方案，落实项目应急行动，组织搞好培训和演练；负责现场应急处置，根据险情发展，提出改进措施；组织做好善后工作。

（3）救护组职责：负责现场伤员的医疗抢救工作，根据伤员受伤程度做好转运工作。

（4）疏导组职责：维护现场，将获救人员转至安全地带；对危险区域进行有效的隔离。

（5）保障组职责：提供技术保障，并保证应急处置的通信畅通，物资、设备和资金及时到位及后勤供给。

（6）善后组职责：妥善安置伤亡人员和接待伤亡人员的家属，配合项目部做好理赔工作。

（7）调查组职责：按要求提供事故情况和相关资料，参与评估事故影响程度和损失，提出防止事故再次发生的意见和建议。

2. 应急处置

（1）事故应急处置程序。当发生事故时，值班人员立即断电，组织危险区域施工人员撤离，迅速报告应急自救组长，自救组长迅速上报项目事故应急救援指挥部办公室。

采用喊话或其他方式疏散人员。

及时与医院、电力等相关部门取得联系，确保24h联络畅通，联络方式采用电话、传真等。

现场应急自救领导小组通过上述联络方式向有关部门报警，报警的内容主要是：触电发生的时间、地点，造成的损失（包括人员伤亡数量、触电情况及造成的直接经济损失），已采取的处置措施和需要救助的内容。

（2）事故应急救援程序。事故应急救援程序流程如图5-1所示。

（3）现场应急处置措施。当发生触电事故时，应急自救领导小组启动触电现场应急处置方案，现场人员立即断电，撤离危险地点。

疏导组负责维护现场，将获救人员转至安全地带；对危险区域进行有效的隔离。

救护组负责现场伤员的医疗抢救工作，根据伤员受伤程度做好转运工作。立即对抢救出的人员进行紧急处理，然后送往就近医院救治。

保障组保证应急处置的通信、物资、设备和资金及时到位及后勤保障。

善后组妥善安置伤亡人员和接待伤亡人员的家属，按有关规定做好理赔工作。

调查组收集事故资料，掌握事故情况，查明事故原因，评估事故影响程度和损失，分清事故责任并提出相应处理意见，提出防止事故再次发生的意见和建议，写出应急处置报告。

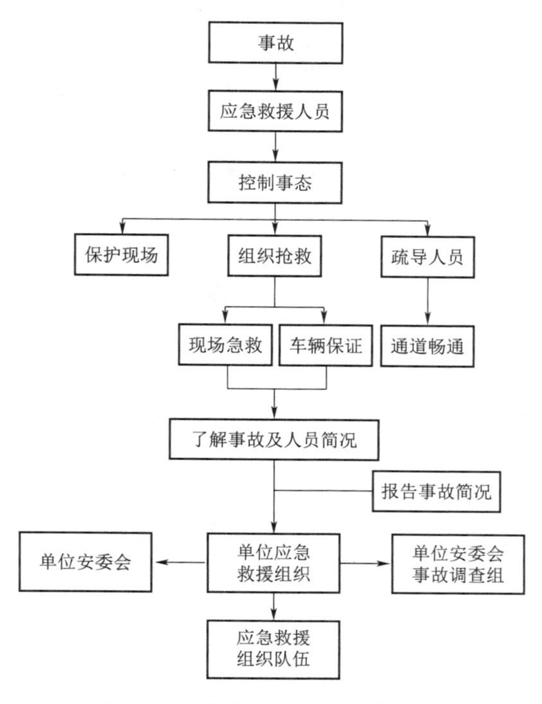

图 5－1　事故应急救援程序流程

3. 注意事项

（1）进入事发现场人员必须佩戴好安全帽。

（2）抢救受伤人员（特别是重伤人员），一定要在现场或附近就地急救，切忌盲目长途护送到医院，以免延误抢救时间。

（3）险情发生至现场恢复期间，应封锁现场，防止无关人员进入，发生意外。

（4）救助人员要服从指挥，统一行动。

（5）及时将抢救进展情况报告应急自救小组组长。

（6）做好伤亡人员及财产损失的理赔工作。

六、负荷级别与供电方式

1. 负荷的安全级别

根据我国实际供电水平，按用户用电的性质和要求不同，供电部门通常把用户的负荷分为三级：

（1）一级负荷。凡供电中断将造成人身伤亡，或重大设备损坏且难以恢复，或将造成重大政治影响，或将给国民经济带来重大损失以及将造成公共场所秩序严重混乱者均属于一级负荷。

（2）二级负荷。凡供电中断会造成产品的大量减产、大量原材料报废，或将发生重大设备损坏事故，交通运输停顿，对公共场所的正常秩序造成混乱者均属于二级负荷。

（3）三级负荷。凡不属于一级、二级负荷的用户均可列为三级负荷。

2. 各级电力负荷的供电方式

（1）一级负荷必须由两个独立的电源供电。所谓独立电源，是指其中任意一个电源发生故障或停电检修时，不影响其他电源继续供电的电源。例如来自不同变电所的两个电源或接于同一变电所不同母线段的双回路供电线路，可视为两个独立电源。两个电源之间的切换方式视具体生产技术要求而定。

(2) 二级负荷应尽量由双回路供电。对于重要的二级负荷，双回路还应分别引自不同的变压器。当采用双回路有困难时，则可以允许由一回路专线供电。

(3) 三级负荷对供电的连续性没有特殊的要求，所以可以由单回线路供电。

【模块探索】

了解事故报告、应急处置与事故调查处理基本原则，掌握触电专项应急预案编制过程，熟悉触电现场处置方案与事故应急救援程序。

模块三　电 力 安 全 文 化

【模块导航】

问题：如何理解安全是技术、安全是管理、安全是文化？

【模块解析】

安全是永恒的主题，只有起点没有终点。随着能源转型与结构调整以及电力体制改革的逐步深入，电力系统日趋复杂，电力安全生产形势日益严峻。牢固树立正确的安全观，对于电力行业适应新常态、聚焦新情况、研究新对策、解决新问题至关重要。

5-3

一、安全是技术

技术保障安全。技术是第一生产力，是安全生产的基础。电力是资金和技术密集型产业，做好安全生产工作必须掌握和依靠先进技术，认真研判和应对多变形势，不断解放生产力、发展生产力。

1. 安全需要用技术解决新问题

我国电网已经进入特高压交直流混联时期，运行方式复杂、控制难度加大，特高压直流单双极闭锁、多回直流换相失败、跨区通道严重故障等安全事故事件时有发生。实现大电网安全稳定运行，需要从技术层面落实电网实时运行调整、风险主动防御和故障智能处置等有效措施，维护电网安全稳定运行。

2. 安全需要用技术促进新发展

当前，风电、太阳能、生物质能等新能源领域快速发展，且大容量、集中接入电网，引起传统电力系统的基本特征与控制方式发生变化，保障新能源及电网和谐发展，成为当前智慧电网建设的重要课题，需要从技术上解决风电等新能源低电压穿越、电网调峰调度困难等问题，保障电力系统安全。

3. 安全需要用技术统领新工作

近年来，国家电网运用人工智能推广了机器人巡检，国电大渡河运用物联网、云计算等技术自主研发了智能安全帽、智能钥匙、智能巡回系统，水利水电部门也已利用无人机、大数据等现代技术手段来监控和分析水情。电力安全生产需要瞄准行业标杆，不断提升自身技术创新和成果转化能力，努力实现“机械化换人、自动化减人”的目标。

二、安全是管理

管理提升安全。管理是通过内部调整以适应外部变化，是安全生产的保障。对电力行业而言，管理就是将复杂的生产简单化、表格化，简单的环节精细化、标准化。

（1）安全常态化、长效化靠管理来实现。“冰山理论”告诉我们，隐藏在深层次的问题才是制约安全生产的突出因素。电力行业触电、高坠等安全隐患和危险点普遍存在，消除隐患、管控风险是防范电力安全生产事故的有效手段。《中共中央　国务院关于推进安全生产领域改革发展的意见》中明确提出了风险管控和隐患排查治理双重预防机制，做好电力安全生产工作就是要把风险管控挺在隐患前面，把隐患排查治理挺在事故前面，将安全事故扼杀于摇篮、消弭于无形。

（2）安全科学化、现代化靠管理来促进。电力安全生产管理须顺应潮流、与时俱进，实现监管重点向事前主动、源头治理转变，实现监管手段向法律和经济并重转变，推动监管方式向依靠科技进步和管理创新转变，以先进的管理理念打造一流的现代化电力企业。

（3）安全标准化、精细化靠管理来达成。标准化建设、精细化管理是落实电力企业安全生产主体责任的有效途径，是强化安全生产基础工作的长效制度，是有效防范事故发生的重要手段。实现安全生产的标准化、精细化，需要以岗位达标、专业达标和企业达标为重要载体，在生产实践中逐步建立起一套科学、规范、操作性强的制度约束体系，确保履职到位，责任到人。

三、安全是文化

文化促进安全。安全文化是全体职工对安全生产工作形成的一种共识，是安全生产的灵魂。随着企业管理水平不断提升，安全文化建设将成为突破制约安全生产瓶颈的“利器”。

（1）重视安全，就是“以人为本”。要始终把人民群众的生命安全放在首位，发展决不能以牺牲人的生命为代价，这是一条不可逾越的“红线”。总书记还强调，如果一次又一次在同样的问题上，付出生命和血的代价，那就不是工作态度和工作作风问题了，而是草菅人命。培养“以人为本，生命至上”的安全理念不仅是贯彻落实党中央、国务院领导关于安全生产工作的指示批示精神，也是实现企业安全稳定和长治久安的客观需要，更是依法治企的必然选择。

（2）关注安全，就是“关爱生命”。“生命大于天，责任重于山”“抓安全生产就是在做善事”，尊重生命、热爱生命、珍惜生命、保护生命既是对社会和企业负责，更是对职工和家属负责，只有持之以恒地维护职工生命和健康权益，使安全真正成为企业文化，并将安全文化最终转化为职工的行动自觉，才能实现“软实力”的增强与“硬水平”的同步提升。

（3）抓好安全，就是“营造和谐”。良好的安全氛围是生命线中给养的血液，是实现安全管理的灵魂。营造“人人为我，我为人人”的安全文化氛围，要从安全文化建设入手，通过入眼、入耳、入脑、入心的活动，丰富安全知识、强化安全意识、规范安全行为，实现“要我安全”向“我要安全、我会安全、我能安全”转变，不断赋予安全基础建设新的内涵。

安全是电力企业赖以生存和发展的大计，我们必须与时俱进、勇于担当，在科技创新、规范管理和文化建设上下功夫，切实保障安全生产，为社会经济发展保驾护航，为能源结构转型调整创造条件，为能源安全供应提供保障。加快规划建设新型能源体系，统筹水电开发和生态保护，积极安全有序发展核电，加强能源产供销体系建设，确保能源安全。

【模块探索】

了解电力安全文化。

模块四 电力VR体验项目系统实训

【模块导航】

问题1：带电挂接地线会造成什么后果？

问题2：误碰带电体会造成什么后果？

问题3：误入带电间隔会造成什么后果？

【模块解析】

5-4

一、实训概述

电力VR体验项目系统，如图5-2所示，是综合虚拟现实技术、多通道人机交互技术等，建立的电力作业安全风险体验场景。借助头戴式立体眼镜、交互手柄、主控系统等设备，建立作业安全风险体验系统；对线路高空作业环境以3D立体的形式进行呈现，提供“沉浸”式的观看体验；针对作业人员不按照安规等要求作业造成的严重后果，VR体验项目让学员沉浸在虚拟场景中，“亲身经历”事故发生过程，感知事故的严重性。

二、实训目的与内容

1. 实训目的

通过模拟现场作业环境，还原现场发生的事故，让受训者在观看、参与、体验的过程中，把“我听、我看、我做”思维与行动有效结合在一起，使受训学员对电力安全事故的危险性及引发的后果有更深入的了解，认知和接纳安全的重要性。从而能够有效地增强安全意识，预防安全事故的发生。

2. 实训内容

（1）模拟带电挂接地线事故体验。

（2）模拟误碰带电体触电事故体验。

（3）模拟误入带电间隔事故体验。

三、VR体验项目设备操作说明

VR体验项目操作手柄各控件功能说明如图5-3所示。

（1）射线选择：在有射线的情况下，将射线对准想要选择的选项，按下扳机键，确认选择。

（2）拾取物体：将手柄伸向需要拾取的物体，直至触碰到物体。持续按下扳机键捡起物体，松开扳机键放下物体。

（3）触碰物体：将手柄伸向需要拾取的物体，直至触碰到物体，物体颜色变黄提示，示意已触碰到物体。

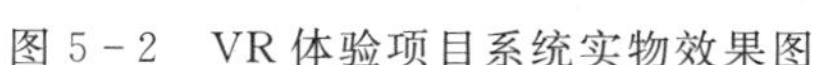

图 5－2　VR 体验项目系统实物效果图

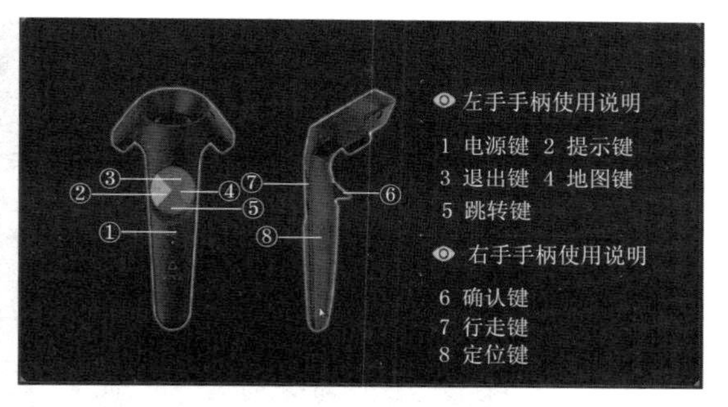

图 5－3　操作手柄各控件功能说明

四、实训操作步骤

（一）系统设备上电和开机

设备插头接入电源插座，点击启动/关机按钮，控制台启动并开始运行。

（二）操作手柄开机

拿起操作手柄基座上的两个操作手柄，长按电源键 2s 即可开机。

（三）软件界面启动

进入电脑桌面后，启动定位模块，然后双击电脑桌面 SteamVR 快捷键启动，再双击 Unity 快捷键启动，如图 5－4 所示。

图 5－4　软件界面启动快捷键示意图

（四）体验模块选择

进入软件主界面，如图 5－5 所示，当前界面分别显示三种体验模式，学员可根据体验需求，手持操作手柄将射线对准相应体验模块，扣下手柄扳机键即可进入体验场景。

1. 带电挂接地线体验模块操作步骤

（1）用操作手柄将射线对准相应带电挂接地线体验模块，扣下手柄扳机键即可进入带电挂接地线体验场景。

（2）体验学员在虚拟环境中，作为第一人称角色来到工作负责人面前，等待工作负责人交代完任务后，用操作手柄的射线对准确定，扣下扳机确认选择。

（3）前序步骤完成后，根据界面的提示开展后续操作，操作手柄的射线对准确定，扣下扳机确认选择。

图 5-5　体验模块选择界面示意图

（4）进入挂合接地棒步骤，操作手柄的射线对准确定，扣下扳机确认选择。

（5）来到开关柜后排，用操作手柄的拾取物体方法捡起接地棒的接地端，拾取后放到蓝色线框提示点处并与之吻合，说明接地端连接完成，如图 5-6 所示。

（6）用操作手柄的拾取物体方法捡起接地棒，来到开关柜后准备挂合接地棒操作，此时，由于作业人员未按照操作票要求，在没有核对检修开关柜编号的情况下，带电挂接地线误操作，发生剧烈爆炸，作业人员当场死亡，如图 5-7 所示。

图 5-6　带电挂接地线体验界面示意图（一）　　图 5-7　带电挂接地线体验界面示意图（二）

（7）在事故体验完毕后，系统会出现提示框，分析事故发生的原因，操作手柄的射线对准选择项，扣下扳机确认选择，再次体验本次事故，或者返回到场景选择界面。

2. 误碰带电体触电体验模块操作步骤

（1）进入误碰带电体触电体验场景，作业人员需检查变压器线路是否有故障。用操作手柄将射线对准相应选择项，扣下扳机确认选择。

（2）作业人员发现熔断器发生故障，决定现场处理。用操作手柄将射线对准相应选择项，扣下扳机确认选择。

（3）作业人员爬上杆塔后，发现只是熔断器脱落了，想扶正，用操作手柄触碰物体的操作方法，用手直接触碰物体接触熔断器，由于作业人员的操作属于恶性误操作行为，误碰到带电体，作业人员当场触电身亡。用操作手柄将射线对准相应选择项，扣下扳机确认选择，如图 5－8 所示。

（4）在事故体验完毕后，系统会出现提示框，分析事故发生的原因，操作手柄的射线对准选择项，扣下扳机确认选择，再次体验本次事故，或者返回到场景选择界面。

3．误入带电间隔体验模块操作步骤

（1）进入误入带电间隔体验场景，系统会描述事故经过，体验人员可根据手柄圆盘的提示进行操作，并开始体验。

（2）按下手柄圆盘的提示进行操作可直接跳转到 2 号变压器前，到 2 号变压器前，查看变压器周边及变压器顶上情况，声音听到变压器运行时发出的声音，按下手柄圆盘的提示进行操作，翻过栏杆，爬上变压器。

（3）作业人员来到变压器顶上，发现遗留在现场的扳手，手柄移向触碰扳手，扳手由蓝色变成黄色闪烁，说明已经触碰到扳手，扣下扳机键捡起扳手。

（4）在捡起扳手的瞬间，变压器带电体对扳手放电产生剧烈的电弧，火花四射，致人当场死亡，如图 5－9 所示。

图 5－8　误碰带电体触电体验界面示意图（一）

图 5－9　误入带电间隔体验界面示意图（二）

（5）在事故体验完毕后，系统会出现提示框，分析事故发生的原因，操作手柄的射线对准选择项，扣下扳机确认选择，退出体验。

4．系统断电及控制台关机

按下体验台的启动/关机按钮，控制台自动关机，断开电源开关按钮，拔掉电源插头，体验台处于断电状态，断开电源箱内的总电源开关，系统断电。

五、实训注意事项

1．使用注意事项

（1）设备通电前首先检查所有器件是否完好，设备电源线、通信线是否连接可靠。

（2）操作人员应熟悉电气安全知识，熟练掌握设备的操作流程，以免因使用不当造成设备损坏。

（3）每次教学前，老师需提前确认安全帽是否有损坏，如发现有破损应立即更换。

（4）学员体验前，佩戴好 VR 头盔，并由老师确认无误后方可上前体验。

(5) 体验过程中，学员严格按照老师指令动作，站在指定位置体验，体验过程中禁止随意乱动。

(6) VR 眼镜体验过程中，学员严格按照老师指令动作，站在指定位置体验。

(7) 学员体验完毕后，将 VR 眼镜放在指定位置。

(8) 当平台上有学员体验时，站在指定区域等待体验。

(9) 学员禁止对设备进行任何操作，严禁私自拆装连接线和设备元器件。

(10) 操作人员有权拒绝违章指挥和冒险操作，在发现危及人身和设备安全的紧急情况时，有权停止操作或者在采取可能的紧急措施后撤离操作场所，并立即报告。

(11) 孕妇及有心脏病史人员禁止体验本设备。

2. 常见故障及处理方法

(1) 当合上总电源空开，点击启动按钮后如果一直无法启动电源，检查插接端子是否有松动或者脱落现象、接插座是否接触好、急停按钮是否正常。

(2) 当通信连接失败时，请检查控制线是否松动，接触是否良好；关闭设备电源 5s 后，开启电源，重新进行连接。

【模块探索】

了解带电挂接地线、误碰带电体、误入带电间隔等电力误操作的危害。

【项目练习】

请扫描二维码，完成项目练习。

项目五练习

项目五练习答案

项目六　电力生产典型事故案例分析

【学习目标】

学习单元	能 力 目 标	知 识 点
模块一　变电运行典型事故分析	了解变电运行过程中典型事故种类；了解变电运行过程中典型事故的成因及后果	变电运行过程中典型事故种类；变电运行过程中典型事故的成因及后果
模块二　送配电线路典型事故分析	了解送配电线路中典型事故种类；了解送配电线路中典型事故的成因及后果	送配电线路中典型事故种类；送配电线路中典型事故的成因及后果
模块三　电网建设典型事故分析	了解电网建设过程中典型事故种类；了解电网建设过程中典型事故的成因及后果	电网建设过程中典型事故种类；电网建设过程中典型事故的成因及后果
模块四　开展反习惯性违章活动	了解习惯性违章的主要表现形式；掌握反习惯性违章的难点与主要措施	习惯性违章的主要表现形式；反习惯性违章的难点与主要措施

【思政引导】

电力科学家何大愚同志是我国电气工程领域的优秀先驱，他的成就为我国的水利电力事业作出了巨大的贡献。

何大愚同志在中国电力科学研究院工作长达31年，历任多个职务，包括研究室副主任、研究所副所长、高级工程师、电科院副总工程师等。

他在担任中国电机工程学会理事期间，积极推动学会发展，并为学会会刊《动力与电气工程师》创刊号撰文。他曾负责过4个大型电网实验室的建立和对外合作，并长期从事大型和互联电力系统、高压及超高压交直流输电的运行性能研究。他发表过多篇学术论文，如《关于未来智能电网的特征》《智能电网发展历程中的问题、成效及其思考》等，为电气工程领域的学术研究和技术进步作出了贡献。

他为我国的水利电力事业奋斗了半个多世纪，倾注了毕生精力和全部心血，尤其在推动学会发展和电网安全领域作出了显著贡献。

何大愚同志是我国电气工程领域的杰出代表和优秀先驱，他的生平、职业生涯、科研成果和荣誉贡献都充分展现了他的卓越才华和深厚造诣。他的精神值得我们永远学习和纪念。

本项目将近年来发生的安全事故典型案例汇编总结分析。应充分利用安全例会、班前（后）会、安全日活动、座谈会等多种方式，组织“三种人”、生产一线人员、安监人员等加强学习，分专业分岗位开展针对性培训，切实学懂、学通、学透，在工作过程中深刻吸取历次事故教训。

模块一　变电运行典型事故分析

【模块导航】

问题：某变电站1号、2号主变压器轮流检修。2号主变压器运行，1号主变压器检修。检修结束复役操作过程中，在1号主变压器改为冷备用后，调度发布正令“合上1号主变压器35kV母线闸刀”。操作人员接令后在运行日志中却误记录为“将1号主变压器10kV开关由冷备用状态改为运行状态”，并走错间隔。操作人员走到1号主变压器10kV母线闸刀左边的10kV母分开关Ⅰ段母线闸刀间隔，并用紧急解锁钥匙进行解锁后，拉开了10kV母分开关Ⅰ段母线闸刀，造成了带负荷拉闸，引起10kV母分间隔Ⅰ段母线闸刀三相弧光短路。

请分析事故原因，并写出防范措施。

【模块解析】

一、倒闸操作中违规作业造成的触电事故

6-1

2017年4月19日，大港某电力公司新世纪110kV变电站例行检修工作结束后，变电站值班员在恢复送电倒闸操作过程中，发生一起触电事故，造成1人死亡。

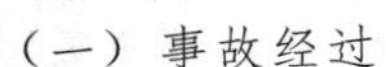

（一）事故经过

2017年4月19日，电力公司所属检修分公司负责对新世纪110kV变电站的1号站用变、3013开关和3015开关进行检修。当天站内值班员为正值班员张某华、副值班员张某某。按照当天检修计划，检修人员完成1号站用变和3013开关检修任务后，进行3015开关检修。

10时44分，完成3015开关检修工作，办理完工作终结手续后，检修人员离开检修现场。

10时54分，值班员张某华接电力调度命令进行“新中联线3015开关由检修转运行”操作。

11时，张某华与张某某在高压室完成新中联线3015-1刀闸和3015-2刀闸的合闸操作，两人回到主控室后，发现后台计算机监控系统显示3015-2刀闸仍为分闸状态，初步判断为刀闸没有完全处于合闸状态。两人再次来到3015开关柜前，用力将3015-2刀闸手柄向上推动。

11时03分，张某华左手向左搬动开关柜柜门闭锁手柄，右手用力将开关柜门打开，观察柜内设备（图6-1）。

11时06分，张某华身体探入已带电的3015开关柜内进行观察，柜内6kV带电体对身体放电，引发弧光短路，造成全身瞬间起火燃烧，当场死亡。

（二）事故原因分析

1. 直接原因

值班员张某华违规进入高压开关柜，遭受6kV高压电击。

图 6－1　站内监控录像拍摄的违规操作现场

2. 间接原因

（1）本地信号传输系统异常，刀闸位置信号显示有误。同时采集信号的电力公司生产调度中心、港中变电分公司监控中心显示 3015－2 刀闸为合入状态，而变电站主控室监控屏显示分断状态。

（2）超出岗位职责，违章进行故障处理。变电站两名值班人员发现 3015－2 刀闸没有变位指示后，没有执行报告制度，也没有向电力公司生产调度中心进行核实，而是蛮力操纵刀闸，强力扭开柜门，探头、探身进柜内。违反了大港油田公司企业标准《变电站运行规程》（Q/SYDG 1407—2014）中的“4.2.6 操作过程中遇有故障或异常时，应停止操作，报告调度；遇有疑问时，应询问清楚；待发令人再行许可后再进行操作”的规定。

（3）3015 开关柜型号老旧，闭锁机构磨损，防护性能下降。在当事人违规强行操作下闭锁失效，柜门被打开。

3. 管理原因

（1）《变电站运行规程》条款不完善。《变电站运行规程》“4.2 倒闸操作人员工作的基本要求”中，缺少运行人员“针对信号异常情况的确认”规定。该起事故中，当事人在合闸操作后到主控室监控屏确认刀闸的分合指示时，二次信号系统传输出现异常，现场刀闸状态与主控室监控屏显示不符，导致运行人员误判断。

（2）未严格履行工作职责，正值违章操作。正值在进行 3015 开关操作过程中代替副值操作，违反了《变电站运行规程》“4.1.1……正值班员为监护人，副值班员为操作人……”的规定。

（3）现场管理存在欠缺。检修现场没有安排人员实施现场安全监督，非检修人员进入现场，现场人员安全护具佩戴不合规。

（4）检修工作组织协调有漏洞。电力公司应在电力例检时，同步开展二次系统检查；检修人员应在送电操作正常完成后，办理验收交接。

(5) 安全教育不到位、员工安全意识淡薄。值班人员对高压带电作业危险认识不足，两名当事人在倒闸送电过程，强行打开开关柜门，进入开关柜观察处理问题，共同违章。

(6) 大港油田公司对事故重视程度不够。“4·19”事故发生后没有及时在油田公司内通报事故情况并及时采取相应的防范措施。

(三) 防范措施

(1) 完善规章制度。修订《变电站运行规程》相应条款，增加“刀闸操作后，确认刀闸分合信号状态，并与调度核实是否同步”。

(2) 全面排查治理习惯性违章。依据相关管理办法、标准和《电力安全工作规程》(GB 26860－2011) 中的要求，在岗位员工中全方面开展习惯性违章的自查自改和治理工作，要求岗位员工必须深刻剖析习惯性违章行为，做到自身排查与相互监督相结合。同时，各级领导干部要认真履行岗位职责，严格落实、执行安全工作规程的有关要求，强化检查指导，集中力量治理和消除习惯性违章行为。

(3) 强化电力制度执行情况的监督考核。加强员工对《电力安全工作规程》(GB 26860—2011)、《变电站倒闸操作规程》、《变电站运行规程》等规章制度的掌握，要求岗位人员在工作中必须严格落实各项制度规定，一旦发现员工在工作中存在违反规定的情况，严格处理。继续排查仍未按相关制度落实执行的环节，立即组织整改，加大执行情况的监督力度，加强运行操作和检修作业的现场监督、检查，加大“两票”及倒闸操作执行情况的考核，确保各项电力制度得到严格执行。

(4) 深入开展作业风险排查防控工作。立即组织员工再次对工作所涉及的作业风险进行全面排查，将以往遗漏或未重视的作业风险查找出来，组织骨干人员开展风险评价，制定出可操作性强、切实有效的风险削减控制措施，在工作中严加落实。

(5) 组织员工开展事故反思活动。组织各级员工开展此次事故的大反思活动，详细通报事故的经过，以安全经验分享的形式来警示员工，使员工深刻认识到严格执行《变电站倒闸操作规程》的重要性和必要性，时刻绷紧安全这根弦。同时，要举一反三，深刻吸取此次事故的深刻教训，还要加强员工专业知识和安全技能的培训锻炼，杜绝各类安全事故的发生。

二、未认真执行工作票制度造成触电事故

2009 年 8 月 9 日，青海某供电公司变电运行工区在 110kV 川口变电站进行线路带电显示装置检查工作中，一名工作人员触电死亡。

1. 事故简要经过

2009 年 8 月 7 日，青海某供电公司变电运行工区安排综合服务班进行 110kV 川口变电站微机五防系统检查及 110kV、35kV 线路带电显示装置检查工作。当日，工区副主任王某某签发了一张变电第二种工作票，工作内容为“保护室微机五防机装置检查；室外 110kV、35kV 设备区防误锁检查，线路带电显示装置检查”，计划工作时间为 2009 年 8 月 9 日 8 时 30 分至 2009 年 8 月 9 日 21 时。8 月 9 日 9 时 50 分，综合服务班班长、该项工作负责人曹某与工作班成员赵某某（死者）来到川口变电站。

10时10分，工作许可人张某办理了由曹某负责的200908004号第二种工作票，并在现场向曹某、赵某某交代了安全措施、注意事项及补充安全措施后［工作票中补充安全措施为：①35kV川米联线线路带电，562隔离开关为带电设备，已在562隔离开关处设围栏，并挂“止步　高压危险”标示牌2块（图6-2）；②工作中加强监护，工作只限在110kV、35kV设备区防误锁及线路带电显示装置处，严禁误登带电设备］，工作许可人与工作负责人双方确认签名，工作许可手续履行完毕。工作班成员赵某某未在工作票上确认签名，随即两人开始工作。

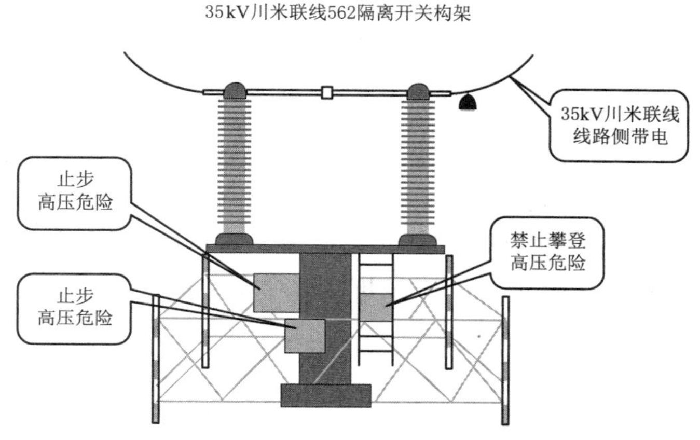

图6-2　现场示意图

13时15分，两人对川米联线线路高压带电显示装置控制器检查完毕，判断控制器内MCU微处理机元件存在缺陷且无法消除，曹某决定结束工作，并与赵某某一同离开设备区。两人到达主控楼门厅，曹某上楼去办理工作票终结手续，赵某某留在楼下。随后，赵某某单独返回工作现场，跨越安全围栏，攀登挂有“禁止攀登　高压危险”标示牌的爬梯，登上35kV川米联线562隔离开关构架。

13时30分，赵某因与带电的562隔离开关C相线路侧触头安全距离不够，发生触电后从构架上坠落至地面。站内人员发现后立即联系车辆将伤者送往解放军第四医院救治。

19时30分，经抢救无效死亡。

2. 事故原因分析

（1）工作票填写、签发不细致、不规范，安全措施填写不全，违反了《电力安全工作规程》（GB 26860—2011）“6.3.11.1b确认工作票上所填安全措施是否正确完备”的规定。

（2）工作负责人未履行现场安全交底确认签字手续，违反了《电力安全工作规程》（GB 26860—2011）“6.3.11.2c工作负责人（监护人）工作前，对工作班成员进行工作任务、安全措施、技术措施交底和危险点告知，并确认每个工作班成员都已签名”的规定。

（3）作业人员安全意识淡薄，自我保护意识不强，无人监护的情况下擅自单独返回工作现场，跨越安全围栏，攀登挂有“禁止攀登，高压危险!”标示牌的爬梯。违反了《电力安全工作规程》(GB 26860—2011) 7.5.5 禁止越过遮栏的规定。

(4) 高处作业未使用安全带，违反了《电力安全工作规程》(GB 26860—2011)“18.1.9 高处作业人员在作业过程中，应随时检查安全带是否拴牢。高处作业人员在转移作业位置时不得失去安全保护”的规定。

三、因设备运维和继保管理不到位造成重大事故

6-2

2017 年 3 月 23 日，国网西藏某电力有限公司 110kV 昌都中心变电站 35kV 昌泉线 A 相故障，引起 35kV 昌火Ⅰ线三相短路，故障越级造成 35kV 母线、10kV 母线失压，35kV 四川坝、云南坝变电站及并网昌都电站全停，损失负荷 1.5 万 kW（图 6-3）。

1. 故障前运行方式

昌都电网与四川电网联网运行，除 110kV 柴青线热备用，110kV 澜昌线停电检修外，昌都电网全接线全保护运行。昌都电站 2 号、3 号机组发电运行，通过 35kV 四川坝、云南坝变电站接入昌都中心变电站。昌都中心站为有人值班站，110kVⅠ、Ⅱ母和 35kVⅠ、Ⅱ母均并列运行，10kVⅠ、Ⅱ母分列运行。

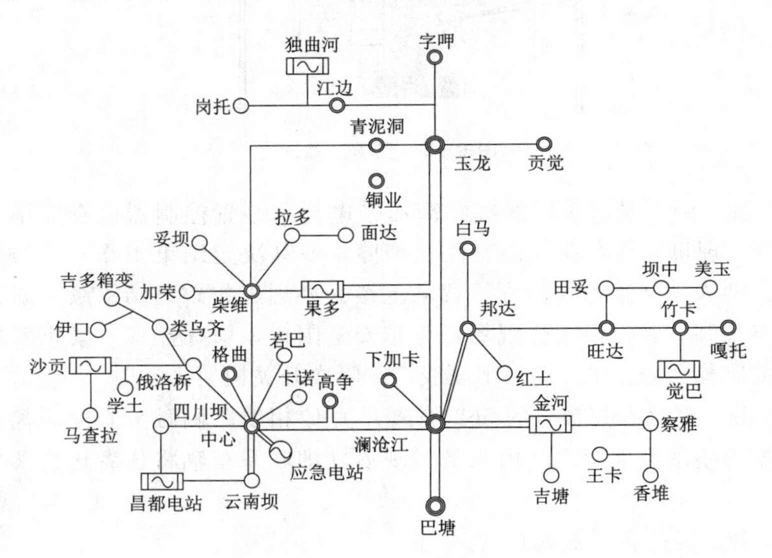

图 6-3　电网系统图

2. 事件经过

3 月 23 日 9 时 33 分，35kV 昌泉线 A 相接地，10.3s 后 35kV 昌火Ⅰ线（电缆线路约 200m）对侧电缆头击穿三相短路，2.9s 后，1 号、2 号主变压器高压侧过流Ⅵ段保护、中压侧过流Ⅰ段保护动作跳闸，跳开 1 号主变压器 031 开关、2 号主变压器 032 开关、35kV 母联 512 开关，昌都电厂 2 号、3 号机组带 35kV 四川坝变电站、云南坝变电站脱网运行，随后 2 号、3 号机组记忆过流保护动作跳闸，造成 110kV 昌都中心变电站 35kV 母线、10kV 母线失压，35kV 四川坝、云南坝变电站及并网昌都电站全停。

3. 原因分析

现场调查发现，2017 年 1 月 5 日 4 时 49 分，35kV 昌火Ⅰ线发出光纤差动保护通道异常告警信息，保护闭锁。3 月 23 日，昌火Ⅰ线发生故障，光纤差动保护不能动作，故障无法瞬时切除。昌火Ⅰ线后备过流保护与 1 号、2 号主变压器高中压侧过流保护定值整定计算错误，时限配合不当，造成 1 号、2 号主变压器后备保护抢先动作，跳开 031、032、512 开关。

事件直接原因：35kV 昌泉线 A 相接地，引起 35kV 昌火Ⅰ线对侧电缆头击穿三相短路。

事件扩大原因：35kV 昌火Ⅰ线光纤差动保护因通道异常闭锁，线路故障不能瞬时切除，同时线路后备保护与主变高中压侧后备保护定值配合不当，1 号、2 号主变压器高压侧过流Ⅵ段保护抢先出口，跳开主变压器高压侧开关，扩大停电范围。

4. 暴露问题

(1) 设备运维管理不到位。35kV 昌火Ⅰ线光纤差动保护装置 2017 年 1 月 5 日就发出了通道异常告警信息，但现场一直没有发现，长期无人处置，二次设备和保护装置巡视检查不严不细。35kV 昌火双回线投运以来没有接入自动化系统，调度人员不能实时掌握运行信息，设备运行隐患长期存在，隐患排查治理不到位。

(2) 继电保护管理不严格。保护定值计算、校核、审批全过程存在管理薄弱环节，保护定值单审批把关不严，校核工作不到位，未能及时发现保护定值配合错误。保护装置定检工作开展不力，现场无 1 号、2 号主变压器，昌火Ⅰ、Ⅱ线等相关保护装置检验工作记录。

(3) 安全技术培训不到位。变电运维人员工作责任心不强，设备运行巡视检查流于形式。继电保护、调度运行等岗位人员安全技术培训不到位，业务技能欠缺，保护定值整定、定值现场核查、保护装置巡视各环节工作质量差，层层把关不严。

四、因新设备组织管理不力和运维管理不到位造成重大事故

2014 年 8 月 9 日，国网宁夏电力有限公司 330kV 清水河变电站 330kV 清安线因吊车碰线 A 相故障，线路保护动作跳开 3341 开关，3340 开关未跳开，站内其余五回 330kV 线路对侧后备保护动作跳闸，330kV 清水河变电站全停。

1. 故障前运行方式

清水河变电站 330kVⅠ、Ⅱ母并列运行，第一串（清六Ⅱ线、1 号主变压器）、第二串（2 号主变压器，清六Ⅰ线）、第三串（清黄Ⅰ线、清固Ⅰ线）、第四串（清安线、清固Ⅱ线）整串运行，清水河变电站相关 330kV 系统接线如图 6－4 所示。

2. 事件经过

8 月 9 日 9 时 13 分，330kV 清安线发生 A 相接地故障，清安线差动保护及距离Ⅰ段保护动作，跳开 3341 开关，3340 开关未跳开，330kV 清六Ⅰ线、清六Ⅱ线、清固Ⅰ线、清固Ⅱ线、清黄Ⅰ线对侧线路后备保护动作跳闸，清水河变全站失压，所带 110kV 三营变、瓦亭变、西吉变、南郊变、将台变备自投动作，未损失负荷；两条进线均来自清水河变的 110kV 高平变、申庄变全停，损失负荷 2 万 kW，停电 1.8 万用户。六盘山热电厂全停，损失出力 42.5 万 kW；同时清水河第

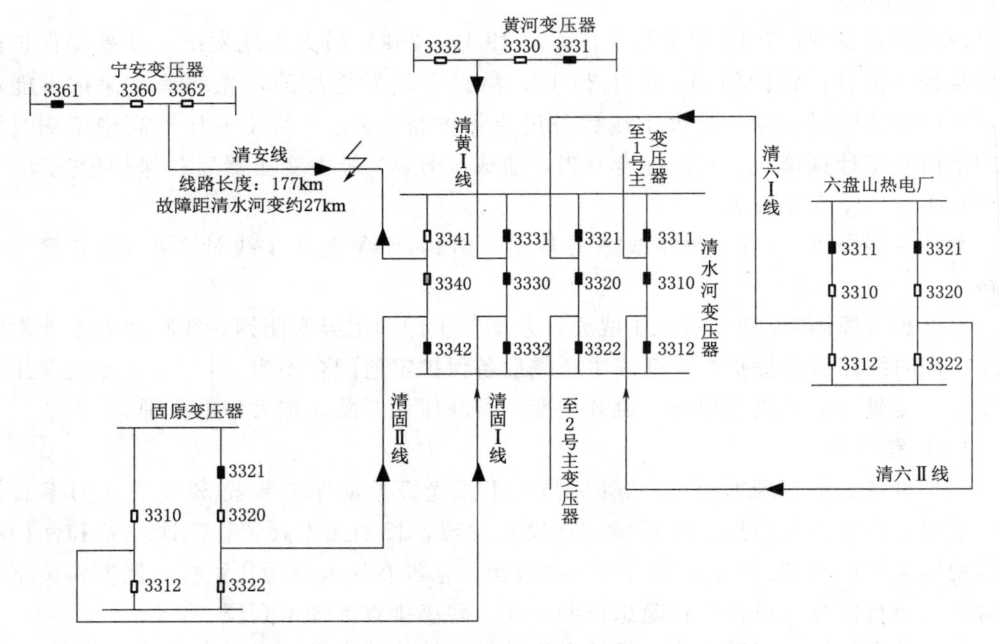

图 6－4 清水河变电站相关 330kV 系统接线图

一风电场 24 台风机、固原风电场 31 台风机脱网。9 时 50 分，通过 110kV 清南线恢复清水河变 110kV 母线运行后，损失负荷全部恢复。至 13 时 18 分，除清安线外，故障停电设备全部恢复运行。

3. 事件调查及分析

调查组查看了清水河变一、二次设备；检查核对了变电站保护装置信息、故障录波信息、压板投入及保护定值、故障前后负荷曲线、运行方式及负荷应急转带方案，分析了保护动作情况及故障录波报告；调阅了调度监控系统事件顺序记录、事件处理过程录音；查阅了站内调度命令票、操作票、工作票。

保护动作情况：8 月 9 日 9 时 13 分 15 秒，330kV 清安线两侧 PSL603GAM、CSC103C 差动保护及距离Ⅰ段保护动作，宁安变侧跳开 3360、3362 开关，清水河变侧跳开 3341 开关，由于清安线保护跳 3340 断路器出口压板及启动 3340 断路器失灵压板未投入，清水河变侧 3340 开关未跳开。330kV 固原变清固Ⅰ、Ⅱ线零序Ⅲ段动作跳开 3310、3312、3320、3322 开关，750kV 黄河变 330kV 清黄Ⅰ线零序Ⅲ段动作跳开 3330、3332 开关，330kV 六盘山热电厂清六Ⅰ、Ⅱ线零序Ⅲ（Ⅱ）段动作跳开 3310、3312、3320、3322 开关。

压板未投原因分析：通过调阅操作票发现，2013 年 7 月 15 日，330kV 清水河变启动 330kV 清安线，由于同串 330kV 清固Ⅱ线当时还未建成，本次 330kV 清安线启动未投运 3340 开关，仅投运了 3341 开关。2013 年 9 月 11 日，启动 330kV 清固Ⅱ线及 3340、3342 开关。操作人田某、监护人王某、值班负责人黄某在操作票填写、审核及执行中仅对清固Ⅱ线两套保护相关压板进行了核对及投入操作，未对已运行的清安线两套线路保护跳 3340 开关出口压板及启动 3340 开关失灵压板进行核对投入操作。在投运后近一年的巡视检查中，运维人员未发现上述压板未投入。

4. 事件原因分析

经现场勘查和对保护动作记录及倒闸操作票等相关资料分析，本次停电事件原因如图 6-5 所示。

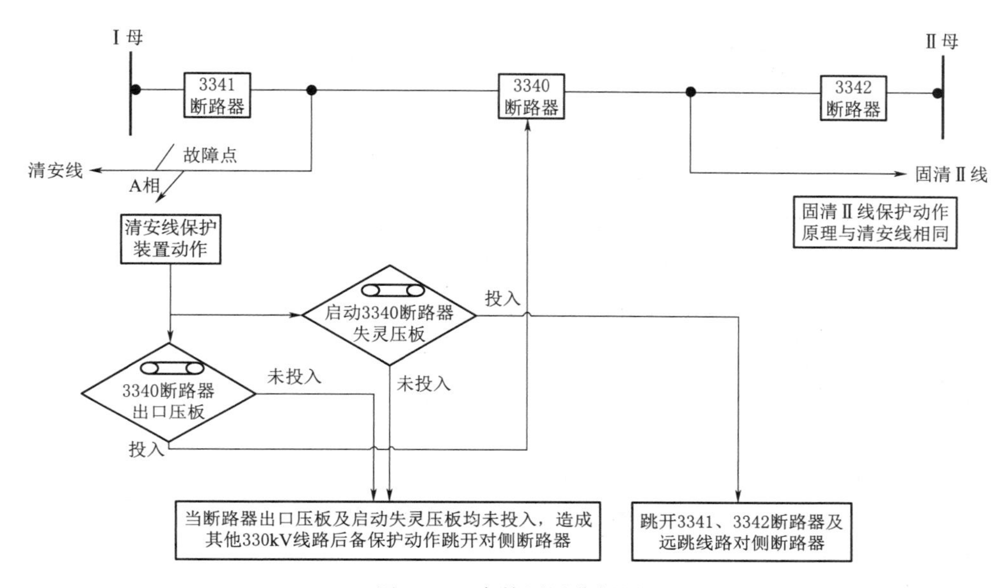

图 6-5　事故原因分析图

（1）事件直接原因：330kV 清安线 374 号塔大号侧 120m 处吊车碰线，导致线路 A 相故障。

（2）事件扩大原因：330kV 清安线两套线路保护跳 3340 开关出口压板、启动 3340 开关失灵压板未投入，导致清安线故障后 3340 开关无法跳闸，同时开关失灵保护无法启动，故障不能及时切除，造成清水河变电站其余五回 330kV 出线对侧后备保护动作跳闸，清水河变电站全停。

5. 事件暴露问题

（1）新设备启动组织管理不力。对改扩建设备投运过程中的危险点分析不到位，风险控制措施不落实，二次设备管理不到位。新设备启动生产准备不充分，未组织相关人员对新投产设备开展针对性技术培训，未及时针对新设备投运组织修订现场运行规程，典型操作票不完善，新设备启动工作方案、相关倒闸操作票编制审核及现场把关不严。

（2）变电运维管理不到位。变电运维人员业务技能欠缺，工作责任心不强，对设备二次回路不熟悉，倒闸操作票填写、审核过程中未发现保护压板投入遗漏。设备运行巡视质量不高，隐患排查工作不到位，未认真落实公司前阶段二次隐患专项排查工作部署，对二次设备和继电保护装置巡视检查流于形式，未及时发现运行设备保护压板未投的严重隐患。

6－3

（3）电力设施保护工作不到位。线路运维单位未及时发现线下施工作业点，线路外力破坏隐患监控不到位。电力设施保护宣传不扎实，群众护线员巡视看护不落实。

【模块探索】

了解变电运行过程中典型事故的种类及其成因和后果。

模块二　送配电线路典型事故分析

【模块导航】

问题：某县局桥下供电所安排对因台风受损较严重的10kV 梅岙 641 线埠头支线1～6 号杆进行横担及导线的更换及消缺工作。由于埠头支线 5～6 号杆下有一运行中的农排线路，因此在进行换线导线牵引过程中，将该农排线路的边线火线绝缘层磨破（该边线为塑料铝芯线），接触后引起换线导线带电，造成正在牵引导线的 3 名民工触电，造成重大人身死亡事故。

请分析事故原因，并写出防范措施。

【模块解析】

一、未经验电装设接地线发生触电死亡事故

6－4

2014 年 4 月 8 日 9 时 25 分，国网安徽电力某县供电公司所属集体企业某工程公司员工刘某（男，1974 年生，中专学历，农电工）在进行 10kV 酒厂 06 线倪岗分支线 39 号杆花园 2 号台区低电压改造工作，装设接地线的过程中触电，抢救无效死亡。

1. 事故经过

根据施工计划安排，8 日 9 时左右，工作负责人刘某（死者）和工作班成员王某在倪岗分支线 41 号杆装设高压接地线两组（其中一组装在同杆架设的废弃线路上，事后核实该废弃线路实际带电，系酒厂分支线）。工作任务如图 6－6 所示。

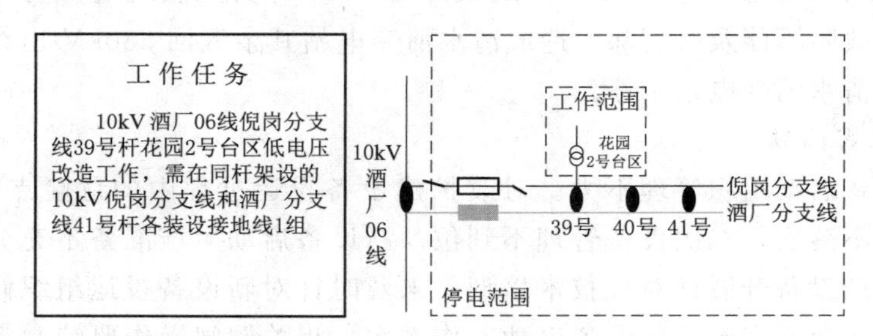

图 6－6　工作任务

因两人均误认为该废弃多年的线路不带电，所以当王某在杆上装设好倪岗分支线的接地线后，未验电就直接装设第二组接地线。接地线上升拖动过程中接地端并接桩头不牢固而脱落，地面监护人刘某未告知杆上人员即上前恢复脱落的接地桩头，此时王某正在杆上悬挂接地线，如图 6－7 和图 6－8 所示。

由于该线路实际带有 10kV 电压，王某感觉手部发麻，随即扔掉接地棒，刘某因

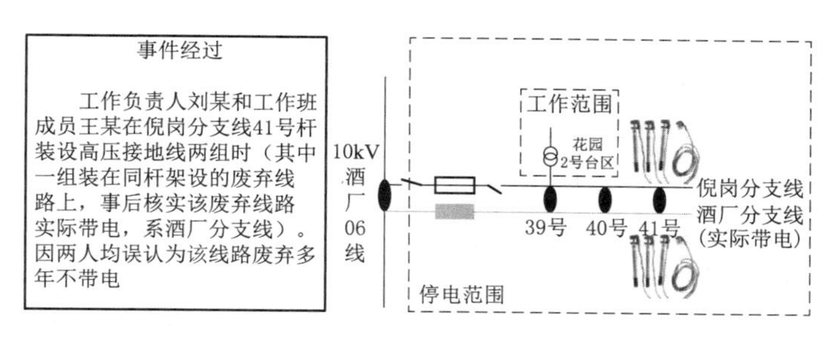

图 6-7　事件经过示意图（一）

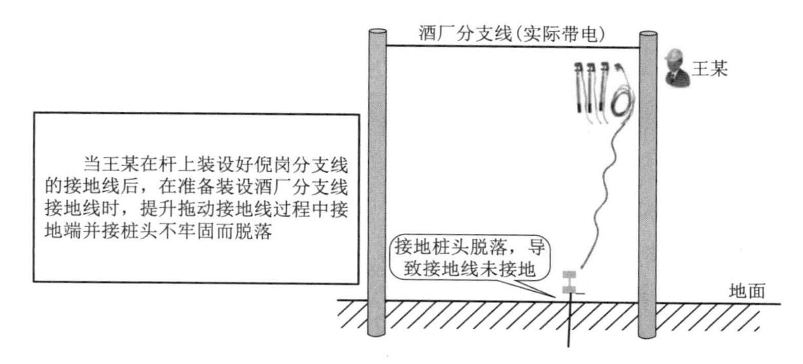

图 6-8　事件经过示意图（二）

垂下的接地线此时并未接地且靠近自己背部，同时手部又接触了打入大地的接地极，随即触电倒地，如图 6-9 所示。

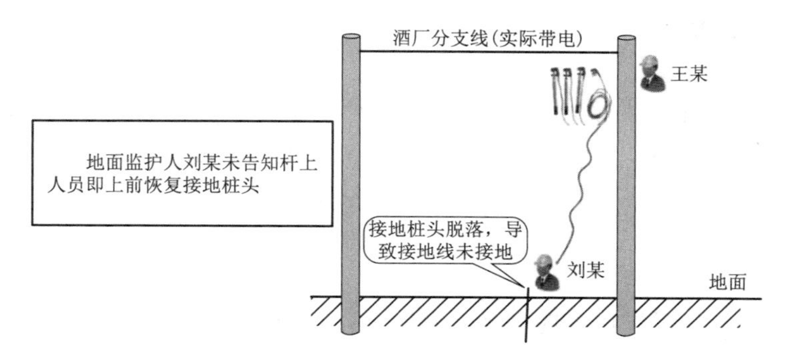

图 6-9　事件经过示意图（三）

王某立即下杆召集相邻杆的地面工作人员姜某某、张某某对伤者刘某进行心肺复苏急救，并拨打 120 急救电话，9 时 45 分左右医务人员赶到现场将伤者送往医院抢救，11 时左右抢救无效死亡，事件经过如图 6-10 所示。

2. 事故原因

(1) 严重管理违章。本次事故暴露出设备管理工作存在严重漏洞，线路图纸与实际不符，设备标识不完善，对历史遗留的有关客户线路与公司线路同杆架设问题不清楚，属严重管理违章。

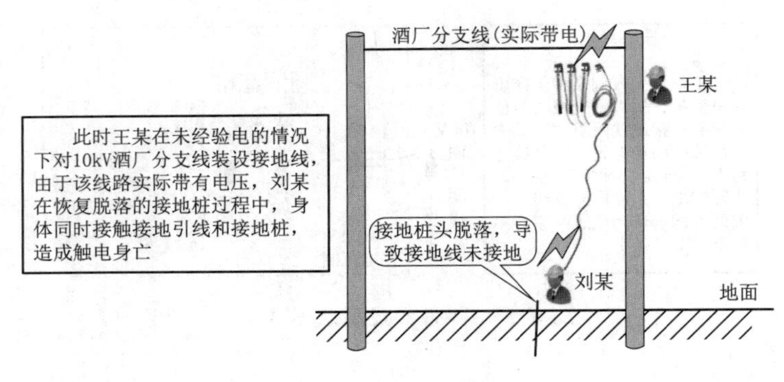

图 6-10　事件经过示意图（四）

（2）严重作业违章。工作票签发人、许可人在不掌握现场相邻设备带电的情况下，错误签发、许可工作内容和安全措施，现场作业人员未验电就装设接地线，属严重作业违章。

3. 事故整改方案措施

（1）事故单位要深刻反思，并深刻吸取事故教训，全面排查管理违章和作业违章，采取切实有效的整改措施，杜绝各类违章行为。

（2）各单位应加强设备管理，做到图纸与现场相符；作业前认真勘察现场，正确签发、许可工作票，确保安全措施与实际相符，作业中正确执行各项安全技术措施，做到不漏项、不错项。

（3）各单位应立即把事故快报转发到基层一线和所有作业现场，组织全员学习，深入开展反违章，严格执行电力安全工作规程，针对性地开展隐患排查，切实保障安全生产。

6-5

二、感应电压触电致人死亡事故

1. 事故经过

2016年4月1日，冀北某供电公司220kV罗屯变电站进行110kV兴东二线停运（兴东双回线同杆并架39.02km，兴东一线运行），工作班成员陈某在113-2刀闸架构上进行检修时，私自打开113-2刀闸A相线路侧连接板，失去接地线保护，导致1人感应电触电死亡。

2. 暴露问题

（1）作业人员安全意识淡薄，擅自增加工作内容、扩大工作范围，作业行为严重违章。

（2）现场监护不到位，工作负责人责任心不强，未能正确安全地组织工作，未能有效履行现场安全监护和管控责任。

（3）安全风险辨识与防控能力不足，未认识到同杆并架运行线路产生的感应电影响，未辨识出拆除线路侧连接板、失去接地线保护存在的安全风险。

（4）标准化作业执行不严格，工序质量控制卡、风险事件与控制措施单套用模板，指导性、针对性不强，现场作业人员作业危险点不清楚，管理人员到岗到位缺失、履责不到位。

三、倒杆事故

6-6

1. 事故经过

2017年10月28日，天津某建设集团有限公司施工项目部组织两名作业人员登杆开展400V线路新立电杆横担金具安装，新立电杆未安装卡盘、底盘和临时拉线，回填土未夯实，电杆倾倒，造成2人随杆坠落死亡。

2. 暴露问题

（1）业主和监理项目部对工程复工管控不力，监理项目部下达停工令后未跟踪执行情况，业主项目部也未随时跟踪并准确掌握施工进度。

（2）业主和监理项目部对施工队伍把关不严，针对多项工程施工负责人为同一人且计划开工时间相近的问题未能有效协调，未全面掌握施工人员信息并逐一核查施工人员身份，对施工队伍管理、教育不到位。

（3）施工项目部未经业主、监理项目部批准自行复工，作业中严重违章，未按照规范安装电杆的底盘、卡盘并夯实杆基，不安装临时拉线，导致电杆基础不牢发生倒杆。

3. 防范措施

（1）对在建和运行中的杆塔基础、拉线埋深进行全面检查、整改。

（2）加强安全教育和培训工作，切实提高员工业务素质和对危险因素的辨析力。

（3）认真落实现场勘测制度和现场安全技术措施，严格执行安全技术交底制度。

（4）对当前供电站“一套班子、两块牌子”承担两种工作任务的模式必须重新慎重思考并做出彻底的调整。

（5）进一步规范工程的运转程序，对不合格的运转程序，立即组织整改、规范。

四、高空坠落事故

6-7

1. 事故经过

2016年9月2日，国网陕西某检修公司在330kV马营变电站开展带电检测零值瓷质绝缘子工作时，检测人员赵某在未系安全带且未挂后备保护绳的情况下，采用手扶门形构架上横梁、脚踩下横梁的方式进行作业位置转移，工作负责人邵某和到岗到位干部王某某在距离工作门形构架正下方约6m处进行监护，未制止违章行为。赵某在330kV门形构架上移位时发生高空坠落，导致1人死亡。

6-8

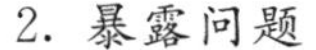
2. 暴露问题

（1）违反变电《电力安全工作规程》（GB 26860—2011）“高处作业人员在转移作业位置时不得失去安全保护”的规定，在没有系好安全带和后备保护绳的情况下转移作业位置，安全措施不落实，作业严重违章。

6-9

（2）现场安全监护不到位，工作负责人和到岗到位人员安全履责不到位，未及时制止作业人员移位时的严重违章行为，安全意识淡薄，作业现场安全管理存在严重漏洞。

6-10

（3）安全基础管理存在薄弱环节，安全规章制度执行不严格，班组日常安全管理不到位，生产作业组织和现场监督检查工作不扎实。

6－11

6－12

3. 防范措施

（1）合理安排工作，规范施工作业技术交底，认真履行现场监护。

（2）正确使用安全工器具。

（3）开展作业（操作）现场（过程）危险点分析，通过分析落实措施做好预防和预控。

（4）在事故抢修时，要重视特殊时间、特殊环境对安全工作带来的危害性。

（5）切实加强管理，坚决遏制各类事故发生。

【模块探索】

了解送配电线路中典型事故的种类及其成因和后果。

模块三　电网建设典型事故分析

【模块导航】

6－13

问题：2014 年 4 月 12 日，中电建福建省某电力建设公司分包商漳州某水利电力工程公司组塔班组在 110kV 塘厦—古田线路 29 号进行组塔作业。18 时 30 分左右，在第六节 C、D 侧塔材组片（以下简称塔片）即将提升到位时卡在塔身第五节中部，2 名作业人员从其他部位爬到卡住部位处理，在处理了该卡住部位后，通知下方指挥人员继续提升。由于塔片在上升过程中又卡在第五节上部，现场负责人和塔上工作人员均未发现并处理，仍通知绞磨操作工继续提升塔片。持续增加的拉力使抱杆瞬间发生弯折，引起受力钢丝绳突然松弛，塔片快速下坠，塔上 2 名作业人员高处作业未使用安全带，被剧烈震动和巨大声响所惊吓从高处坠落，经抢救无效死亡。

请分析事故原因，指出该事故所暴露的问题。

【模块解析】

一、铁塔倒塌造成人员伤亡事故

1. 事故经过

2017 年 5 月 6 日下午，在 181 号铁塔未经过验收情况下，未按照业主和施工项目部 5 月 8 日作业计划安排，未提前通知施工和监理项目部人员到位，在未确认塔根连接是否牢固、拉线是否满足要求情况下，现场施工队负责人蒋某安排班组负责人李某对 181～151 号（抚罗Ⅰ回旧塔）左相导线紧线施工。5 月 7 日上午 6 时 30 分，劳务分包单位（四川某电力工程有限公司）施工队继续对 181～151 号（抚罗Ⅰ回旧塔）进行中相导线紧线施工。7 时 26 分，在进行第二根子导线紧线时，181 号塔向抚罗Ⅰ回 151 号侧倾倒，同时 151 号铁塔塔头折弯，造成 181 号塔上 5 名高处作业人员随塔跌落。2 人当场死亡，2 人送医院后经抢救无效死亡，1 人受伤。铁塔倒塔后现场照片如图 6－11 所示。

由图 6－11（a）可见，两个铁塔地脚螺栓依然保持原样，说明在放紧线施工前，铁塔地脚螺栓没有拧上螺帽或螺帽不配套。

由图 6－11（b）可见，塔脚板与基础台面之间有显著的缝隙，说明在放紧线施工前，铁塔地脚螺栓没有紧固到位。

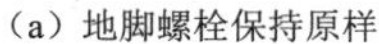

（a）地脚螺栓保持原样　　（b）塔脚板与基础台面之间有显著缝隙

图 6－11　铁塔倒塔后现场照片

2. 事故原因

（1）铁塔组立完成后未经验收，地脚螺栓与螺帽不配套且未紧固到位。分包队伍负责人不遵守施工和业主项目部施工计划，提前施工。

（2）在不具备作业条件下开始紧线，擅自将方案中 3 根反向拉线改为 2 根拉线。北侧拉线受力超过最大拉力 15.1t 而断裂，导致塔失去平衡而向 151 号铁塔方向倾倒。

（3）该电力工程有限公司施工队管理混乱。特种作业人员无证上岗。在未通知施工项目部、监理部的情况下，违章指挥，违规作业。

（4）江西省某送变电建设公司对现场安全状况失察，风险管理不到位。对分包人员素质、资质符合情况监察不力，对违规作业失察，监管不力。

（5）江西某工程咨询监理有限公司安全监理不严格，对现场违章作业监督不力，对铁塔组立施工工序未履行验收就开展紧线行为失察。

二、施工作业造成人员中毒窒息伤亡事故

1. 事故经过

2014 年 8 月 4 日，专业分包单位（浙江某工程建设有限公司）将汽油机水泵放置在基坑内，对 1 号铁塔掏挖式基础的 D 腿基坑内积水抽水作业完成后，作业人员童某下到坑底关停汽油机时晕倒，作业负责人张某立即下坑施救也晕倒，另有 3 名作业人员万某、王某、吴某分别下坑施救，均陆续晕倒。施工项目部接到报告后，立即赶赴现场施救。在判断基坑内缺氧后，便迅速使用空压机和导管向坑内送风，10min 后，将坑底晕倒人员逐一救至坑口进行急救。作业负责人张某、万某及童某 3 人急救无效死亡。事故现场照片如图 6－12 所示。

2. 事故原因

（1）专业分包单位（浙江某工程建设有限公司）施工班组在基坑排水时，未使用已经配置的小功率电动水泵，擅自改用大功率汽油机水泵，又将汽油机水泵放置在基坑内运转，致使狭小空间内积聚了大量的有毒有害气体，导致作业人员和施救人员进入基坑后发生中毒窒息事故。

（2）施工项目部未针对深基坑内作业容易导致人员中毒窒息事故开展应急知识培

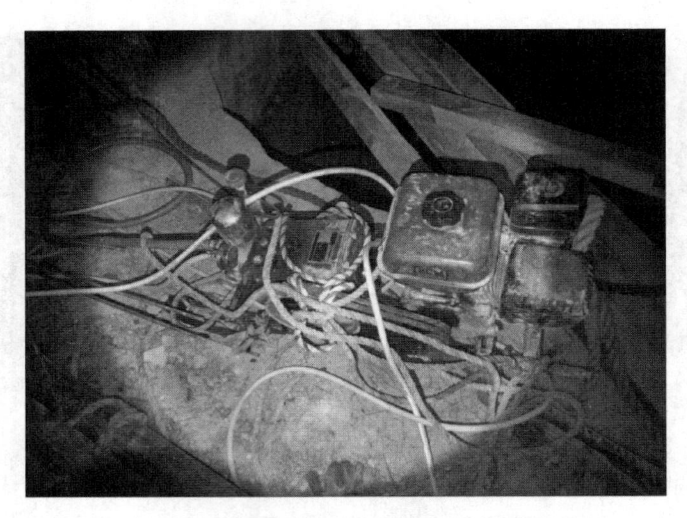

图 6-12　基坑内使用汽油机水泵积聚了大量有毒有害气体

训和现场模拟演练。施救人员缺乏该类事故救援常识，陆续下到基坑内施救时中毒晕倒，导致事故扩大。

(3) 现场安全员监护不到位。未及时发现和制止擅自改变排水用具和错误的设备使用方法，未安排下基坑人员佩戴个人防毒用具，事故发生后，施救人员判断失误，救援方法错误。

(4) 施工项目部对高风险作业部位安全管控缺位，未安排专人对专业分包作业进行跟踪监控；监理项目部未督促施工项目部开展相应的应急培训演练，未履行高风险作业现场的监管职责。

三、电网施工造成人员伤亡事故

(一) 典型案例一——脚手架坍塌事故致人死亡

2010 年 8 月 5 日，四川某电力建设公司在四川 220kV 石羊变电站改建工程中，发生脚手架坍塌事故，造成 1 人死亡、2 人重伤、8 人轻伤。

6-14

1. 事故经过

2010 年 8 月 4 日上午，四川某电力建设公司管理人员会同监理单位、专业分包单位人员对 1 号、2 号主变室的梁、板、柱混凝土框架模板支撑系统进行专项验收时，发现支撑系统搭设存在主柱间距过大、未设置纵横向剪刀撑等问题，提出立即整改要求，并下达了书面整改通知单。同时，也同意了验收合格的部分可以进行混凝土浇筑作业。随后，专业分包单位开始对不合格部分支撑系统进行整改加固。于 8 月 5 日凌晨 1 时，开始对合格部分进行混凝土浇筑，并一直持续到 6 时 30 分。项目部安全员、旁站监理人员离开浇筑作业现场休息，专业分包单位继续组织人员对不合格部分的模板支撑系统进行整改加固。7 时 30 分，专业分包单位作业负责人自认为整改加固完毕，在没有通知复查验收且无人安全监护的情况下，擅自决定开始建筑轴位置 6～8 轴交 A～D 轴作业面（主变室顶板位置）混凝土浇筑。10 时 45 分，正在进行主变室梁、板、柱混凝土框架浇筑且已完成约 $26m^3$，在顶板和梁、柱即将形成时，作业面的模板支撑系统突然坍塌，顶板上作业人员随同坠落，造成1人死亡，2人重伤，8人轻伤。

事故现场照片如图6-13所示，现场平面示意图如图6-14所示。

图6-13　事故现场照片

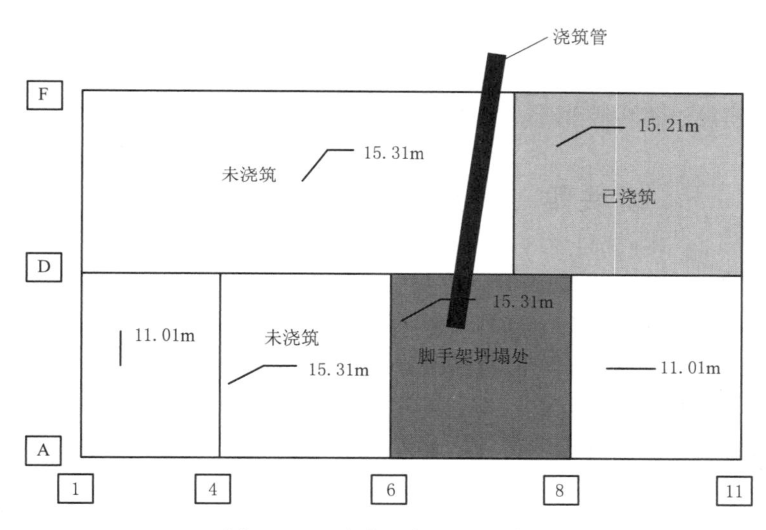

图6-14　事故现场平面示意图

2. 事故原因

(1) 高大模板支撑系统搭设不规范。立横杆间距过大、剪刀撑和扫地杆数量不足、部分支撑结构悬空，搭设的模板支撑系统结构不符合安全技术要求，整改加固后的支撑系统不合格且未经过自检和监理验收，导致坍塌。

(2) 专业分包管理人员违章指挥。现场负责人擅自决定在未进行整改自检和验收的模板支撑系统上浇筑混凝土。

(3) 未履行问题整改闭环管理要求。专业分包单位对模板支撑系统专项验收提出的问题进行了整改，但未通过问题整改验收程序即进行施工，违反了整改闭环管理流程。

（4）分包队伍管理不到位。施工单位未对专业分包单位现场作业人员进行有效管控，没有及时掌握分包队伍的工作计划，施工项目部人员、监理项目部人员未能有效对现场施工安全情况进行管控。

（二）典型案例二——劳务分包人员私乘索道吊篮高空坠落致人死亡

1. 事故经过

2018年6月11日，陕西某电力实业集团公司（陕西某供电公司所属集体企业）分包单位广安某公司的4名劳务人员，在建设管理及施工单位未安排工作的情况下，私自上山清理物料，返回驻地时私乘运送物料的吊篮，滑索失控，吊篮解体，导致4人高空坠落死亡。

6-15

2. 暴露问题

（1）劳务分包人员安全意识淡薄，违章乘坐不应载人的简易索道，严重违反安全规程。

（2）作业组织管理不到位，施工项目部对分包队伍当日工作状态不掌握，分包人员在没有安排工作计划任务的情况下，私自作业，现场安全失控。

6-16

（3）分包管理不到位，陕西某电力实业集团公司未将劳务分包人员纳入本单位从业人员统一管理，对劳务分包人员的安全教育培训不到位，安全管控不力。

【模块探索】

了解电网建设过程中典型事故的种类及其成因和后果。

模块四　开展反习惯性违章活动

【模块导航】

问题一：习惯性违章的主要表现形式有哪些？

问题二：行为违章指什么？其具体表现形式有哪些？

问题三：装置性违章指什么？其具体表现有哪些？

6-17

问题四：管理违章指什么？其具体表现有哪些？

问题五：指挥性违章指什么？其具体表现有哪些？

问题六：反习惯性违章的难点和主要措施有哪些？

【模块解析】

一、习惯性违章的主要表现形式

1. 行为违章

行为违章是指现场作业人员在电力建设、运行、检修等生产活动过程中，违反保证安全的规程、规定、制度、反事故措施等的不安全行为。

典型的行为违章有：

（1）进入作业现场未按规定正确佩戴安全帽。

（2）从事高处作业未按规定正确使用安全带等高处防坠用品或装置。

（3）作业现场未按要求设置围栏；作业人员擅自穿、跨越安全围栏或超越安全警戒线等。

2. 装置性违章

装置性违章是指生产设备、设施、环境和作业使用的工器具及安全防护用品不满足规程、规定、标准、反事故措施等的要求，不能可靠保证人身、电网和设备安全的不安全状态。

典型的装置违章有：

（1）高低压线路对地、对建筑物等安全距离不够。

（2）高压配电装置带电部分对地距离不能满足规程规定且未采取措施。

（3）待用间隔未纳入调度管辖范围等。

3. 管理违章

管理违章是指各级领导、管理人员不履行岗位安全职责，不落实安全管理要求，不执行安全规章制度等的各种不安全作为。

典型的管理违章有：

（1）安全第一责任人不按规定主管安全监督机构。

（2）安全第一责任人不按规定主持召开安全分析会。

（3）未明确和落实各级人员安全生产岗位职责等。

4. 指挥性违章

指挥性违章主要包括：

（1）指派未经过《电气安全技术操作规程》培训并经考试合格的人员上岗，指派未经特殊工种（如气焊、起重）安全操作训练并取得合格资格的人员上岗。

（2）要求员工使用无安全保障的设备，或进入无安全保障的危险场所，或强令员工拆除设备上的安全装置。

（3）不顾安全措施未落实强行提前作业，或者不执行危险作业审批制度擅自决定进行危险作业。

（4）强令设备超温，超负荷运行。

（5）对作业中的违章违纪现象不予制止，不予纠正，不予教育，默许不安全行为。

（6）强令身心有病的员工实施力不能及的作业，或者对处于危险状态的员工不认真组织救援。

二、反习惯性违章的难点与主要措施

1. 反习惯性违章的难点

（1）思想上放松警惕，行动上降低要求和标准。

（2）麻痹大意及侥幸心理作祟。

（3）安全工作时松时紧。

（4）重“讲”轻“抓”，以“罚”代“管”。

（5）缺乏对安全的正确理解和执行。

（6）感情用事，使安全监督落空。

（7）重“大”轻“小”，影响和违背安全工作方针。

2. 反习惯性违章的主要措施

（1）抓好员工上岗前的安全培训，提高员工安全文化素质。

(2) 开展形式多样的安全知识教育活动。

(3) 严格执行奖惩制度，认真落实安全生产责任制。

(4) 加大现场稽查力度，构建反违章工作机制。

(5) 结合实际编制作业指导书，积极开展标准化作业。

(6) 强化安全纪律，严格现场管理。

【模块探索】

了解习惯性违章的主要表现形式，掌握反习惯性违章的难点与主要措施。

【项目练习】

请扫描二维码，完成项目练习。

项目六练习

项目六练习答案

项目七　输配电线路带电作业

【学习目标】

学习单元	能力目标	知识点
模块一　我国输电带电作业的发展简史	了解我国输电带电作业的发展简史	输电带电作业的发展历程
模块二　输电带电作业的基本方法	掌握输电带电作业的原理和技术条件；掌握输电带电作业的基本方法	带电作业的基本概念；输电带电作业的原理；输电带电作业的基本方法
模块三　输电带电作业的电场防护	了解带电作业必须具备的技术条件；了解我国屏蔽服的分类	带电作业必须具备的技术条件；我国屏蔽服的分类
模块四　常用带电作业工器具的使用	掌握常用带电作业工器具的使用方法；了解输电带电作业工器具使用要求；了解输电带电作业工器具的运输与保管方法	带电作业工器具的分类及使用方法；带电作业工器具使用要求；输电带电作业工器具的运输与保管方法
模块五　国内配网不停电作业的发展历程	了解国内配网不停电作业的发展历程；掌握带电作业、不停电作业的概念	带电作业、不停电作业；国内配网不停电作业的发展历程
模块六　配网不停电作业的方法及原理	了解配网不停电作业的方法及原理；掌握安全地进行带电作业的技术条件	安全地进行带电作业的技术条件；配网不停电作业的基本方法；综合不停电作业法

【思政引导】

电力科学家李鹗鼎一生为中国水电事业奋斗，李鹗鼎先生回国后，在云南螳螂川水力发电工程处担任工程员、助理工程师，并开始在中国水电领域发挥作用。

中华人民共和国成立后，他历任燃料工业部水电总局副处长，电力工业部水电总局勘测设计院副总工程师、狮子滩水电工程局总工程师等职务。他走遍两湖、两广、云贵、东北、西北、长江、黄河的上中游等地，对全国大江大河进行查勘、选点和规划，为我国的水电建设事业做出了开创性的工作。

李鹗鼎作为新中国第一代水电专家，解决了许多困难的技术难题，如乌江渡岩溶渗漏处理、风滩的空腹拱坝、丰满泄水洞进口的水下岩塞爆破、龙羊峡大坝基础处理、映秀湾闸坝基础液化和推移质过坝等问题，保证了我国大型水电建设的顺利发展。由于其在水利水电领域的杰出贡献，李鹗鼎于1995年当选为中国工程院院士。此外，他还获得了全国先进生产者及四川省一级劳动模范称号。

李鹗鼎的一生都在为中国水电事业奋斗，他的贡献不仅体现在工程技术和规划上，更在于他为中国水电事业的长期稳定发展奠定了坚实基础。他的精神值得我们永远铭记和学习。

模块一　我国输电带电作业的发展简史

【模块导航】

问题：我国输电带电作业的发展经历了哪几个阶段？

【模块解析】

7-1

我国输电带电作业近年来高速发展，每一步都具有里程碑式的意义。20 世纪 50 年代初，随着我国国民经济的逐步发展，对连续供电的要求越来越高。大家应该都依稀记得，小的时候家里是不是经常停电？为解决线路要检修而用户又不能停电的矛盾，特别是重要企业一时都不能停电，所以带电作业技术就应运而生了，经过六十多年的发展，对我国主网安全运行和电力可靠供应发挥了重要作用。

1953 年，鞍山供电局的一批工人和技术人员率先开始探索研究带电作业，他们在学习国外带电作业的基础上，逐步地研究出了一套属于我们自己的不停电检修方式和工具，开启了我国带电作业发展的先河。1954 年 5 月 12 日，鞍山供电局专门发文，号召职工开展带电作业技术研究，这一天作为中国带电作业发展的“开端”，载入了中国带电作业史册。1958 年 4 月 29 日，水利电力部向全国发出了《关于推广不停电检修电力线路的通知》（水电生字第 58 号），从此全国各地纷纷成立了带电作业班组。

20 世纪 60 年代至 80 年代初是我国带电作业高速发展的时期，各种带电作业方法在全国得到推广，其中比较具有历史意义的是 1968 年鞍山供电局，他们试验成功了沿绝缘子串进入作业点的等电位作业法。用这种方法在具备一定条件的双联耐张绝缘串上更换单片绝缘子非常方便，因而很快被推广到全国。

1970 年 6 月，广州供电局在全国率先成立“三八”带电作业班。这是全国第一个女子带电作业班，随后，全国各地纷纷效仿，郑州、天津、南昌、南宁、上海、武汉、北京、鞍山、抚顺、沈阳、九江等供电局也相继成立了“三八”带电作业班。

20 世纪 70 年代末期至 90 年代初期，我国带电作业步入标准化发展时期，1978 年 1 月，水利电力部武汉高压研究所主持的国际电工委员会会议决定组织制定适合我国国情的技术标准，包括绝缘操作杆标准、绝缘绳标准等 8 个标准。

1984 年 4 月 16 日，全国带电作业标准化技术委员会在成都成立。随后制定了《带电作业用屏蔽服》（GB 6568.1—86）、《带电作业用屏蔽服试验方法》（GB 6568.2—86）等技术标准，以及《电力安全工作规程（带电作业部分）》和《带电作业技术管理制度》两本规程制度。使得我国的带电作业有了相应的技术标准和规程制度作为支撑。

进入 21 世纪以来，带电作业新技术和新工器具不断被创新应用，比如载人直升机、无人机在带电作业中得到广泛应用。2007 年 7 月，原华北电网公司与首都通航在 500kV 带电线路上开展直升机带电修补避雷线、带电更换导线间隔棒、带电修补导线及安装导线防振锤等多项直升机带电检修作业，大大提高了输电带电作业的效率和安全性。

2008年4月，湖北超高压输变电公司在1000kV特高压交流试验基地单回路12号试验塔上成功完成我国首次1000kV特高压人体由地电位进入等电位带电作业，表明我国1000kV带电作业由理论阶段进入实践操作阶段，开创了全球1000kV特高压电网带电作业先河。

目前在带电作业方面，每年都会投入大量的人力物力财力研究更高安全、更高效的带电作业模式，比如福建最新研制的输电线路智能型导线液压修补机。当高压线破损后，过去都要把线路停电，再把导线放到地面上进行修补，或者人骑着检修车，在数十米高的高空进行检修。现在有了这个机器，可以借助无人机，将起吊绳挂在导线上，再将机器挂载在导线上，全程人都在地面，无须登高，大大提高了作业的安全性和作业效率。

2008年和2014年，国家电网公司组织举办了220kV和500kV输电线路带电作业竞赛。国网公司下属地市级以上供电单位均参与了不同级别竞赛。带电作业工作得到更广泛地交流和发展。

在人员上岗资格方面，2016年进行过一轮评审，目前整个国网系统一共有8个国网级的取证基地，分别是冀北、浙江、湖南、辽宁、陕西、四川、湖北电力及技术学院）；8个省公司级实训基地，分别是天津、山西、山东、江苏、福建、江西、青海、新疆。

华东各省市基本都在浙西分中心取得上岗证。福建省电力有限公司在泉州的技能研究院具备输电带电作业人员上岗证的培训资质，但是仍然需要到国网认定的8个基地取得上岗证。这在一定程度上也规范了对带电作业的管理。

【模块探索】

查找资料，加深对带电作业工作的认识，了解世界带电作业的发展。

模块二　输电带电作业的基本方法

【模块导航】

问题一：什么是带电作业？

问题二：输电带电作业的原理是什么？有什么技术条件？

问题三：输电带电作业的基本方法是什么？

【模块解析】

一、输电带电作业的原理和技术条件

7-2

我国带电作业发展迅速，每一步都具有里程碑式的意义，带电作业也是电力行业的发展趋势之一。

所谓带电作业，就是在带电的设备上，人应用安全可靠的科学方法，使用特殊的绝缘工具，对送变电设备进行维护检修和更换部件的一种不停电作业，是一种特殊的作业方法。检修人员在作业过程中直接接触22万V的高压电，电压是平时家用的1000倍。

图7-1和图7-2是目前输电带电作业工作中最常用的两种带电作业方法，图

7-1是等电位作业，属于直接作业法；图7-2是采用绝缘工具地电位作业法，属于间接作业法。两者都是在220kV的高压线路上进行作业，直接作业法甚至是人直接零距离接触高压电进行作业的。带电作业人员为什么可以在运行的电气设备上安全工作呢？甚至直接接触高达几十万伏电压的带电体而不遭受触电伤害呢？这就要了解并掌握带电作业的工作原理。

图7-1　直接作业

图7-2　间接作业

首先是电对人体的影响。经过研究，电对人体的危害作用有电流和电场两种：

（1）人体的不同部位同时接触有电位差的带电体，电流通过人体时会对人体造成危害。人体对电流是有一定的耐受能力的，根据体质的不同，耐受能力也不同。对电流的感知水平方面，规程上一般取1mA。

（2）在带电设备附近工作时，尽管人体并未接触带电体，但却有风吹、针刺、蠕动等不适之感，这是由空间电场引起的。

由表7-1可知，只要确保流经人体的电流不超过感知水平1mA、局部场强不超过感知水平240kV/m，并且与带电体保持规定的安全距离，就可以开展带电作业。

表7-1　人体对稳态电击产生生理反应的电流阈值　单位：mA

生理反应	感知	震惊	摆脱	呼吸痉挛	心室纤维颤动
男性	1.1	3.2	16.0	23.0	100
女性	0.8	2.2	10.5	15.0	100

所以要实现带电作业就要满足以上三个方面的要求。等电位作业就是利用了法拉第笼的原理：人在一个金属框内时，内部电场为零，不会产生电位差（图7-3）。这样就可以借助绝缘性能良好的绝缘工具进行带电作业。

图7-3　法拉第笼

直接作业时，可以借助法拉第笼原理的屏蔽服来达到均压、分流及屏蔽电场来确保流经人体的电流和局部场强不超过人体的感知水平；间接作业时，保持绝缘工具有足够的长度，就能保证流经人体的电流不超过感知水平。

二、输电带电作业基本方法

带电作业，按作业人员的自身电位来划分，可分为地电位作业、中间电位作业、等电位作业三种方式，如图 7-4 所示。

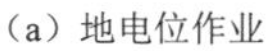
（a）地电位作业

（b）中间电位作业

（c）等电位作业

图 7-4　不同电位带电作业方式

图 7-4（a）所示是地电位带电作业现场，作业人员采用绝缘操作杆更换绝缘子串。图 7-4（b）是中间电位作业法，作业人员在绝缘平梯上采用绝缘工具操作带电体，人与带电体是绝缘的，与接地体也是绝缘的，如图所示，头尾都是绝缘体，人体处于中间位置。图 7-4（c）是等电位作业法，等电位作业人员穿戴屏蔽服，借助绝缘工具在强电场中进行作业，如图所示，人体与带电体是同一电位，与带电体之间隔着绝缘体。

简单计算三种带电作业法的安全性。

（1）地电位作业法。通过地电位作业法的特点，画出等值电路图（图 7-5）。

$$I_R=\frac{U_\phi}{R_m}=\frac{12.7\times10^4}{9\times10^{10}}\approx1.4\times10^{-6}(\text{A})=1.4(\mu\text{A})$$

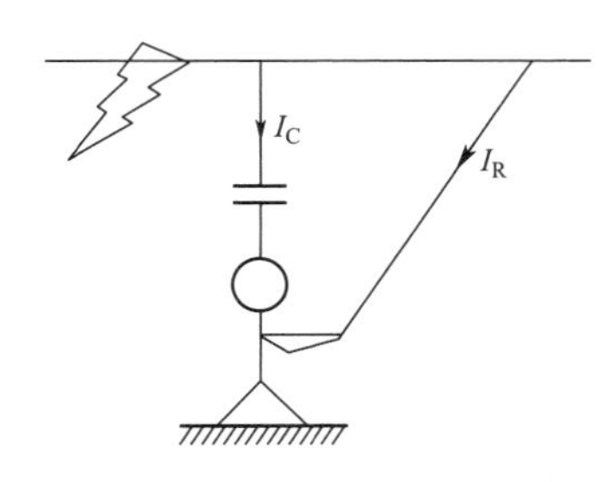

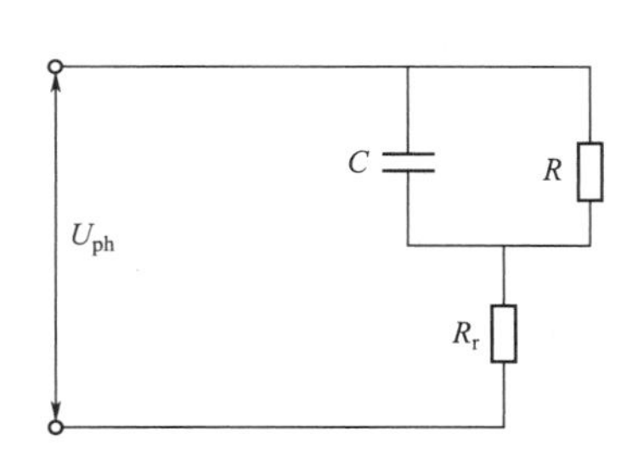

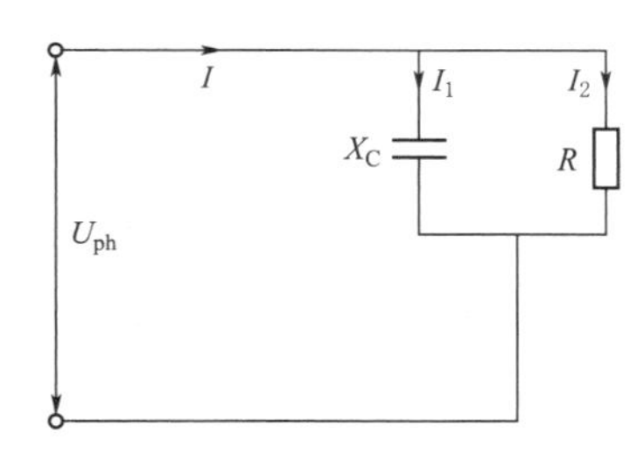

图 7-5　地电位作业法等值电路图

工作人员地电位作业，比如在铁塔横担上，或者站在地上使用绝缘操作杆进行接触带电体作业时，人体处于地电位。则作用在绝缘操作杆上的电压 U_{ph} 就是相电压，与线电压差$\sqrt{3}$倍。R_r 是人体电阻，R 是绝缘操作杆电阻，C 是导线对人体的电容。

$$I_R=\frac{U_\phi}{R_m}=\frac{12.7\times10^4}{9\times10^{10}}\approx1.4\times10^{-6}(\text{A})=1.4(\mu\text{A})$$

经过计算，使用绝缘良好的操作杆间接带电作业时，流经操作杆的泄漏电流全部流向人体，但是大约只有 1.4μA。

$$I_C = \frac{U_\phi}{X_{C_1}} = \frac{12.7 \times 10^4}{0.72 \times 10^9} \approx 176 \times 10^{-6}(\mathrm{A}) = 176(\mu\mathrm{A})$$

而人体在带电体附近虽然没有直接接触带电体，但是带电体对人的电容电流有 176μA，也远小于人体对电流的感知水平 1mA。所以地电位作业是安全的。

在地电位作业时，如果作业人员穿绝缘鞋，那么就会存在一个人体与绝缘鞋对地的电容 C_2，由于 C_2 的存在，人体在强电场中就会有一定的悬浮电位。

$$U_r = U_\phi \frac{X_{C_2}}{X_{C_1} + X_{C_2}} = 127 \times 10^3 \times \frac{10^6}{0.72 \times 10^9 + 10^6} = 127 \times \frac{1}{0.72} = 176(\mathrm{V})$$

它是由相电压、带电体与人体之间的容抗、人体穿绝缘鞋后对地的容抗三者决定的。从上面的公式可以看出，想要消除人体身上的悬浮电压，避免静电感应引起电击，就要使 $C_2 \approx 0$，这样就不会再有电击感了。因此要求，进行 220kV 及以上电压等级带电作业时，地电位电工应穿好合格的绝缘鞋。

(2) 中间电位作业法。当作业人员站在绝缘梯或绝缘平台上，用绝缘杆进行的作业即属中间电位作业。等值电路图如图 7-6 所示。

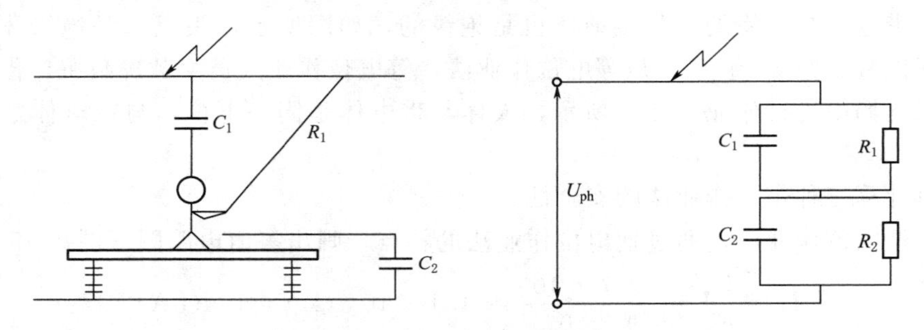

图 7-6　中间电位作业法等值电路图

采用中间电位法作业时，人体与导线之间构成一个电容 C_1，人体与地（杆塔）之间构成另一个电容 C_2，绝缘杆的电阻为 R_1，绝缘平台的绝缘电阻为 R_2。

作业人员通过两部分绝缘体分别与接地体和带电体隔开，这两部分绝缘体共同起着限制流经人体电流的作用，同时组合空气间隙防止带电体通过人体对接地体发生放电。

(3) 一般来说，只要绝缘操作工具和绝缘平台的绝缘水平满足规定，由 C_1 和 C_2 组成的绝缘体即可将泄漏电流限制在微安级水平。只要两段空气间隙达到规定的作业间隙，由 C_1 和 C_2 组成的电容回路也可将通过人体的电容电流限制在微安级水平。等电位作业的示意图和等值电路图如图 7-7 所示。

由电造成人体有麻电感甚至死亡的原因，不在于人体所处电位的高低，而取决于流经人体的电流的大小。根据欧姆定律，当人体不同时接触有电位差的物体时，人体中就没有电流通过。从理论上讲，与带电体等电位的作业人员全身是同一电位，流经人体的电流为零，等电位作业是安全的。当人体与带电体等电位后，假如两手（或两足）同时接触带电导线，且两手间的距离为 1.0m，那么作用在人体上的电位差即该段

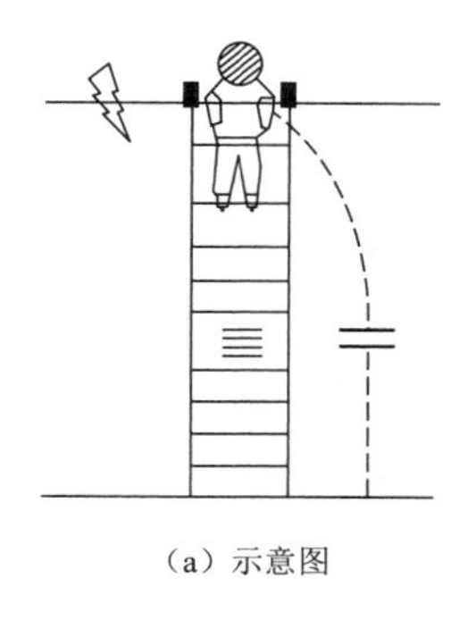

（a）示意图

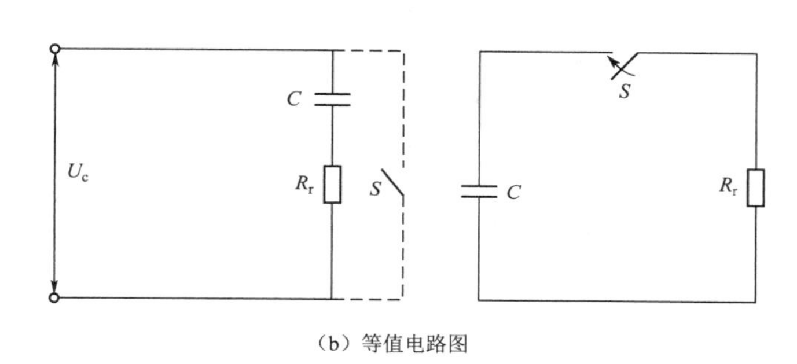

（b）等值电路图

图 7-7　等电位作业法示意图和等值电路图

导线上的电压降。假如导线为 LGJ-150 型，则：

$$R=\frac{R_1 \cdot R_2}{R_1+R_2}=\frac{0.00021\times 1000}{0.00021+1000}\approx 0.00021(\Omega)$$

该段电阻为 0.00021Ω。

当负荷电流为 200A 时：

$$U=I \cdot R=200\times 0.00021=0.042(\mathrm{V})$$

那么该电位差为 0.042V。

设人体电阻为 1000Ω：

$$I_r=\frac{U}{R_r}=\frac{0.042}{1000}=42(\mu\mathrm{A})$$

通过人体的电流为 42μA，远小于人的感知电流 1000μA，人体无任何不适感。如果作业人员穿屏蔽服作业，因屏蔽服有旁路电流的作用，则流过人体的电流更小。

【模块探索】

查找资料，加深对输电线路带电作业的原理、技术条件及基本方法等相关内容的认识。

模块三　输电带电作业的电场防护

【模块导航】

问题一：带电作业必须具备的技术条件有哪些？

问题二：屏蔽服是如何分类的？

【模块解析】

带电作业必须具备三个技术条件：①流经人体的电流不超过人体的感知水平 1mA (1000μA)；②人体体表局部场强不超过人体的感知水平 240kV/m (2.4kV/cm)；③人体与带电体（或接地体）保持规定的安全距离。想要做到这几点，就需要引入一个输电带电作业安全防护的概念。

7-4

带电作业人员在强电场中时，体表会出现不适感觉，主要有以下几种。

（1）电风感。这是因为强电场中的人体会带上感应电荷，而电荷会堆积在体表的尖端部位（如指尖、鼻尖等），从而使这里的空气产生游离，出现离子移动所引起的风。这种电风拂过皮肤时，人体就会有一种特有的“风吹感”。

（2）异声感。在交流电场中，当电场强度达到某一数值后，许多人的耳中就会产生“嗡嗡”声。这是由于交流电场周期变化，对耳膜产生某种机械振动所引起的。

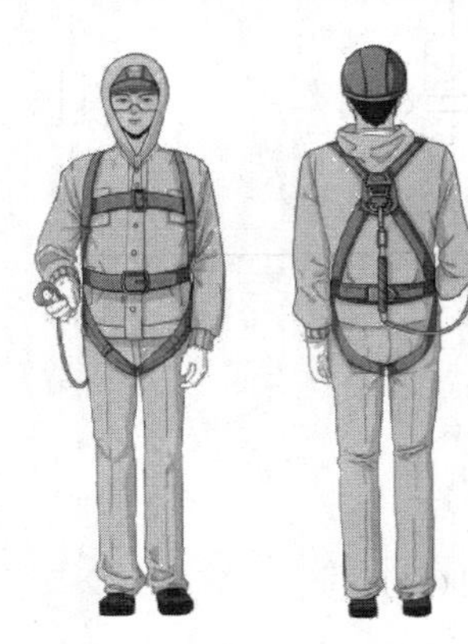

图 7-8　屏蔽服

（3）蛛网感。在强电场中，作业人员感觉脸上有一层蜘蛛网黏着的感觉，这也是电荷集中到汗毛上的原因。

（4）针刺感。当人穿着塑料凉鞋在强电场下的草地上行走时，只要脚下的裸露部分碰到附近的草尖，就会产生明显的刺痛感。这是由于人体与大地绝缘，与草尖有电位差，造成草尖与人体放电。

那么如何解决这个电场防护的问题呢？答案就是屏蔽服（图 7-8），屏蔽服在输电带电作业中应用非常广泛，其基本原理是法拉第笼原理。

在封闭导体内部，电场强度为零，但是屏蔽服实际为一金属网状结构，不可能是全封闭导体，会有部分电场穿透到屏蔽内部，因此，存在着屏蔽效率的问题。屏蔽效率：

$$S \cdot E = 20\log\frac{E_1}{E_2}(\mathrm{dB})$$

屏蔽服屏蔽效率的检测比较麻烦，目前国内只有少数机构能做。屏蔽服除了具有屏蔽电场的作用外，还有均压和分流的作用。

如果作业人员不穿屏蔽服，由于人体有电阻，人体接触导体点与未接触点电位就会不一样，产生电位差，使作业人员产生电击感。穿上屏蔽服后，人体各个部分的电位视为相同，即起到均压作用。

表 7-2　《带电作业工具、装置和设备预防性试验规程》（DL/T 976—2017）屏蔽服电阻要求

屏蔽服各部位	上衣	裤子	袜子	手套	鞋	整套屏蔽服
电阻值/Ω	≤15	≤15	≤15	≤15	≤500	≤20

因此，衣、裤、帽、鞋等在作业时必须可靠地连成一体。另外，人体接触和脱离不同电位物体的瞬间会有暂态的充放电过程；等电位以后，人体对地有电容，会有稳态的充电电流。这些电流都以屏蔽服为旁路来分流，使真正流过人体的电流很小，消除了不良感觉和伤害。

目前我国屏蔽服的分类主要有Ⅰ型和Ⅱ型，其特点是：Ⅰ型，屏蔽效率高，载流容量小；Ⅱ型，有适当的屏蔽效率，载流容量大。整套屏蔽服最远端之间的电阻不得大于 20Ω。

图 7-9　穿屏蔽服进行带电作业

图 7-9 所示为等电位带电作业人员穿戴

全套屏蔽服进行带电作业。

对于超高压线路带电作业，比如750kV、1000kV特高压等，还需要戴面罩。

【模块探索】

查找资料，加深对输电带电作业的电场防护相关知识的学习；拓展相关知识。

模块四　常用带电作业工器具的使用

【模块导航】

问题一：常用带电作业工器具有哪些？

问题二：输电带电作业工器具使用有哪些要求？

问题三：输电带电作业工器具的运输与保管有哪些注意事项？

【模块解析】

一、常用带电作业工器具介绍

7-5

带电作业工器具种类繁多，掌握其使用细节和使用方法非常重要。

带电作业工器具，可以分成绝缘工具、金属工具、防护工具、检测工具等。这里主要介绍带电作业的绝缘工具和金属工具。并不是所有带电作业的工具都是绝缘的，金属工具在带电作业中也发挥了非常重要的作用，是带电作业工作中不可或缺的组成部分。那么带电作业具体都有哪些工具。

1. 绝缘工具

目前我国带电作业使用的绝缘工具大致有下列几种：绝缘板、绝缘棒、绝缘管、绳索、薄膜、绝缘油和绝缘漆等（图7-10）。这些材料电气性能的好坏，直接关系到带电作业人员的人身安全和设备安全。一般要求制作带电作业工具的绝缘材料必须具有电气性能优良、机械强度高、质量轻、吸水性低、耐老化、易加工的特点。

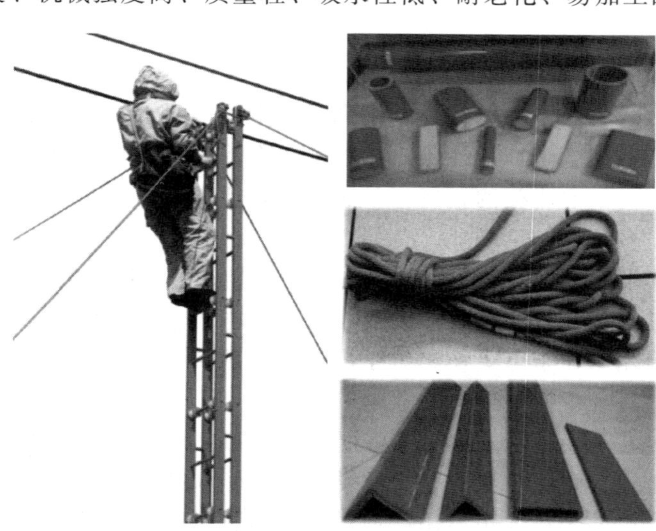

图7-10　绝缘工具

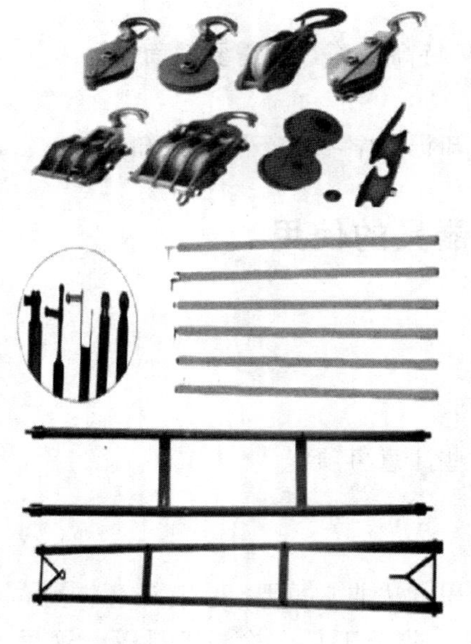

图 7-11　硬质绝缘工具

绝缘工具又分硬质绝缘工具和软质绝缘工具。

(1) 目前比较常见的硬质绝缘工具有绝缘滑车、绝缘操作杆、绝缘平梯和绝缘硬梯、绝缘托瓶架等(图 7-11)。

1) 绝缘滑车，主要用于起吊传递工器具材料或者组合成滑车组作为吊线工具。

2) 绝缘操作杆，是地电位作业的重要工具，用于间接操作带电设备。

3) 绝缘平梯和绝缘硬梯，主要用于在 110kV、220kV 等电压等级设备上进出强电场。在 500kV 及以上线路上，因为距离比较长，一般不用平梯进出电场。

4) 绝缘托瓶架是在带电更换绝缘子串时，辅助装拆绝缘子的工具。

(2) 绝缘软质工具主要有绝缘绳索、绝缘软梯(图 7-12)、绝缘滑车组、绝缘消弧绳等。

1) 绝缘绳索是输电带电作业中应用最广泛也是最重要的工具之一，可用于传递工具，也可组装成绝缘滑车组作为起吊导线等承力工具。目前使用的芳香族高强度绳，拇指粗的破断力即达到十几吨。

2) 绝缘软梯可作为带电作业中进出电场的工具。

3) 绝缘消弧绳，在新线路带电接入电网或者某空载线路退出电网时用于熄灭电弧的一种工具，它主要是通过人工将电弧快速拉长，让空气使电弧冷却熄灭。

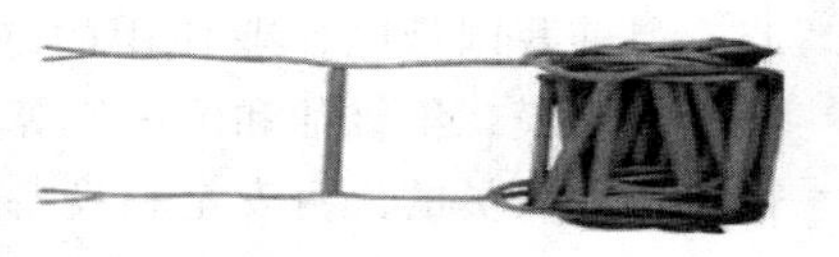

图 7-12　绝缘软梯

2. 金属工具

带电作业的金属工具主要可分为承力和通流两种。目前，承力金属工具所用的主流材料是高强度航空铝合金，近几年，行业内也有部分单位使用钛合金材料制作卡具等各类带电作业工具。通流类的金属工具也不少，比如带电处理设备接头发热缺陷用的金属部件等。

常见的带电作业金属工具有铝合金软梯头、卡具、吊线钩、出线飞车等。

(1) 铝合金软梯头配合绝缘软梯使用，可作为进出电场的工具。

(2) 卡具主要用于在带电更换绝缘子串过程中收紧导线，使绝缘子串松弛后进行更换，是带电作业过程中受力最大的金属工具。

(3) 吊线钩是在更换绝缘子串等需要提升导线的工作中，用于将导线吊起的工具。比如大刀卡具用于更换耐张绝缘子串；吊线钩用于更换直线绝缘子串。

(4) 出线飞车主要是在远距离出导线进行导线修补或者其他检修工作时使用。以前一般由人力驱动，现在有混动的出线飞车，可以人力驱动，也可通过离合切换成电驱动，相当于在高压线上骑行的电动车。

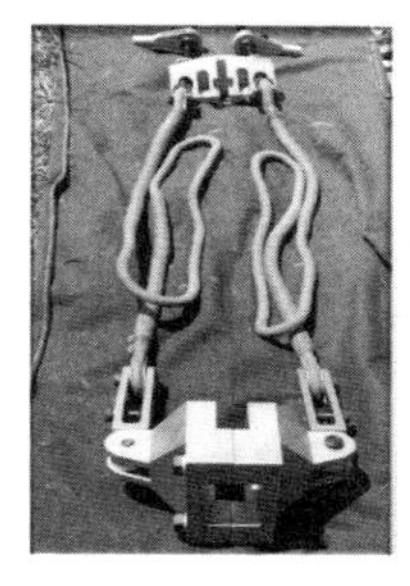
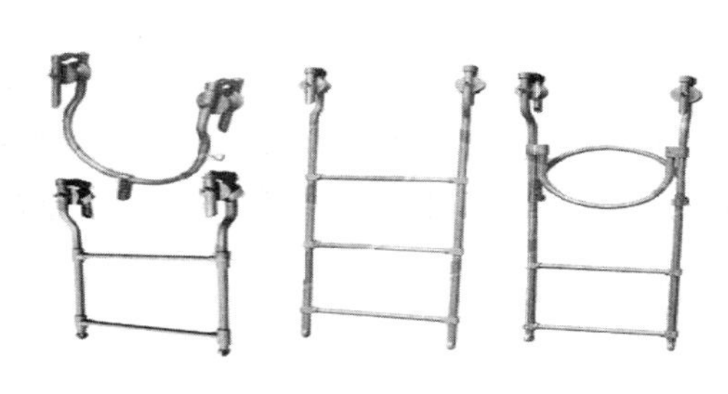

图 7－13　金属工具

二、输电带电作业工器具使用要求

输电带电作业工器具在使用过程中有相应规定，包括带电作业工具的基本条件、特殊规定，还有现场作业前和作业时的相关规定。

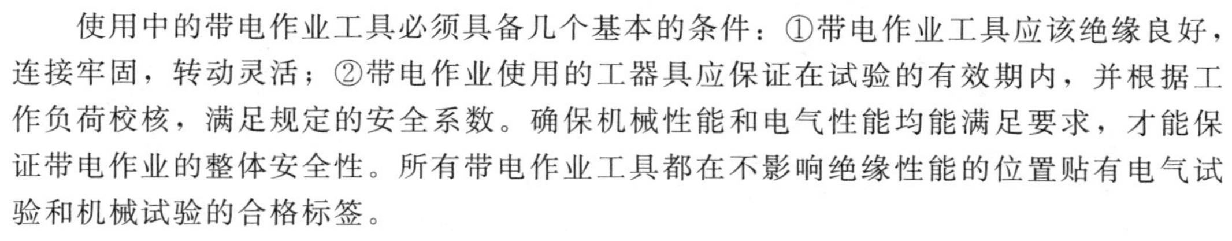

使用中的带电作业工具必须具备几个基本的条件：①带电作业工具应该绝缘良好，连接牢固，转动灵活；②带电作业使用的工器具应保证在试验的有效期内，并根据工作负荷校核，满足规定的安全系数。确保机械性能和电气性能均能满足要求，才能保证带电作业的整体安全性。所有带电作业工具都在不影响绝缘性能的位置贴有电气试验和机械试验的合格标签。

在现场作业时，带电作业绝缘工具应放置在防潮的帆布或绝缘垫上，防止绝缘工具在使用中脏污和受潮。特别是野外作业时，地面上有肉眼不太容易发现的水气，这些水气很容易使绝缘工具受潮，使绝缘工具的绝缘性能下降，泄漏电流增加。这不仅会加速工具的老化，也会给带电作业引起重大事故。而这些问题很多都可以在地面外观检查的时候被发现并及时处理。

绝缘工具还要用 2500V 及以上的兆欧表或绝缘检测仪进行分段绝缘检测，阻值不应低于 700MΩ。

开始带电作业时，带电作业的工器具必须根据不同的作业项目、不同的电压等级及现场操作的需要正确使用，并确保绝缘工具的有效长度。作业人员接触绝缘工具时必须戴干净的防汗手套，因为人在作业过程中，手掌会大量出汗，而汗水中有大量导电的盐分，会使绝缘工具的绝缘性能下降。工具在传递过程中应防止工器具坠落或与杆塔碰撞，绝缘工具表面有一层防潮绝缘漆，磕碰掉落后就容易使水气进入绝缘材料中，加速绝缘工具的老化。

作业结束之后，应及时将工具归还入库，并且要按固定位置分类存放。带电作业工具在运输和使用过程中严禁砸、摔、抛扔，以免造成损伤。各种丝杆、卡具应定期检查、加油，并且严禁超负荷使用和超期服役。

7-7

三、输电带电作业工器具的保管

输电带电作业工器具的保管有相应规定，在过程中要符合要求。

1. 安全距离

安全距离是指为了保证人身安全，作业人员与带电体之间所保持各种最小空气间隙距离的总称。

安全距离主要有5种，分别是最小安全距离、最小对地安全距离、最小相间安全距离、最小安全作业距离和最小组合间隙。

2. 分类存放

比如丝杆不能和绝缘绳索混放，否则丝杆上的润滑油会污染绝缘绳，使绝缘绳索的绝缘性能下降；再比如金属卡具不能和拉板、操作杆等混放，避免卡具把拉板和操作杆表面的绝缘漆划伤等。

工具分类存放的另一个好处是便于人工搬运和携带。外出作业很多都是在野外山区，如果多种工具混在一起，不便于单个人携带和搬运，特别是在野外爬山路时，两个人抬着工器具爬山是相当困难的。

图7-14　分类存放

3. 统一保管

带电作业工具应统一编号、专人保管、登记造册，并建立试验、检修、使用记录。除了试验和检修记录，使用记录也很重要，而且是一个非常容易被忽略的环节，特别是有多班组共用一个带电作业工器具库房时，如甲班组人员现场使用时被雨淋湿，若未做使用记录的标记，乙班组在不知情的情况下再拿去现场带电作业，就有可能发生安全问题。

4. 及时修复

有缺陷的带电作业工具应及时修复，不合格的应予报废，禁止继续使用。有缺陷的工具不能与合格的工具混放在一起。

5. 库房要求

带电作业工具，平时应该存放在通风良好、清洁干燥的专用库房内，库房应配备湿度计、温度计、抽湿机，温度保持在5～40℃，湿度不应大于60％。

库房应在干燥的天气进行通风，室外的相对湿度不应高于75％。通风结束后，应立即检查室内的相对湿度，并加以调控。确保绝缘工具的存放环境始终保持在规定的温度和湿度下。

现在的带电作业库房已经朝着智能化方向发展。目前库房的温度、湿度等环境都由工控机 24h 自动控制，当库房里的湿度达到一定数值时，工控机自动开启除湿机；温度下降到下限值时，加热装置也会自动开启，达到上限值时自动关闭，完全不需要人工干预。甚至现在还可以根据当天要开展的作业的工作票，自动将存放在工具柜里所需要的工具推送出来，作业人员到仓库只要将自动推送的工具领取出来即可。

【模块探索】

查找资料，加深对输电带电作业工器具相关知识的学习，掌握输电带电作业工器具种类、使用要求及保管注意事项等的相关知识。

模块五　国内配网不停电作业的发展历程

【模块导航】

问题一：不停电作业是如何定义的？

问题二：国内配网不停电作业的发展经历哪几个过程？

【模块解析】

1. 带电作业和不停电作业的区别

配网不停电作业在 2012 年以前叫配电带电作业，那带电作业和不停电作业两者又有何不同呢？

《电工术语　带电作业》（GB/T 2900.55—2016）中对带电作业的定义是：工作人员接触带电部分的作业，或工作人员身体的任一部分或使用的工具、装置、设备进入带电作业区域内的作业。它强调的是人与作业对象，也就是物的一种行为关系。

7－8

而不停电作业是指以实现用户的不停电或短时停电为目的，采用多种方式对设备进行检修的作业。

用一句话来概括：带电作业是指在“带电设备”上进行的作业；不停电作业是指“用户不停电”的作业。

换句话说，不停电作业的“不停电”是目的，而带电作业的“带电”只是手段之一。两者是包含和被包含的关系，不停电作业涵盖的范围更广，带电作业只是其中之一。

从“带电”到“不停电”不仅仅是文字的改变，更折射出一个供电企业的责任与担当。也是习近平总书记“人民至上、生命至上”，“坚持以人民为中心”发展思想的直接体现。

2. 世界上开展带电作业的标志性国家

哪个是世界上最早开展带电作业的国家呢？世界上开展带电作业的标志性国家又有哪些呢？说到带电作业，不得不提到以下四个国家。

早在 1918 年，美国就在 22kV、34kV 配电线路上开始了带电作业的探索，因此，美国也成为最早开展带电作业的国家，当时使用的工具是木质操作棒。1920 年，美国生产出第一副绝缘手套。50 年代，安全帽问世。到了 1964 年，玻璃纤维操作杆在美国广泛使用，然后迅速推广到全世界，使得带电作业工具的绝缘性能和稳定性有了质的提升。

日本从 20 世纪 40 年代初期开始开展带电作业。其配电线路开展的带电作业最具特色，尤其是防护用具和遮蔽用具，在我国配网不停电作业领域广泛应用。

苏联于 20 世纪 50 年代开展带电作业的实验研究，目前形成了一整套完善的带电作业体系。苏联在我国刚开展带电作业时，起到了一定的指导作用。

法国是欧洲带电作业的代表，其带电作业始于 1960 年，并于 1975 年开始技术出口。法国设有带电作业全国统一管理机构，其规范化、专业化的管理和科研发展，对我国有很强的借鉴意义。

3. 我国带电作业和配网不停电作业的发展历程

我国配网不停电作业的发展历程可分为：起步、完善、提升和发展 4 个阶段。

20 世纪 50 年代，中华人民共和国成立之初，全国各地百废待兴。当时我国最大的钢铁生产基地——辽宁鞍山钢铁公司担负着供应全国经济建设所需钢材的重任，鞍钢供电线路不停电尤为关键。

为解决线路检修用户不停电问题，鞍山电业局职工首先在 3.3kV 线路上实现了不停电检修的作业方法——带电作业。由此开创了我国带电作业的先河。

对于中国的带电作业来说，一个时间节点尤为重要：1954 年 5 月 12 日，鞍山电业局以“生字 0358 号文”通知号召全体职工，开展带电作业的研究。这一天，即作为我国带电作业的创始日，载入我国电业发展的史册。

1956 年，鞍山电业局成立了以张仁杰任组长的全国第一个带电作业专业组。成功研制了带电清扫、更换和拆装配电线路或设备及引线的简单工具。

1958 年 5 月 20 日，鞍山电业局举办了全国第一期不停电检修电力线路培训班，从此带电作业呈燎原之势，在中国大地迅速推开。

中国的带电作业起始于 3.3kV 配电架空线路。但受制于作业工器具材料、性能等方面的限制，导致作业方式单一、安全系数不高。加上早期配电网设计建设时，未充分考虑带电作业开展需要，以及电力供应总体不足等多方面因素的影响。近 40 年间，其发展远落后于输电带电作业的发展。

20 世纪 90 年代，随着电网和电厂的建设发展，电网和电源结构趋向合理，电力供需矛盾呈现缓和。

随着国民经济的快速发展，和人民群众对美好生活要求的不断提高。全社会对供电可靠性的要求也越来越高，需求促进了配电带电作业又开始逐步推广。

同时，随着国外先进带电作业技术和工具装备的引进，作业项目和应用次数也逐年上升，配电带电作业开始有了较快的发展，进入了新的完善阶段。其特点是：作业人员的安全防护装备，作业所需工器具的安全性、便利性显著提升，尤其是高空绝缘斗臂车的普遍应用，大大提高了作业效率。

从图 7 - 15 中可以看到：早期带电作业利用三角板进行更换绝缘子、直线改耐张开断作业。

现今，作业人员利用绝缘斗臂车、穿戴全套防护用具进行作业（图 7 - 16）。无论是在装备机械化程度上，还是安全性能上，均得到完善和提升。

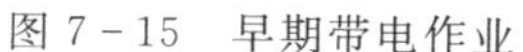

图 7-15　早期带电作业

图 7-16　现代带电作业

随着时间进入 21 世纪，配电带电作业进入了提升阶段。2002 年，我国首次开展了 10kV 架空线路旁路作业，开始了架空线路不停电作业的探索。

2010 年，借鉴国外类似技术，并结合中国配电线路的特点，在系统研究作业流程和工具设备技术条件的基础上，我国开展了旁路作业法检修架空线、旁路作业检修变压器和临时取电作业等不停电作业项目的研究和应用。解决了旁路作业法的作业流程、作业设备选型和旁路作业条件下人员安全防护的关键问题。

随着 10kV 电缆线路在配网中所占比重日益增高，国家电网公司于 2011 年，确定了将旁路作业法拓展延伸到电缆线路，逐步实现了电缆不停电作业的方向。

2012 年，国家电网公司在各地进行了作业试点。2013 年，进行了科技项目立项并推广应用。2014 年，开展了实用化研究，解决了电缆线路不停电作业的作业方式、作业装备以及作业规程等问题。

由于有了架空线路不停电作业、电缆线路不停电作业的铺垫，2012 年，国家电网公司将配电带电作业概念，进一步拓展为“以用户不停电为中心”的配网不停电作业概念，实现了从作业理念到作业技术全方位、里程碑式的飞跃！

2014 年，以“拓展配网不停电作业应用地域、提升作业技能”为目标，我国对 1000m 以上高海拔地区，开展了配网架空线路带电作业技术研究。

在前期开展现场应用的基础上，2016 年，在西藏海拔近 4000m 的高原上，首次成功实施了配电线路带电作业。

2019 年《配电线路带电作业技术导则》（GB/T 18857—2019）这一国家标准中，加入了海拔 1000～4500m 地区 10kV 带电作业技术要求。至此，我国基本上实现了全疆域的配网不停电作业覆盖。

截止到目前，全国几乎所有的地市级供电单位，都开展了 10kV 中压配电带电作业。并进入了涵盖低压配网不停电作业的综合不停电作业新阶段。

【模块探索】

查找资料，加深对国内配网不停电作业发展历程的了解，拓展配网不停电作业的相关知识。

模块六　配网不停电作业的方法及原理

【模块导航】

问题一：配网不停电作业有哪些方法？基本原理是什么？

问题二：配网不停电作业的作业方式分为哪几种？

问题三：配网不停电作业的工器具如何分类？

问题四：配网不停电作业的项目如何分类？

【模块解析】

一、配网不停电作业方法及原理

电很危险，稍有不慎它就会对我们造成伤害，严重的还会直接危及人的生命。

7-9

1. 配网不停电作业须具备的技术条件

经过大量研究测试证明，为了保证配网不停电作业人员不致受到触电的伤害，并且在作业中没有任何不舒适感的情况下，安全地进行配网不停电作业，就必须具备以下3个技术条件。

(1) 流经人体的电流不超过人体的感知水平1mA。当流经人体的电流超过0.9mA，人就能够感知到；当达到10mA时，会感到麻木、疼痛，最后病态痉挛；当流经人体的电流达到15mA以上时，人体肌肉在电击的作用下，会产生条件反射性收缩，从而握紧带电体而无法自主挣脱。由于无法自主断开电流通道，从而受到更深的、甚至致命的伤害。

(2) 人体体表局部场强不超过人体的感知水平2.4kV/cm。当超过这个水平时，不适感将严重影响到人的正常动作，超出人体可控范围进而影响到作业安全。

(3) 人体与带电体（或接地体）保持规定的安全距离。由于不同时接触不同电位体，电流就没有通道，自然也就无法对人造成伤害。

电场强度随着距离的增加也会显著降低，因此保持足够距离，就可以消除人的不适感，确保在安全可控的状态下自主工作。

2. 配网不停电作业方式的分类

基于满足以上3个确保安全的技术条件前提下，把配网不停电作业的基本方法，按人与带电体位置、作业人员人体电位和所使用的绝缘工具三种方式进行分类。

根据作业人员与带电体的位置可分为：间接作业与直接作业；按作业人员的自身电位来划分，可分为：地电位作业、中间电位作业和等电位作业；按作业人员采用的绝缘工具划分，可分为绝缘杆作业法、绝缘手套作业法和综合不停电作业法。

按作业人员人体电位进行划分的方式最能表达带电作业的含义。

配网不停电作业主要采用地电位作业和中间电位的作业方式，等电位作业法主要用于输电带电作业。

(1) 地电位作业，又称绝缘杆作业。该作业方式是作业人员保持人体与大地（即杆塔）在同一电位，通过绝缘工具接触带电体的作业。

这时人体与带电体的关系是：大地（即杆塔）、人→绝缘工具→带电体。

这种作业方式，由于作业人员不直接接触带电体，安全性相对较高。但由于是用绝缘杆代替人手进行相应操作，其灵活性受限，无法进行复杂的、精准的操作，效率较低。

（2）中间电位作业又称绝缘手套作业。如图7-17所示，中间电位作业时，人体是戴着绝缘手套去触及带电体的。同时，人体与地电位体之间又有绝缘物体隔绝开来。这时，人体处于介于地电位和带电体电位之间的某一悬浮电位，而这个电位就称作为中间电位。

图7-17　中间电位作业

在这种作业方式中，人体与带电体的关系是：大地（即杆塔）→绝缘体→人体→绝缘工具→带电体。这种作业方式中，人手可以直接触及作业物体，虽戴着绝缘手套有一定妨碍，但比起地电位通过绝缘杆来操作，其作业便利性、灵活性已是大大提高。

但使用该种作业方式时，切记不得因戴着绝缘手套有所不便，而在作业过程中将其摘除。一旦摘除，人体就和带电体处于同一电位，加上配电设备间距狭小。这时人体极易因同时接触带电体而短接不同电位体，形成电流通道，进而造成触电伤害后果。

（3）等电位作业。在这种作业方式中，人体与带电体的关系是：大地（即杆塔）→绝缘体→人体→带电体（图7-18）。这种作业方式中，人体与带电体处于同一电位，通俗讲，即整个人都带电。这种情况就类似于中间电位作业方式中，作业人员摘掉绝缘手套的效果，极易在配网设备狭小的空间内，引发触电伤害。

图7-18　等电位作业

因此，等电位作业方式仅适用于不同电位体空间间距较大的输电带电作业场合，而严禁在配网不停电作业场合应用。

有的人会有疑虑：等电位作业，人体带上电了怎么会没事？

因为触电致死。不在于人体所处电位的高低，而取决于流经人体电流的大小。根据欧姆定律，只要人体不同时接触存在电位差的物体，人体中就没有电流通过，就像小鸟可以站在带电导线上一样，所以等电位作业是安全的。

当然，随着电压等级的升高，为消除强电场对人所造成的不适感。输电带电作业人员会通过穿着导电的屏蔽服来屏蔽强电场的影响。

除以上作业方式外，还有一种近些年刚兴起的，对供电可靠性具有强大支撑和保障作用的作业方式：综合不停电作业法。

综合不停电作业法是指将待检修或施工的设备，通过临时铺设的另一回供电通道，进行旁路分流。同时，利用发电车、箱变车、旁路电缆等装备的补充加入，来进行快速组网。进而实现继续向用户供电的一种作业方法。

综合不停电作业属于多种作业方式，配合协同的较大规模的工作。这里面不但包括了绝缘杆作业法、绝缘手套作业法，还包括其他先进的工器具和技术的综合运用。

3. 配网不停电作业的安全防护措施

配网不停电作业过程中的安全防护，主要分为三大类：①过电压防护；②其他静电感应防护、电场防护；③电流防护。

（1）针对过电压的防护，可以采取被动和主动两种防护方式。

1）对于在作业过程中容易遇到的，电力系统运行过程中产生的略高于正常工作电压的情况。采取的是应用专用装备，在人体与带电体间被动设置物理隔绝的措施来防范。

2）而对于雷电等电压值很高，无有效防护手段的情况，采取的则是事先了解气象情况，主动规避的处置方式。

（2）因 10kV 配网的静电感应和电场强度对作业人员来说基本无感，故在配网不停电作业中对其不做特别防护。

（3）对于在带电作业中，对人体的伤害最为直接也最为致命的电流，主要从清除电位差和阻断电荷移动通道两方面进行防护。

1）通过绝缘斗臂车、绝缘杆等，阻断作业人员与地的电流通道。同时，将流过人体的泄漏电流，限制在人体感知水平（1mA）以下，来确保作业安全。

2）在高处的作业面，利用绝缘遮蔽用具和绝缘防护用具，来阻断因作业人员可能误碰、误触不同电位体而形成的电流通路，进而避免受到触电伤害。

二、配网不停电作业工器具、项目介绍及新技术

7－10

1. 配网不停电作业工器具

配网不停电作业工器具可分为：绝缘承载工具、绝缘工具、绝缘防护用具三大类。

（1）绝缘承载工具。绝缘承载工具包括绝缘平台、绝缘斗臂车、绝缘梯等，它实质提供的是一个与地电位间可靠绝缘隔断，并且具有足够强度、能承载作业人员和工具进行安全作业的工作平台。

（2）绝缘工具。绝缘工具主要有用环氧树脂玻璃纤维绝缘管、板、棒为主绝缘材料制成的硬质绝缘工具，和以绝缘绳为主绝缘材料制成的软质绝缘工具。

（3）绝缘防护用具。绝缘防护用具分为绝缘遮蔽用具和个人绝缘防护用具两类。

1）绝缘遮蔽用具是在安全距离不足时，对不同电位或不同相物体施加的一种绝缘遮蔽隔断装备，它是对某一件物品而定制的。

2）个人绝缘防护用具，是特为满足作业人员穿戴而定制的。它能有效阻断在工作电压环境下，作业人员误碰不同电位（相位）的两点时电流通道的形成，进而确保作业人员的人身安全。

2. 配网不停电作业项目

国家电网公司将配网不停电作业项目，根据作业的难易程度、所采用工艺和装备的不同等，分为四大类共 33 个作业项目。其中第一类为临近带电体作业和简单绝缘杆作业法项目（共计 6 项）；第二类为简单绝缘手套作业法项目（共计 13 项），这类也是在配网不停电作业中开展最多的，占比大约在 68%左右；第三类为复杂绝缘杆（或绝缘手套）作业法项目（共计 11 项）；第四类为综合不停电作业法项目（共计 3 项）。

在这四类 33 个配网不停电作业项目之外，全国现正在大力推进 0.4kV 低压配网不停电作业技术的应用。

绝缘手套作业法带电接（断）引流线项目在配网不停电作业中最常见，也是最基础的操作项目。

图 7-19 中作业人员穿戴全套的个人绝缘防护用具，利用高空绝缘斗臂车作为工作平台。在对无法满足安全距离要求的物体，设置完充足可靠的绝缘遮蔽后。通过带电接入（或断开）设备引线的方式，达到相应设备投入或退出的作业目的。

图 7-19　利用高空绝缘斗臂车作业

带负荷更换柱上开关或隔离开关，是一个常见的复杂作业项目。在采用该工艺对开关进行更换的过程中，不会造成通过该开关供电用户的用电中断。实现了用户对供电单位的施工、检修作业，做到无感知、零影响。

3. 配网不停电作业新技术

近年来，还出现了一些配网不停电作业的新技术、新理念、新装备。

（1）全地形带电作业。全地形带电作业，是利用绝缘蜈蚣梯、绝缘脚手架和履带式绝缘斗臂车等新装备，解决绝缘斗臂车无法到位，传统绝缘杆作业又无法满足作业需求问题的作业方案。该方案可有效填补不停电作业在山区、田地等复杂地形下的作业空白。

（2）配网带电机器人作业。配网带电机器人作业是配网不停电作业未来发展的方向之一。

目前，我国配电带电作业机器人的研究已进入应用推广阶段。可以实现简单环境下，带电接火、断火和驱鸟器等附件安装的自主作业。

带电作业机器人替代人工作业，不仅可以减轻作业人员的工作量，降低作业人员的安全风险。同时，配网带电作业机器人可以不受湿度等气象条件限制，实现全天候作业。

在新时代“以创新为导向，以质量为追求”的新工匠精神的指引下，配网不停电作业将飞速发展，成为智能电网建设的助推器。

【模块探索】

查找资料，加深对配网不停电作业方法及原理相关知识的理解，查找配网不停电作业中实际应用的新技术，拓展知识面。

【项目练习】

请扫描二维码，完成项目练习。

项目七练习

项目七练习答案

项目八　电力安全生产法律法规

【学习目标】

学习单元	能 力 目 标	知 识 点
模块一　《中华人民共和国安全生产法》解读	了解《中华人民共和国安全生产法》对企业安全责任的界定；掌握从业人员的权利与义务；了解新安全生产法十大亮点	《中华人民共和国安全生产法》企业主体责任的界定；从业人员十大权利；从业人员五项义务和其他权益；《中华人民共和国安全生产法》十大亮点
模块二　《中华人民共和国刑法修正案》安全生产条款解读	了解《中华人民共和国刑法修正案》中修改的条例	《中华人民共和国刑法修正案》中修改的条例
模块三 安全生产监督管理	了解安全生产监督管理的内容	监督检查时可行使的职权
模块四　应急救援与事故调查	了解事故报告要求与原则；了解事故救援应遵行的原则	事故报告要求与原则；事故救援应遵行的原则

【思政引导】

电力工匠何光华，被誉为电缆技术的“女掌门”，她的创新精神和卓越成就为电力行业树立了新的标杆。

何光华专注于电缆技术的研发和创新，她带领团队攻克了高落差高压电缆线路施工的技术难题，首创了高落差高点无接头敷设操作工艺方法。她的团队研制了多套专有装备工具，实现了体系化级别的创新，使中国电缆敷设迅速达到国际领先水平。该项目获得第五届全国职工优秀创新成果一等奖，并在国内外铁路、通信、石化、钢铁等多个行业推广应用。

何光华的创新灵感不仅来源于专业领域的知识积累，还从日常生活中汲取。她曾从开瓶器、千斤顶等日常用品中获得启示，为电缆施工工具的设计提供了新的思路。

何光华的创新成果不仅提升了电缆施工及运维水平，还推动了电力行业的科技进步。她的事迹激励了更多电力工作者投身创新实践，为电力行业的发展贡献智慧和力量。

总之，电力工匠何光华以其卓越的创新能力和深厚的专业素养，在电缆技术领域取得了显著成就。她的创新成果不仅提高了电缆施工的效率和质量，还推动了电力行业的科技进步和产业升级。

模块一　《中华人民共和国安全生产法》解读

【模块导航】

问题一：《中华人民共和国安全生产法》（简称《安全生产法》）对企业安全责任的界定有什么标准？

问题二：从业人员的权利与义务有哪些？

问题三：2021年修改的新《安全生产法》有哪些亮点？

问题四：法律规定从业人员安全生产义务有哪些？

【模块解析】

8-1

一、《安全生产法》对企业安全责任的界定

安全生产事故的破坏性强大，需要压实企业主体责任，稳固安全生产。《安全生产法》对企业主体责任做出了以下界定。

1. 安全条件，合法合规

具备《安全生产法》和有关法律、行政法规规定，以及国家标准和行业标准规定的安全生产条件。不具备安全生产条件的，不得从事生产经营活动。经停产停业整顿仍不具备安全生产条件的，予以关闭。

2. 日常管理，建章立制

“没有规矩，不成方圆”，生产经营单位应建立健全安全生产责任制、规章制度和操作规程。

3. 资金投入，满足要求

生产经营单位应当具备安全生产条件所必需的资金投入，同时按照规定提取和使用安全生产费用。

4. 机构人员，按标配备

安全生产的良好局面，必须有人具体管，有人具体负责。从业人员100人以上的，应设置安全生产管理机构，配备安全管理人员；从业人员100人以下的，应设专职安全管理人员或兼职安全管理人员。

5. 教育培训，全员合格

事故的发生往往与受害者和责任者无知无畏有直接关系。企业应遵守未经安全教育培训合格，不得上岗的基本原则。包括生产经营单位主要负责人、安全生产管理人员、特种作业人员、其他从业人员、被派遣劳动者、实习学生等均应进行相应的教育培训。

6. 安全设施，同时到位

建设项目的安全设施，必须与主体工程同时设计、同时施工、同时投入生产和使用。安全设施竣工投入生产或者使用前，须经验收合格。

7. 较大危险，标志明显

生产经营单位应当在有较大危险因素的生产经营场所和有关设施、设备上，设置明显的安全警示标志，并经常性维护、保养，定期检测，保证正常运转。

8. 工艺设备，合法可靠

安全设施中的设备部分合法可靠：使用的危险物品的容器、运输工具、特种设备合法可靠；不得使用应当淘汰的危及生产安全的工艺、设备。

9. 危险物品，严格管理

（1）生产、经营、运输、储存、使用危险物品或者处置废弃危险物品，均需要有关主管部门审批并接受监督管理。

（2）构成重大危险源应当登记建档，进行定期检测、评估、监控，并制定应急预案。

（3）生产、经营、储存、使用危险物品的车间、商店、仓库与员工宿舍之间的安全距离满足要求。

10. 疏散出口，保持畅通

生产经营场所和员工宿舍应当设有符合紧急疏散要求、标志明显、保持畅通的出口，禁止锁闭、封堵。

11. 事故隐患，及时消除

（1）应当建立健全生产安全事故隐患排查治理制度。

（2）应当采取技术、管理措施，及时发现并消除事故隐患。

（3）应当如实记录事故隐患排查治理情况。

（4）应当向从业人员通报事故隐患排查治理情况，并配套最为严厉的责任追究措施。

12. 危险作业，专人管理

爆破、吊装等危险作业，应当安排专门人员进行现场安全管理，确保操作规程的遵守和安全措施的落实。

13. 危险防范，如实告知

生产经营单位应当向从业人员如实告知作业场所和工作岗位存在的危险因素、防范措施以及事故应急措施。

14. 劳防用品，配备使用

劳动防护用品是预防事故和减少与消除事故影响的最后一道屏障。必须为从业人员提供劳动防护用品；劳动防护用品必须符合国家标准或者行业标准；必须监督、教育从业人员按照使用规则佩戴、使用。

15. 相关各方，协调管理

两个以上生产经营单位在同一作业区域内进行生产经营活动，或者将生产经营项目、场所发包或者出租给其他单位的，应当签订专门的安全生产管理协议，或者在承包合同、租赁合同中约定各自的安全职责并进行协调、管理。

16. 制定预案，定期演练

生产经营单位应当制定本单位生产安全事故应急救援预案，并定期组织演练。

17. 发生事故，立即抢救

发生生产安全事故时，主要负责人应当立即组织抢救，并不得在事故调查处理期间擅离职守。

18. 工伤保险，依法缴纳

生产经营单位必须依法参加工伤保险，为从业人员缴纳保险费；鼓励投保安全生产责任保险。

8－2

二、从业人员的权利与义务

《中华人民共和国安全生产法》《中华人民共和国劳动法》等法律法规赋予了从业人员安全生产的权利，从业人员在享有安全生产权利的同时，也必须依法履行安全生产的义务。

从业人员是指从事生产经营活动各项工作的人员，包括单位主要负责人、管理人员、技术人员和各岗位的工作人员，以及单位临时聘用的人员、被派遣劳动者等。

法律赋予从业人员十大权利、五项义务和其他权益。

1. 从业人员安全生产的十大权利

（1）获得劳动保护的权利。职工与用人单位建立劳动关系时，有权通过以下途径获得劳动保护：①应订立劳动合同；②获得符合国家标准的劳动安全卫生条件和劳动防护用品；③知悉工作场所存在的危害因素及防护措施。

（2）知情权。职工有权了解作业场所和工作岗位存在的危险因素、危害后果，以及针对危险因素应采取的防范措施和事故应急措施。用人单位必须如实告知，不得隐瞒和欺骗。

（3）建议权。职工有权参与本单位的民主管理与监督，有权对本单位的安全生产工作提出意见和建议，用人单位应重视和尊重职工的意见和建议，并及时做出答复。

（4）工伤保险和民事索赔权。用人单位应当依法为职工办理工伤保险，缴纳工伤保险费。职工因安全生产事故受到伤害，除依法享受工伤保险外，还有权向用人单位要求民事赔偿。工伤保险和民事赔偿不能互相取代。

（5）获得职业健康防治的权利。对于从事接触职业病危害的作业的劳动者，有权获得职业健康检查并了解检查结果。患有职业病的职工依法享受职业病待遇，拥有接受治疗、康复和定期检查的权利。

（6）参加安全生产教育培训的权利。参加安全生产教育培训既是职工的权利，也是职工应当履行的义务。职工应当掌握所从事岗位工作所需的安全生产知识，提高安全生产技能，增强事故预防和应急处理的能力。

（7）批评、检举和控告权。职工有权对本单位安全生产工作中存在的问题提出批评，有权对违反安全生产法律、法规的行为，向主管部门和司法机关检举和控告。检举可以署名，也可以不署名；可以用书面或口头形式。职工在行使这一权利时，必须实事求是。

（8）合法拒绝权。违章指挥，强令冒险作业违背了“安全第一”的方针，侵犯了职工的合法权益，职工有权拒绝。

（9）紧急避险权。职工发现直接危及人身安全的紧急情况时，有权停止作业，或在采取可能的应急措施后，撤离作业现场。

注：职工在行使上述批评、检举和控告权，合法拒绝权，紧急避险权时，用人单

位不得因其行使权利而降低其工资、福利待遇或者解除与其订立的劳动合同。

(10) 提请劳动争议处理的权利。当职工的劳动保护权益受到伤害，或者与用人单位因劳动保护问题发生纠纷时，有向有关部门提请劳动争议处理的权利。

2. 从业人员安全生产的义务

从业人员知法、懂法，才有能力行使法律赋予的权利，同时，从业人员也要履行法律规定的义务。

(1) 遵守安全生产规章制度和操作规程的义务。职工要严格遵守安全生产有关法律法规，遵守用人单位的安全生产规章制度和操作规程，增强法纪观念，自觉遵章守纪，维护国家利益、集体利益以及自身利益。

(2) 服从管理的义务。职工服从企业安全生产管理，可以保持生产经营活动的良好秩序，有效地减少和避免生产安全事故的发生。

(3) 正确佩戴和使用劳动防护用品的义务。劳动防护用品是保护职工在劳动过程中安全与健康的防御性装备，不同的劳动防护用品有其特定的佩戴和使用规则、方法，只有正确佩戴和使用，才能真正起到防护作用。

(4) 发现事故隐患及时报告的义务。职工发现事故隐患和不安全因素后，应及时向现场安全生产管理人员或本单位负责人报告，接到报告的人员应当及时予以处理。一般来说，报告得越早，处理得越及时，事故隐患或职业危险因素可能造成的危害就越小。

(5) 接受安全生产培训教育的义务。职工应依法接受安全生产的教育和培训，掌握本职工作所需的安全生产知识，提高安全生产技能，增强事故预防和应急处理能力。特种作业人员须持证上岗。

(6) 从业人员享有的其他权益。职工享有休息休假的权益；女职工享受特殊保护的权益；未成年工享受特殊保护的权益。

三、新《安全生产法》十大亮点

8-3

2021年6月10日，十三届全国人大常委会第二十九次会议表决通过了关于修改《安全生产法》的决定。修改后的《安全生产法》于2021年9月1日起施行，新《安全生产法》有如下十大亮点。

(1) 将“三个必须”写入了法律：即管行业必须管安全，管业务必须管安全，管生产经营必须管安全。

党和政府此次正式将党的领导和“一岗双责”要求，写入新《安全生产法》条文中。新《安全生产法》将“预防为主、以人为本”的原则，提升到了“人民至上、生命至上”的新高度。进一步明确了企业决策层和管理层的安全管理职责。除了企业主要负责人是安全生产第一责任人以外，其他的副职在其业务范围内对安全生产工作负一定职责与责任。

落实三管三必须也体现在对专职安全生产分管负责人的规定上。

新《安全生产法》第二十五条明确规定：生产经营单位可以设置专职安全生产分管负责人，协助本单位主要负责人履行安全生产管理职责。这里进一步明确企业的安全管理机构必须由主要负责人直接管理，也可设分管负责人协助履行管理职责。

(2) 进一步明确了各部门的安全监督管理职能。

1) 交通运输、住房和城乡建设、水利、民航等有关部门在各自的职责范围内实施监督管理。

2) 新兴行业、领域按照业务相近的原则确定监督管理部门。

3) 相关部门应相互配合、齐抓共管、信息共享、资源共用。

4) 各层级要编制安全生产权力和责任清单，避免推诿扯皮。

(3) 进一步压实了生产经营单位的安全生产主体责任。一是强调了全员安全生产责任制，在盯住主要负责人的同时，建立健全全员安全生产责任制；二是建立安全风险分级管控机制、重大事故隐患排查与报告制度，采取技术、管理措施，及时发现并消除事故隐患。

(4) 增加了生产经营单位对从业人员的人文关怀。从原来的只管人到管心，从法律层面明确了企业应从人文关怀的角度，给每一位员工最大爱护。生产经营单位应当关注从业人员的身体、心理状况和行为习惯，加强对从业人员的心理疏导、精神慰藉，防范从业人员行为异常导致事故发生。

(5) 对矿山项目建设外包、危险作业等规定做了针对性修改。新《安全生产法》第四十九条，明确了矿山建设项目外包施工管理规定——不得倒卖、出租、出借、挂靠或者以其他形式非法转让施工资质；不得转包或非法分包等。明确了对爆破、吊装、动火、临时用电等危险作业，必须安排专门人员进行现场安全管理。明确了对违章的处罚力度。

(6) 规定了安全生产的公益诉讼制度。明确了安全生产公益诉讼只能由人民检察院提起，界定了安全生产公益诉讼的范围。

(7) 增加了违法行为的处罚范围与力度。

1) 增加了按日计罚制度，加大了安全生产违法成本。

2) 罚款的金额更高。对负有责任的生产经营单位处罚，按照罚款数额的2倍以上5倍以下，最高可至1亿元。

3) 惩戒力度更大，不仅处罚额度大幅增加，还规定违法责任人五年内不得从事相关工作，情节严重的实行终身行业和职业禁入。

(8) 明确了属于国家规定的高危行业必须投保安全生产责任保险。明确了安全生产责任保险的保障范围。

(9) 增加了事故整改的评估制度与违章行为的信息联动。根据“海因里希法则”——一件重大的事故背后必有29件轻度事故，还有300件潜在的隐患。因此，实行事故整改和防范措施落实情况评估，是强化整改实效，防范事故再次发生的有力举措。

(10) 明确了有关部门要建立安全生产违法行为信息库，并向社会公布，同时报行业主管部门、投资主管部门、自然资源主管部门、生态环境主管部门、证券监督管理机构以及有关金融机构，形成多方制约。即一旦有严重违法行为，行业投标、银行贷款、社会融资及其他相关开发都会受到限制。

【模块探索】

查找资料，加强对新《安全生产法》的学习。

模块二 《中华人民共和国刑法修正案》安全生产条款解读

【模块导航】

问题：《中华人民共和国刑法修正案》（简称《刑法修正案》）对于安全生产做了哪些修改？

【模块解析】

8-4

2021年3月8日，浙江杭州市公安局萧山区分局对犯罪嫌疑人余某某涉嫌以危险作业罪进行刑事拘留。应急管理局执法人员在对浙江某公司进行执法检查中发现仓库里堆放了大量危化品，包括装满二氧化碳、氧气、乙炔、混合气体、氮气等气体的气瓶共计176瓶。同时，该仓库紧邻公司员工宿舍楼，宿舍楼里住着数十名工人，一旦发生爆炸，后果不堪设想。经核查，该公司并未取得储存危化品经营许可证，且该仓库不具备存放危化品的安全条件。执法人员当即依法开具了现场处理措施决定书，责令该公司立即停止生产作业，对上述气瓶进行扣押。当地应急管理局与公安分局积极对接，经过立案侦查，公安机关于3月9日晚对犯罪嫌疑人余某某以涉嫌危险作业罪进行刑事拘留。

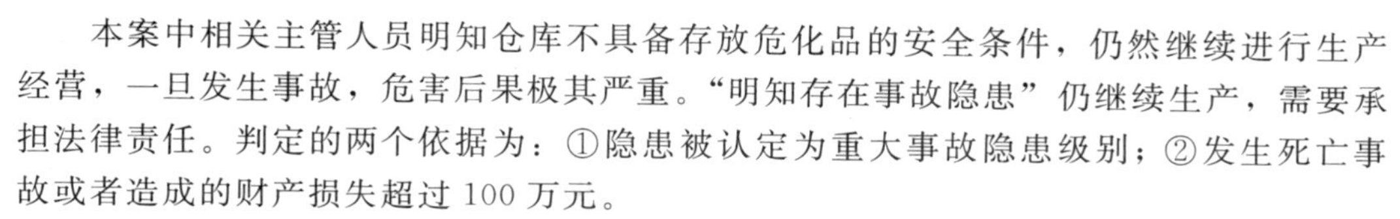

本案中相关主管人员明知仓库不具备存放危化品的安全条件，仍然继续进行生产经营，一旦发生事故，危害后果极其严重。"明知存在事故隐患"仍继续生产，需要承担法律责任。判定的两个依据为：①隐患被认定为重大事故隐患级别；②发生死亡事故或者造成的财产损失超过100万元。

该案件为《刑法修正案（十一）》自施行以来，全国首起以危险作业犯罪判定的案件。

《刑法修正案（十一）》对于安全生产所做的修改如下。

（1）修改了强令违章冒险作业罪，增加了"明知存在重大事故隐患而不排除，仍冒险组织作业"的犯罪行为。

修正案将《中华人民共和国刑法》（简称《刑法》）第一百三十四条第二款修改为："强令他人违章冒险作业，或者明知存在重大事故隐患而不排除，仍冒险组织作业，因而发生重大伤亡事故或者造成其他严重后果的，处五年以下有期徒刑或者拘役；情节特别恶劣的，处五年以上有期徒刑。"

（2）增加了关闭破坏生产安全设备设施和篡改、隐瞒、销毁数据信息的犯罪；拒不整改重大事故隐患犯罪；擅自从事高危生产作业活动的犯罪。

修正案在《刑法》第一百三十四条后增加一条，作为第一百三十四条之一："在生产、作业中违反有关安全管理的规定，有下列情形之一，具有发生重大伤亡事故或者其他严重后果的现实危险的，处一年以下有期徒刑、拘役或者管制：

（一）关闭、破坏直接关系生产安全的监控、报警、防护、救生设备、设施，或者篡改、隐瞒、销毁其相关数据、信息的。

（二）因存在重大事故隐患被依法责令停产停业、停止施工、停止使用有关设备、设施、场所或者立即采取排除危险的整改措施，而拒不执行的。

（三）涉及安全生产的事项未经依法批准或者许可，擅自从事矿山开采、金属冶炼、建筑施工，以及危险物品生产、经营、储存等高度危险的生产作业活动的。”

（3）修改了提供虚假证明文件罪，增加了“保荐、安全评价、环境影响评价、环境监测等职责的中介组织人员”为犯罪主体。

修正案将《刑法》第二百二十九条修改为：“承担资产评估、验资、验证、会计、审计、法律服务、保荐、安全评价、环境影响评价、环境监测等职责的中介组织的人员故意提供虚假证明文件，情节严重的，处五年以下有期徒刑或者拘役，并处罚金；有下列情形之一的，处五年以上十年以下有期徒刑，并处罚金：

……

（三）在涉及公共安全的重大工程、项目中提供虚假的安全评价、环境影响评价等证明文件，致使公共财产、国家和人民利益遭受特别重大损失的。”

安全生产是永恒的课题，全员要知法、遵法、崇法、守法，单位要依法合规组织生产，领导干部要切实增强法律意识和法律素养，把各项安全规章制度和措施抓紧抓实抓好，才能筑牢安全防线，实现安全生产。

事故不难防，重在守规章。

【模块探索】

查找资料，加深对《刑法修正案》安全生产条款的理解，深入学习《刑法修正案》安全生产条款。

8-5

模块三 安全生产监督管理

【模块导航】

问题：监督检查时可行使的职权有哪些？

【模块解析】

生产经营单位是安全生产的责任主体，负安全生产管理主要责任。但是，强化外部监督也不可缺少。做好安全生产的监督管理工作，仅靠政府及其有关部门是不够的，必须专门机关监督和群众监督相结合，充分发挥社会各界作用，齐抓共管，群防群治，才能从根本上保障安全生产。

县级以上地方各级人民政府对本行政区域内容易发生重大安全事故的生产经营单位进行严格检查，并对位置相邻、行业相近、业态相似的生产经营单位实施重大安全风险联防联控。

应急管理部门分类分级制订安全生产年度监督检查计划，按检查计划组织监督检查，发现事故隐患，及时处理。

涉及安全生产的事项需要审查批准（包括批准、核准、许可、注册、认证、颁发证照等，下同）或者验收的，必须符合安全生产条件和审查程序，不符合有关法律、法规和国家标准或者行业标准规定的，不得批准或者通过验收。对未依法取得批准或者验收合格擅自从事生产经营活动的，应当立即予以取缔，并依法予以处理。

负有安全生产监督管理职责的部门对涉及安全生产的事项进行审查、验收，不得收取费用；不得要求接受审查、验收的单位购买其指定品牌或者指定生产、销售单位的安全设备、器材或者其他产品。

同时，监督检查时可行使以下职权：

（1）进入生产经营单位进行检查，调阅有关资料，向有关单位和人员了解情况。

（2）对检查中发现的安全生产违法行为，当场予以纠正或者要求限期改正；依法给予行政处罚。

（3）对检查中发现的事故隐患，责令立即排除；重大事故隐患排除前或者排除过程中无法保证安全的，责令从危险区域内撤出作业人员，责令暂时停产停业或者停止使用相关设施、设备；直至重大事故隐患排除后，经审查同意，方可恢复生产经营和使用。

（4）依法对不符合安全生产标准的设施、设备、器材以及违法生产、储存、使用、经营、运输的危险物品予以查封或者扣押。

安全生产监督检查人员依法履行监督检查职责，任何单位或个人应当予以配合，不得拒绝、阻挠。

安全生产行政执法人员应当忠于职守，坚持原则，秉公执法；执行监督检查任务时，必须出示有效的行政执法证件；对涉及被检查单位的技术秘密和业务秘密，应当为其保密。

审查需出具书面记录，并由检查人员和被检查单位的负责人签字，审查情况应记录在案。

负有安全生产监督管理职责的部门之间应当互相配合，实行联合检查；确需分别进行检查的，应当互通情况；发现存在的安全问题应由其他有关部门进行处理的，应及时移送其他有关部门并形成记录备查，接受移送的部门应当及时进行处理，避免重复检查影响企业生产，造成负担。

负有安全生产监督管理职责的部门依法对存在重大事故隐患的生产经营单位做出停产停业、停止施工、停止使用相关设施或者设备的决定，生产经营单位应当依法执行，及时消除事故隐患。生产经营单位拒不执行，有发生生产安全事故的现实危险的，在保证安全的前提下，可以通知有关单位停止供电、停止供应民用爆炸物品等措施，强制生产经营单位履行决定。通知应当采用书面形式。

监察机关依照行政监察法履行安全生产监督管理职责实施监察。

承担安全评价、认证、检测、检验职责的机构应当具备国家规定的资质条件；对其做出的安全评价、认证、检测、检验结果的合法性、真实性负责。并应当建立并实施服务公开和报告公开制度，不得租借资质、挂靠、出具虚假报告。

负有安全生产监督管理职责的部门应当建立举报制度，公开举报电话、信箱或者电子邮件地址等网络举报平台，受理有关安全生产的举报；受理的举报事项经调查核实后，应当形成书面材料；需要落实整改措施的，报经有关负责人签字并督促落实。涉及人员死亡的举报事项，应当由县级以上人民政府组织核查处理。

任何单位或者个人对事故隐患或者安全生产违法行为，均有权向负有安全生产监督管理职责的部门报告或者举报。

各级人民政府及其有关部门对报告重大事故隐患或者举报安全生产违法行为的有功人员，给予奖励。具体奖励办法由国务院应急管理部门会同国务院财政部门制定。

新闻、出版、广播、电影、电视等单位有进行安全生产公益宣传教育的义务，有对违反安全生产法律、法规的行为进行舆论监督的权利。

【模块探索】

查找资料，加深对安全生产监督管理相关知识的理解，拓展安全生产监督管理知识。

模块四 应急救援与事故调查

【模块导航】

问题一：事故报告有哪些要求与原则?

问题二：事故救援应遵行的原则是什么?

【模块解析】

8-6

一、生产安全事故的应急救援与事故调查处理

国务院应急部门牵头在全国各行业、领域、地区建立全国统一的生产安全事故应急救援信息系统，统一协调指挥应急救援工作。实现互联互通、信息共享，推行网上安全信息采集、安全监管和监测预警，实现精准化、智能化。

县级以上地方各级人民政府、乡镇政府和街道，企业各层级都应该制定所属区域内的生产安全事故应急救援预案。企业各层级应建立应急救援体系，并与县级以上应急体系相衔接。同时，应定期组织演练，做好评估、修编，进一步完善应急体系。

危险物品的生产、经营、储存单位以及矿山、金属冶炼、城市轨道交通运营、建筑施工单位应建立应急救援组织；并配备应急救援器材、设备和物资，同时要经常性维护、保养，保证正常运转。生产经营规模较小的，可以不建立应急救援组织，但应当指定兼职的应急救援人员。

事故发生后，事故现场有关人员应当立即报告本单位负责人。单位负责人接到事故报告后，应迅速采取有效措施，组织抢救，防止事故扩大，减少人员伤亡和财产损失，并立即、如实报告当地安全生产监督管理部门；有关部门接到事故报告后，应立即按规定上报事故情况。

二、事故报告的要求与原则

事故报告时限为1h之内。报告内容包括事故发生单位概况，事故发生的时间、地点以及事故现场情况；事故简要经过，伤亡情况以及已经采取的应急措施等。

不得隐瞒不报、谎报或者迟报，不得故意破坏事故现场、毁灭有关证据。

地方人民政府和负有安全生产监督管理职责的部门负责人接到生产安全事故报告后，应当立即赶到事故现场，组织事故抢救。

三、事故救援应遵行的原则

事故救援应遵行以下原则：

（1）防止事故扩大和次生灾害的发生，减少人员伤亡和财产损失。

（2）事故抢救过程中应当采取必要措施，避免或者减少对环境造成的危害。

（3）任何单位和个人都应当支持、配合事故抢救，并提供一切便利条件。

四、事故调查和处理的具体办法

事故调查和处理的具体办法由国务院制定。事故调查与处理必须科学严谨、依法依规、实事求是、注重实效。

有关部门应及时、准确地查清事故原因，查明事故性质和责任，总结事故教训，并提出整改措施，对事故责任者提出处理意见，并及时向社会公布。

事故发生单位应当及时、全面落实整改措施，负有安全生产监督管理职责的部门对整改落实应加强监督检查，并在事故调查报告批复一年内，对整改落实的情况组织评估，并向社会公开评估结果。对不履行职责导致事故整改和防范措施没有落实的有关单位和人员，应当按照有关规定追究责任。

任何单位和个人不得阻挠和干涉对事故的依法调查处理。

【模块探索】

查找资料，加深对应急救援与事故调查相关知识的理解，拓展应急救援与事故调查知识。

【项目练习】

请扫描二维码，完成项目练习。

项目八练习

项目八练习答案

附录 工作票的种类

附录A 变电站（发电厂）第一种工作票格式

变电站（发电厂）第一种工作票

单位______________________　　编号____________

1. 工作负责人（监护人）____________班组____________

2. 工作班人员（不包括工作负责人）

____共____________人。

3. 工作的变配电站名称及设备双重名称

____

4. 工作任务

工作地点及设备双重名称	工作内容

5. 计划工作时间

自____年____月____日____时____分至____年____月____日____时____分

6. 安全措施（必要时可附页绘图说明）

应拉断路器（开关）、隔离开关（刀闸）	已执行 *
应装接地线、应合接地刀闸（注明确实地点、名称及接地线编号 *）	已执行
应设遮栏、应挂标示牌及防止二次回路误碰等措施	已执行

* 已执行栏目及接地线编号由工作许可人填写。

工作地点保留带电部分或注意事项（由工作票签发人填写）：	补充工作地点保留带电部分和安全措施（由工作许可人填写）：

工作票签发人签名________　　　　签发日期：____年____月____日

7. 收到工作票时间

____年____月____日____时____分

运行值班人员签名________　　　　工作负责人签名________

8. 确认本工作票1～7项

工作负责人签名____________　　　　工作许可人签名________

许可开始工作时间：____年____月____日____时____分

9. 确认工作负责人布置的任务和本施工项目安全措施

工作班组人员签名

____

____

10. 工作负责人变动情况

原工作负责人________离去，变更________为工作负责人

工作票签发________　　　　____年____月____日____时____分

工作人员变动情况（增添人员姓名、变动日期及时间）：

____

工作负责人签名____________

11. 工作票延期

有效期延长到____年____月____日____时____分

工作负责人签名________　　　　____年____月____日____时____分

工作许可人签名________　　　　____年____月____日____时____分

12. 每日开工和收工时间（使用一天的工作票不必填写）

收工时间				工作负责人	工作许可人	开工时间				工作许可人	工作负责人
月	日	时	分			月	日	时	分		

13. 工作终结

全部工作于____年____月____日____时____分结束，设备及安全措施已恢复至开

工前状态，工作人员已全部撤离，材料工具已清理完毕，工作已终结。

工作负责人签名________　　　　　　工作许可人签名________

14. 工作票终结

临时遮栏、标示牌已拆除，常设遮栏已恢复。未拆除或未拉开的接地线编号等共____组、接地刀闸（小车）共____副（台），已汇报调度值班员。

工作许可人签名________　　　　　　____年____月____日____时____分

15. 备注

(1) 指定专责监护人________　　负责监护________

____（地点及具体工作）

(2) 其他事项

____

____

____

____

附录B　电力电缆第一种工作票格式

电力电缆第一种工作票

单位____________　　　　　编号____________

1. 工作负责人（监护人）____________班组____________

2. 工作班人员（不包括工作负责人）

____共____________人。

3. 电力电缆双重名称____________________________________

4. 工作任务

工作地点或地段	工作内容

5. 计划工作时间

自____年____月____日____时____分至____年____月____日____时____分

6. 安全措施（必要时可附页绘图说明）

(1) 应拉开的设备名称、应装设绝缘挡板

变配电站或线路名称	应拉开的断路器（开关）、隔离开关（刀闸）、熔断器（保险）以及应装设的绝缘挡板（注明设备双重名称）	执行人	已执行

续表

(2) 应合接地刀闸或应装接地线		
接地刀闸双重名称和接地线装设地点	接地线编号	执行人

(3) 应设遮栏，应挂标示牌	执行人

(4) 工作地点保留带电部分或注意事项（由工作票签发人填写）	(5) 补充工作地点保留带电部分和安全措施（由工作许可人填写）

工作票签发人签名________　　　　　签发日期____年____月____日____时____分

7. 确认本工作票1～5项

工作负责人签名________

8. 补充安全措施

____

____

工作负责人签名________

9. 工作许可

(1) 在线路上的电缆工作：

工作许可人________用________方式许可自____年____月____日____时____分起开始工作。工作负责人签名________

(2) 在变电站或发电厂内的电缆工作：

安全措施项所列措施中________（变配电站/发电厂）部分已执行完毕。

工作许可时间____年____月____日____时____分。

工作许可人签名________　　　　　工作负责人签名________

10. 确认工作负责人布置的任务和本施工项目安全措施

工作班组人员签名

____

____

____

____

11. 每日开工和收工时间（使用一天的工作票不必填写）

收工时间				工作负责人	工作许可人	开工时间				工作许可人	工作负责人
月	日	时	分			月	日	时	分		

12. 工作票延期

有效期延长到____年____月____日____时____分

工作负责人签名________　　　　____年____月____日____时____分

工作许可人签名________　　　　____年____月____日____时____分

13. 工作负责人变动

原工作负责人________离去，变更________为工作负责人。

工作票签发人________　　　　____年____月____日____时____分

14. 工作人员变动（增添人员姓名、变动日期及时间）

工作负责人签名________

15. 工作终结

（1）在线路上的电缆工作：工作人员已全部撤离，材料工具已清理完毕，工作终结；所装的工作接地线共____副已全部拆除，于____年____月____日____时____分工作负责人向工作许可人________用____方式汇报。

工作负责人签名________

（2）在变配电站或发电厂内的电缆工作：在________（变配电站，发电厂）工作于____年____月____日____时____分结束，设备及安全措施已恢复至开工前状态，工作人员已全部撤离，材料工具已清理完毕。

工作许可人签名________　　　　工作负责人签名________

16. 工作票终结

临时遮栏、标示牌已拆除，常设遮栏已恢复。

未拆除或拉开的接地线编号________等共____组、接地刀闸共____副（台），已汇报调度。

工作许可人签名________

17. 备注

（1）指定专责监护人________负责监护

____

____（地点及具体工作）

（2）其他事项：

____

____

____

____

附录C　变电站（发电厂）第二种工作票格式

变电站（发电厂）第二种工作票

单位____________　　　编号____________

1. 工作负责人（监护人）____________班组____________

2. 工作班人员（不包括工作负责人）

____共____________人。

3. 工作的变配电站名称及设备双重名称

____

4. 工作任务

工作地点或地段	工作内容

5. 计划工作时间

自____年____月____日____时____分至____年____月____日____时____分

6. 工作条件（停电或不停电，或邻近及保留带电设备名称）

____

7. 注意事项（安全措施）

____

____

工作票签发人签名________签发日期____年____月____日____时____分

8. 补充安全措施（工作许可人填写）

9. 确认本工作票1～8项

许可工作时间：____年____月____日____时____分

工作负责人签名________　　　　工作许可人签名________

10. 确认工作负责人布置的任务和本施工项目安全措施

工作班人员签名

____

____

11. 工作票延期

有效期延长到____年____月____日____时____分

工作负责人签名________　　　　____年____月____日____时____分

工作许可人签名________　　　　____年____月____日____时____分

12. 工作票终结

全部工作于____年____月____日____时____分结束，工作人员已全部撤离，材料工具已清理完毕。

工作负责人签名________ ____年____月____日____时____分
工作许可人签名________ ____年____月____日____时____分
13. 备注

____

附录D 电力电缆第二种工作票格式

电力电缆第二种工作票

单位____________ 编号____________
1. 工作负责人（监护人）____________班组____________
2. 工作班人员（不包括工作负责人）
____共____________人。
3. 工作任务

电力电缆双重名称	工作地点或地段	工作内容

4. 计划工作时间
自____年____月____日____时____分至____年____月____日____时____分
5. 工作条件和安全措施

____

____

工作票签发人签名________ 签发日期____年____月____日____时____分
6. 确认本工作票1～5项内容 工作负责人签名________
7. 补充安全措施（工作许可人填写）

____

____

8. 工作许可
（1）在线路上的电缆工作：工作开始时间____年____月____日____时____分。工作负责人签名________
（2）在变电站或发电厂内的电缆工作：
安全措施项所列措施中________（变配电站/发电厂）部分，已执行完毕。
许可自____年____月____日____时____分起开始工作。
工作许可人签名________工作负责人签名________
9. 确认工作负责人布置的本施工项目安全措施
工作班人员签名

____

____

10. 工作票延期

有效期延长到____年____月____日____时____分

工作负责人签名________　　　　____年____月____日____时____分

工作许可人签名________　　　　____年____月____日____时____分

11. 工作负责人变动

原工作负责人________离去，变更________为工作负责人。

工作票签发人签名________　　　　____年____月____日____时____分

12. 工作票终结

（1）在线路上的电缆工作：

工作结束时间____年____月____日____时____分

工作负责人签名________

（2）在变配电站或发电厂内的电缆工作：

在________（变配电站，发电厂）工作于____年____月____日____时____分结束，工作人员已全部退出，材料工具已清理完毕。

工作许可人签名________工作负责人签名________

13. 备注

____

附录E　变电站（发电厂）带电作业工作票格式

变电站（发电厂）带电作业工作票

单位____________　　　　编号____________

1. 工作负责人（监护人）____________班组____________

2. 工作班人员（不包括工作负责人）

____共____________人。

3. 工作的变配电站名称及设备双重名称

4. 工作任务

工作地点或地段	工作内容

5. 计划工作时间

自____年____月____日____时____分至____年____月____日____时____分

6. 工作条件（等电位、中间电位或地电位作业，或邻近带电设备名称）

____

7. 注意事项（安全措施）

____

工作票签发人签名________　　　　签发日期____年____月____日

8. 确认本工作票1～7项　工作负责人签名________

9. 指定________为专责监护人　专责监护人签名________

10. 补充安全措施（工作许可人填写）

____

11. 许可工作时间

____年____月____日____时____分

工作许可人签名________　　　　工作负责人签名________

12. 确认工作负责人布置的任务和本施工项目安全措施

工作班组人员签名

____

13. 工作票终结

全部工作于____年____月____日____时____分结束，工作人员已全部撤离，材料工具已清理完毕。

工作负责人签名________　　　　工作许可人签名________

14. 备注

____

附录F　变电站（发电厂）事故应急抢修单格式

变电站（发电厂）事故应急抢修单

单位____________　　编号____________

1. 抢修工作负责人（监护人）____________班组____________

2. 抢修班人员（不包括抢修工作负责人）

____共____________人。

3. 抢修任务（抢修地点和抢修内容）

____

4. 安全措施

____

5. 抢修地点保留带电部分或注意事项

____

6. 上述1～5项由抢修工作负责人________根据抢修任务布置人________的布置填写。

7. 经现场勘察需补充下列安全措施

____

经许可人（调度/运行人员）________同意（____年____月____日____时____分）后，已执行。

8. 许可抢修时间

____年____月____日____时____分

许可人（调度/运行人员）________

9. 抢修结束汇报

本抢修工作于____年____月____日____时____分结束。

现场设备状况及保留安全措施：

____

抢修班人员已全部撤离，材料工具已清理完毕，事故应急抢修单已终结。

抢修工作负责人________　　　　　　许可人（调度/运行人员）________

填写时间____年____月____日____时____分

参 考 文 献

［1］ 全国安全生产教育培训教材编审委员会．高压电工作业（2018年修订版）特种作业人员安全技术培训考试系列配套教材［M］．北京：中国矿业大学出版社，2018.

［2］ 许培德，朱文强．安全用电［M］．郑州：黄河水利出版社，2014.

［3］ 国家电网有限公司安全监察部．安全生产事故典型案例汇编［G］．北京：中国电力出版社，2019.

［4］ 珠海优特电力科技股份有限公司．信息化时代下的电力安全生产管控解读［Z］，2016：12.

［5］ 国家能源局电力安全监管司．国家能源局发布2018—2019年全国电力安全生产情况［R/OL］．［2021-6-25］．http：//so.news.cn/was5/web/search?channelid=229767&searchword=%E5%85%A8%E5%9B%BD%E7%94%B5%E5%8A%9B%E5%AE%89%E5%85%A8%E7%94%9F%E4%BA%A7%E6%83%85%E5%86%B5.

［6］ 杜洋．2014—2018年电力安全事故总量统计与分析［Z］．电联新媒，2019：6.

［7］ 武汉科迪奥电力科技有限公司．体感设备使用操作手册［Z］，2018.

［8］ 中安联盟．综合应急救援预案专项应急预案现场处置方案汇编版［Z］，2019.